完全版 MG
マーティン・ガードナー
数学ゲーム全集
④
|監訳|岩沢宏和|上原隆平|

ガードナーの
予期せぬ絞首刑
ペグソリテア/学習機械/レプタイル

MG
The New Martin Gardner Mathematical Library

日本評論社

KNOTS AND BORROMEAN RINGS, REP-TILES, AND EIGHT QUEENS
by Martin Gardner

Copyright © Mathematical Association of America 2014

All rights Reserved. Authorized translation from the
English language edition published by Rights, Inc.

Japanese translation published by arrangement with The
Mathematical Association of America through The
English Agency (Japan) Ltd.

本書の成り立ちについて
（訳者まえがきに代えて）

本書は，マーティン・ガードナーの古典的名著の最終改訂版シリーズを本邦ではじめて翻訳した『完全版 マーティン・ガードナー数学ゲーム全集』の第4巻です．シリーズ全巻とも岩沢と上原が協力して翻訳を行っており，本巻は，1, 2, 5, 6, 9, 10, 13, 14, 17, 18章は岩沢，3, 4, 7, 8, 11, 12, 15, 16, 19, 20章は上原が主に訳稿を作ったのちに，共同して全体を仕上げなおした「共訳」です．

まずは，この全集の成り立ちから紹介しましょう．

本全集は，Cambridge University Press 社発行の The New Martin Gardner Mathematical Library という全15巻シリーズの全訳です．原シリーズでは，著者マーティン・ガードナーを次のように紹介しています．

> マーティン・ガードナー (1914–2010) は25年間にわたり「数学ゲーム」というコラムを月刊の科学雑誌『サイエンティフィック・アメリカン』に書いていた．このコラムは何十万人もの読者を，数学という大世界の奥深くに誘（いざな）ってきた．ガードナーの多大な貢献は，マジック，哲学，擬似科学批判，児童文学といった分野にも及んだ．その著書は60冊を超え，いくつものベストセラーがあり，たいていの著書はいまも書店に並んでいる．1983年から2002年の間には『スケプティカル・インクワイラー』という隔月誌に，定期的な寄稿もしていた．ルイス・キャロルの『アリス』2冊にガードナーが注釈を付けた本は，これまでに100万部以上売れている．

このガードナーの影響力については，アメリカの高名な数学者ロナルド・グレアムが端的に次のように表現しています．

> マーティンは，何千人もの子供たちを数学者にし，何千人もの
> 数学者たちを子供にした

つまり，ガードナーの魅力あふれる著作は，本物の数学者になってしまうほど若者たちを魅了し，本物の数学者たちが熱狂するほど中身が濃かったのです．

そのガードナーによる名コラム「数学ゲーム」こそが，原シリーズのもととなっています．サイエンティフィック・アメリカン誌の編集者デニス・フラナガンによれば，そのコラムは，同雑誌の成功に多大な貢献をしました．ガードナーと読者との間には盛んな手紙のやりとりがあり，その結果，コラムやそれをもとにした本の内容はますます魅力的なものとなりました．それらのコラムが原シリーズに改めて収められる際にも，ガードナー自身の手によって，新たな文章が加えられ，説明図の追加や改良，文献情報の大幅な拡充がなされており，内容はいっそう充実したものとなっています．

本全集は，こうしてできた原シリーズの邦訳です．日本では，「数学ゲーム」すべてを集めたシリーズはこれまで出版されておらず，そもそも未訳の部分もありました．今回の全集で，ようやく全貌を見渡すことができるようになります．また，原シリーズが2008年から順次刊行されはじめたのち，ガードナー本人が2010年に亡くなったため，「数学ゲーム」コラムを一堂に収めたシリーズとしては，同シリーズが正真正銘の最終改訂版ということになりました．その全訳である本全集のことを「"完全版"マーティン・ガードナー数学ゲーム全集」と称するゆえんです．

本書は，原シリーズ第4巻の全訳です．原著の詳細な書誌情報については，巻末の「第4巻書誌情報」（361ページ）をご覧ください．そこにもあるとおり，（ⅰ）もとのコラムは1961年9月から1963年5月の間に発表され，（ⅱ）それらをまとめた初版本が1969年に発行され，（ⅲ）改訂版が1991年に発行され，そして（ⅳ）本書

の原書である最終改訂版は2014年に発行されました．このように何度も改訂を重ねたため，原書の各部分の書かれた時期は異なります．

　各章の本文はもとのコラムの文章をもとにしたものであり，各章の「追記」は初版本に付されたものであり，「後記」は1991年改訂版で追加されたものです．そのため，本文の情報が古い場合にも，追記，後記のいずれかで情報が補充されたり更新されたりしている場合がしばしばありますので，ご注意ください．各章の「文献情報」は最終改訂版において大幅に拡充されています．なお，本文，追記，後記は，原則としては初出時のものから大きく変わっていませんが，以前の改訂の際や，この最終改訂の際に手が加えられている部分もあります．特に「後記」に関しては，一部の章ではあるものの，ガードナーの遺稿に基づいて大幅な追加等が行われている場合があります．

　翻訳にあたっては，現代の日本の読者にとって読みやすいように，細かい点については，いちいち断らずに原文を改変している場合があります．一例は，原書本文に書誌情報が埋め込まれている場合，英語交じりの日本語文となるのをできるだけ避けるため，書誌情報を脚注に入れていることです．図版もすべて作り直しました．訳注は，できるだけ煩わしくならないように厳選して付けました．また，訳者の判断で，各章の文献情報の末尾にいくつかの日本語文献を追加している場合があります．日本語文献の追加にあたっては，高島直昭さんにご協力いただきました．御礼申し上げます．その他のもろもろの点で，本書が読みやすく仕上がっているとすれば，日本評論社の飯野玲さんの力によるものです．深く感謝いたします．

　こうして，マーティン・ガードナーの古典的名著の「完全版」がいま，日本語で読めるようになりました．どうぞお楽しみください．
訳者

完全版
マーティン・ガードナー
数学ゲーム全集
④

ガードナーの予期せぬ絞首刑
目　次

CONTENTS

本書の成り立ちについて……………………… i

1 予期せぬ絞首刑のパラドックス ……………1

2 結び目とボロミアン環 ……………23

3 超越数 e ……………39

4 図形の裁ち合わせ ……………52

5 スカーニとギャンブル ……………67

6 4次元教会 ……………85

7 パズル8題 ……………103

8 マッチ箱式ゲーム学習機械 ……………124

9 螺旋 ……………144

10 回転と鏡映 ……………159

11 ペグソリテア ……………173

12 フラットランド ……………194

13
シカゴマジック集会 ……… 209

14
割り切れるかどうかの判定法 ……… 229

15
パズル9題 ……… 244

16
エイトクイーンとチェス盤の分割問題 ……… 263

17
ひもの輪 ……… 280

18
定幅曲線 ……… 301

19
レプタイル──平面図形の自己複製 ……… 331

20
なぞかけ36題 ……… 345

第4巻書誌情報 ……… 361

事項索引 ……… 364

文献名索引 ……… 369

人名・社名索引 ……… 371

| 1 |

予期せぬ絞首刑の
パラドックス

　「強力な新パラドックスがお目見えした」——これは、マイケル・スクリヴェンによる、実に頭をひねらされる論文の冒頭文である。論文自体は、イギリスの哲学雑誌『マインド』1951年7月号に掲載されている。スクリヴェンの肩書はインディアナ大学「科学論理学教授」であるから、この手の問題に関して発せられた見解を軽んじるわけにはいかない。そのパラドックスが実に強力であることは、関連する論文がすでに20本以上も学術誌に載っていることからも疑いようがない。論文の著者の中には著名な哲学者もたくさんいて、パラドックス解決策についての見解は鋭く対立している。意見の一致にはいまだに至っていないため、このパラドックスはいまなお活発な議論を呼んでいる。

　このパラドックスを最初に考えたのが誰なのかはわかっていない。ハーバード大学の論理学者W・V・クワインも関連論文のうちの1つを書いている（また、サイエンティフィック・アメリカン誌1962年4月号でもいくつかのパラドックスについて論じている）が、同氏によれば、このパラドックスが最初に口伝で人々の間に広がったのは、1940年代前半のことである。その際、絞首刑を宣告された男にまつわるパズルという形で表現されることが多かった。

　男は土曜日に死刑判決を受けた。「絞首刑は正午に執り行う」と裁判官はいった。「それは、来週の7日間のうちのいずれかの日で

図1　可能性のある日はすべて消去され……

ある．ただし，それがどの日であるかは，絞首刑の日の朝にその旨が告げられるまでは本人にはわからない」

その裁判官はつねに約束を守る人物として知られていた．囚人は，弁護士とともに独房に戻ってきた．2人きりになった途端，弁護士はにんまりとした．そして，「気づかないのかい」とうれしそうに叫んだ．「裁判官の宣告どおりに刑を執行することは，どうしたってできないぞ」

「いや，わからない」と囚人は答えた．

「よし，説明してやろう．来週の土曜日に君を絞首刑にすることができないのは明らかだ．土曜日は，7日のうちの最後の日だ．もし金曜日の午後に君がまだ生きていたなら，君は絶対の自信をもって，土曜日に絞首刑があるとわかる．それがわかるのは，土曜日の朝になって君がそのことを告げられるより『前』だぞ．だとすればその処刑は，裁判官の命令に反することになる」

「なるほど」と囚人はうなずいた．

「だから土曜日ははっきりと除外される」と弁護士は続けた．「これで，金曜日が絞首刑のありうる最後の日となる．だが，金曜日に君を絞首刑にすることはできない．なぜなら，木曜日の午後になれ

ば,残る可能性は金曜日と土曜日の 2 日だけになるからだ.土曜日は執行可能な日でないから,絞首刑は金曜日になされなければならない.そのことが君にわかってしまうから,またも裁判官の命令どおりの執行は妨げられるのだ.よって,金曜日は除外される.これで,木曜日が絞首刑のありうる最後の日となる.だが,今度は木曜日が除外される.なぜなら,もし君が水曜日の午後に生きていれば,木曜日が執行日のはずだと君にわかるからだ」

「わかったぞ」と声をあげ,囚人はすっかり気分がよくなってきた.「まったく同様に,俺は水曜日も火曜日も月曜日も除外できるわけだ.すると残るは明日だけだ.だが,そのことが今日の時点で俺にはわかっているのだから,俺を明日絞首刑にすることなんてできやしないんだ」

要するに,裁判官の執行命令は自己論駁的なようである.その命令を構成する 2 つの言明には,論理的な矛盾はない.それにもかかわらず,実際には実行できないのだ.こうした見方でこのパラドックスを捉えたのはエクセター大学の哲学者ドナルド・ジョン・オコナーであった.出版物の中でこのパラドックスを論じた最初の人物(『マインド』1948 年 7 月号)である.オコナー版のパラドックスに登場する軍の司令官は,A 級灯火管制訓練を次の週に実施すると通告する.司令官が規定するところによると,A 級灯火管制とは,実施されるべき当日の午後 6 時を過ぎない限り,その有無を兵士たちが知りえないものだという.

オコナーによれば「簡単にわかるように,このように規定された通告内容からすると,灯火管制訓練はまったく実施しえないことが帰結する」.すなわち,その規定に反することなしに訓練を実施することはできないのである.同様の見解は,続く 2 つの論文(『マインド』1950 年 1 月号に載った論文[*1] および同 10 月号に載った論文[*2])でもとられており,さらには,ジョージ・ガモフとマーヴィン・スター

[*1] 著者は L. Jonathan Cohen.
[*2] 著者は Peter Alexander.

ンがのちにこのパラドックスを（絞首刑宣告された男にまつわるものとして）共著『数は魔術師』（原著は 1958 年出版）で紹介したときも継承されていた．

さて，このパラドックスに対していうべきことが以上ですべてだったとしたら，オコナーがこのパラドックスは「あまり取るに足らない」と述べているのにもうなずける．しかしながら，スクリヴェンが最初に指摘することになったのだが，このパラドックスが取るに足らないということは決してなく，しかもそれは，スクリヴェンより前の 3 論文の著者たちにはまったく思いもよらなかった理由による．この点を明確にするために，独房にいる男の事例に立ち戻ることとしよう．非の打ちどころのない論理と思われるものによって男が確信したのは，自分が絞首刑に処されることは，下された処刑命令において定められた条件に矛盾しない限り不可能だということである．そうして迎えた木曜日の朝，男が大変驚いたことに，絞首刑の執行官がやってきた．男は明らかに，執行官が来るとは予期していなかった．もっと驚くのは，裁判官の執行命令が，いまや完全に正しいように見えることである．裁判官が下した命令は，まさしく裁判官の言葉どおりに実行されうるのである．「こうして論理が現実によって反駁されてしまうというあたりが，どうもこのパラドックスの魅力だと思う」とスクリヴェンは書いている．「論理学者は，これまでつねに魔法の力を発揮してきた仕草を必死に繰り返してみるのだが，どういうわけか，現実という怪物には魔法の力は届かず，怪物はそのまま進んでいってしまうのだ」

ここに内在するのはまさしく本物の，奥深い言語上の難点であるが，それをさらに明確に把握するためには，パラドックスを，内容が等価な別の 2 つの形で述べ直してみるのが賢いやり方のようである．そうすることで，よく俎上に載るさまざまな本質的でない要素のうち，実は論点をぼやけさせてしまうだけのことがらを，あらかじめ排除しておくことができる．たとえば，裁判官が心変わりする

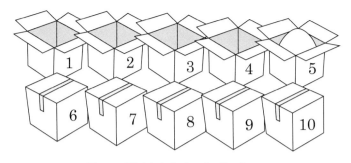

図2　予期せぬたまごのパラドックス．

可能性や，囚人が絞首刑に処される前に死んでしまう可能性等々である．

　パラドックスの1つめの変種は，スクリヴェンの論文からのものであり，予期せぬたまごのパラドックスとよぶことができるものである．あなたの目の前に10個の箱があり，それぞれ1から10までの番号が振られているとしよう．あなたが背を向けている間に，友人が箱のうちのどれかにたまごを1個ひそませる．それからあなたは箱のほうに向きなおる．友人は次のように述べる．「1度に1個ずつ番号順にこれらの箱を開けていってほしい．保証するが，君はそのうちの1個から，予期せぬたまごを見つけることになる．『予期せぬ』というのは，たまごがどの箱に入っているかを，実際に当の箱を開けて中を見る前には君に論理的に導くことは決してできない，ということだ」

　友人の述べることはすべて完全に信用できると想定した場合，友人の予言は成就しうるであろうか．どうもそのようには見えない．友人は明らかに，10番の箱にはたまごを入れないはずである．なぜなら，9番めの箱まですべて空であることがわかった時点で，たまごが入っているのは，唯一まだ残っている箱だとあなたは確信をもって導くことができるからである．それだと友人の述べたことと矛盾してしまう．こうして10番の箱は除外される．次に，友人が

愚かにもたまごを9番の箱に入れてしまう状況を考えてみよう．最初の8つの箱が空だとわかる．9と10だけが残っている．たまごが10番の箱に入っている可能性はない．ゆえに9に入っているにちがいない．9を開ける．案の定，そこにある．明らかにそれはまさしく予期したたまごであるので，友人はこの場合も間違っている結果となる．9番の箱は除外される．だがここで，もはや引き返せない非現実への歩みがはじまっている．8番の箱は，まったく同じ論理に基づいて除外することができ，同様に7, 6, 5, 4, 3, 2, 1番の箱も除外できる．10個の箱すべてが空だと確信しながら，あなたはそれらを順に開けはじめる．5番の箱に来たとき，そこには何が入っているだろうか．何と，まったく予期していなかったたまごではないか．結局，友人の予言は成就される．先のあなたの考えのどこが間違っていたのだろうか．

パラドックスをさらに尖鋭にするには，予期せぬスペードのパラドックスとよべる第3の形で考えるとよい．あなたはトランプゲームを行うテーブルに着いており，向かいに座った友人は，スペードのカード13枚すべてを手にもっている．友人は，カードをシャッフルしたあと，表は見せないように扇形に広げ，そこから1枚のカードを取り出して裏向きにテーブルの上に置いてから，あなたに，13枚のスペードのカードの名前をエースからはじめてキングまで順にゆっくりと唱えさせる．テーブル上に伏せたカードと違う名前をあなたが唱えるたびに友人は「いいえ」といい，正しいカードの名前を唱えたときに「はい」という．

「10セントに対して1000ドル賭けてもいい」と友人はいう．「僕が『はい』と応じるより前に，君がこのカードの名前を論理的に導くことはできないね」

友人がお金を損しないように目論むと想定した場合，テーブルの上にスペードのキングを置くことはありうるだろうか．明らかにそれはない．あなたが順に12枚のスペードのカードの名前を唱えたあとでは，キングだけが残ることになる．するとあなたは，カード

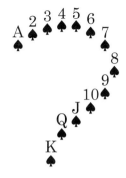

図3　予期せぬスペードのパラドックス．

が何であるか自信満々に導くことができるようになる．クイーンということはありうるだろうか．それもない．なぜなら，あなたがジャックと唱えたあとは，キングとクイーンだけが残っている．キングではありえないのだから，それはクイーンにちがいない．この場合も，あなたは正しく帰結を導いて，1000ドルを勝ちとることになる．同じ論理により，残りのカードもすべて除外される．カードがどれであるかによらず，あなたはカードの名前をあらかじめ導けるはずである．論理に隙はなさそうに見える．だが，まったく同じくらい明白なことに，カードの裏側をいくらにらんでも，それがスペードのカードのうちのどれなのかは少しも見当がつかない．

　パラドックスを，候補の日が2日だけ，箱が2個だけ，カードが2枚だけというように単純化したとしても，きわめて奇妙な何かが困った事態を引き起こす点は変わらない．友人がスペードのエースと2だけをもっているとする．たしかにカードがスペードの2なら，あなたは賭けに勝つことができる．最初にエースの名を唱え，それが違うという答えを聞いてから，あなたは「このカードは2だと導けます」といえばよい．その導出が依存しているのは，もちろん，「私の前にあるカードはスペードのエースか2である」という

言明が真であることである（3つのパラドックスのどれにおいても，実際に絞首刑に処される，実際にたまごが入っている，用意されたカードは実際に説明どおりのカードである，といった部分は，誰もが前提にする）．この導出はきわめて堅牢であり，自然の事実に関して生身の人間がなしうる導出でこれ以上のものはないほどである．したがってあなたは，これ以上はありえない強さで1000ドルを請求できる．

これに対し，友人がスペードのエースを裏向きに置く場合を想定してみよう．その場合には，そのカードがエースであることを最初から導出できないであろうか．たしかに友人は，2のカードを裏向きに置いて1000ドルとられるリスクは冒しそうにない．したがって，そのカードはエースにちがいない．あなたは，それがエースだと確信していると述べる．友人は「はい，それはエースです」という．このときあなたは，賭けに勝ったと正当に主張できるだろうか．

実は奇妙にも，あなたにはそれができないのであり，ここに至って，この謎の核心に触れることになる．スペードの2を導出したときには，あなたが依存していた前提は，カードはエースか2のいずれかであるということだけであった．そしてカードはエースではなかった．したがって，2である．ところが今度の場合に依存する前提は，いま見たのと同じものに加えてもう1つある．すなわち，友人が本当のことを述べているという前提である．この新たな前提を，実際の行動の観点で言い換えれば，友人は，1000ドルを払わないで済むために可能なあらゆることを行う，ということであろう．しかし，もし，カードがエースであることをあなたが導けるのだとしたら，友人が損をするのは，カードが2であった場合とまったく同じくらい確実だということである．友人はどちらにしても損するのだから，2枚のうちの一方よりも他方を選ぶことに合理的な根拠はない．このことに気づいてみれば，カードはエースだと導く根拠はきわめてあやふやなものである．たしかに，カードはエースだと賭けるのが賢明であり，それは，おそらく実際そのとおりだからであるが，しかし，この賭けに勝つにはもっとやらなければなら

ないことがあった．そのカードが何であるかを鉄壁の論理で導いたことを示さなければならなかった．これだ．これがあなたにできないことである．

実際あなたは，矛盾の悪循環に絡めとられている．最初あなたは，友人の予言は成就すると想定していた．そのことに基づいて，テーブルの上のカードはエースだと導出した．しかし，もしそれがエースなら，友人の予言は反証されてしまう．予言がこのように信用できないものなら，カードが何であるかを導き出すための合理的な根拠があなたにはなくなってしまう．そして，もしカードが何であるかがあなたには導き出せないなら，予言が正しいことがたしかに立証されることになる．こうしてあなたは出発地点に逆戻りである．そしてこの循環は，そこからふたたび開始される．この点の状況が類似しているものとしては，カードの両面を使った有名なパラドックスに見られる悪循環がある．そのパラドックスを最初に提示したのは，イギリスの数学者 P・E・B・ジュールデンで 1913 年のことであった（図 4 参照）．この種の論理は，展開していっても，犬が自分のしっぽを追い続ける場合と同じで先には進んでいかないので，あなたには，テーブルの上のカードが何であるかを決める論理的な方法がない．もちろん，あてずっぽうが合っていることもある．あなたは友人のことを知っているので，カードはエースである可能性が高いと判定するかもしれない．しかし，自尊心の高い論理学者なら，カードがエースであるとあなたが「導き出した」際に，カードが 2 であることを導き出したときに伴っていたのと同様の論理的確信があったと認めることはないであろう．

用いた論理の根拠が薄弱であることは，おそらく，10 個の箱の事例に戻ってみるともっと明白になる．最初にあなたは，たまごは 1 番の箱に入っていると「導出」するが，1 番の箱は空である．すると，たまごは 2 番の箱に入っているはずだとあなたは「導出」するが，2 番の箱も空である．今度は 3 番の箱だと「導出」し，……といった具合である．（あたかもたまごは，入っているはずだと確信される

このカードの 反対側に 書いてある文は 真である	このカードの 反対側に 書いてある文は 偽である

図 4　P・E・B・ジュールデンのカード・パラドックス．

箱をあなたが確かめようとする直前に，毎回，秘密の脱出口を通って番号が 1 つ大きい箱に巧妙に瞬間移動しているかのようだ．）ついにあなたは「予期した」たまごを 8 番の箱で見出す．そのたまごは本当に「予期した」ものだということを，その導出に非難されるところはないものとして，あなたは主張しうるだろうか．明らかに無理だ．なぜなら，その前の 7 つの「導出」はまったく同じ線の論理に基づいていながら，どれも結局間違っていたからである．明白なのは，事実として，たまごはどの箱に入れることもできるということであり，しかもそれは，最後の箱でさえ例外ではない．

空の箱を 9 個開けたあとでさえ，最後の箱にたまごがあることを「導出」できるかという問いに対しては，疑念の余地がないような答えはない．いずれかの箱にたまごが入っているという前提だけを受け入れている場合には，もちろん，たまごが 10 番の箱に入っていることは導出できる．その場合には，そのたまごは予期したものであり，そうはならないという友人の主張は間違いだったことになる．これに対し，先の前提に加え，たまごは予期せぬものとなると友人が述べたときに友人は本当のことを語っているのだとも想定するとしたら，今度は何も導出できなくなる．というのも，第 1 の前提からは 10 番の箱に予期したたまごが入っていることが帰結するが，第 2 の前提からは，それが予期せぬたまごであるということが帰結するからである．何も導出できないのだから，10 番の箱に入っているたまごは予期せぬものということになり，2 つの前提はとも

に正しいことが立証されるが, その立証は, 最後の箱が開かれ, そこにたまごが見出されるまでは成り立ちえないものである.

パラドックスに対するこの解決法を, 絞首刑の男の場合にあてはめるなら, 次のように要点をまとめることができる. 裁判官は本当のことを述べており, 死刑囚の論証は間違っている. 一連の論証の最初の段階で, 最後の日に処刑されえないとしているところが間違っている. 最後の日の前の晩でさえ, 前段落の説明で言及した最後の箱の中のたまごの場合のように, 囚人には導出を行うための根拠がない. これが, クワインによる1953年の論文の主たる論点である. クワインが論文の結びで使った言葉を引けば, 囚人が行うべき論証は以下のとおりである. 「4つの場合に分けて考えなければならない. 第1は, 私は明日の正午に絞首刑に処されるが, 私はそれをいま知っているという場合 (だが, 現に私は知らない). 第2は, 私は明日の正午に絞首刑に処されないが, 私はそれをいま知っているという場合 (だが, 現に私は知らない). 第3は, 私は明日の正午に絞首刑に処されないが, 私はそれをいま知らないという場合. 第4は, 私は明日の正午に絞首刑に処されるが, 私はそれをいま知らないという場合. この最後の2つの可能性はまだ開かれているものであり, 最後の1つならば裁判官の命令も成就する. それゆえ, 裁判官の自己矛盾を訴えるよりは, 判断を保留して, 最善のことが起きることに望みをかけることとしよう」

スコットランドの数学者トーマス・オバーンが, 「予期せぬことは決して起こりえないのか」という何やら逆説的なタイトルの論文 (ニューサイエンティスト誌1961年5月25日号に掲載) の中で示している議論は, このパラドックスに対する実に見事な分析だと私には思われる. オバーンが明確にしているとおり, このパラドックスを解く鍵を得るためにまず認識しておかなければならないことがある. それは, 未来の出来事についての言明は, ある人にとっては真の予言だと知られうるとしても, その出来事が実際に起きるまではほかの

人には真だとはわからない，ということである．単純な例について考えてみるのは簡単である．誰かがあなたに箱を手渡し，「開けてごらん．そうしたらたまごが中に入っているのがわかるから」という．相手は自分の予言が確かなものだと知っているが，あなたは箱を開けてみるまでそのことはわからない．

問題のパラドックスでも同じことがいえる．裁判官にしても，箱にたまごを入れる人物にしても，13枚のスペードをもっている友人にしても，各人は自分の予言が確かなものだと知っている．その一方で，予言というものは，最終的にその予言自身を覆すことになる一連の議論を支持するためには，使うことができない．そのような間接的な自己言及こそが，ジュールデンのカードに書かれた文と同様，予言が不合理だと証明するためのあらゆる試みにとって障害となる．

スクリヴェンの論文をヒントにすると，このパラドックスをその必要最小限の形態にまで切り詰めることができる．ある男が妻にこう述べる．「なあ聞いてくれ．明日の君の誕生日に，君が完全に予期しない贈り物をして驚かすつもりなんだ．それが何かは君には推測しようがないよ．それは君が先週ティファニーのショーウィンドーで見たあの金のブレスレットなのさ」

このかわいそうな妻は，夫の言葉をどう理解すべきなのだろう．夫が信用できることはよく知っている．約束はいつだって守る．しかし，夫があの金のブレスレットを実際にくれるとしたら，それは驚くことではないことになる．これでは夫の予言は反証されてしまう．それに，もし夫の予言が不合理なら，妻は何を導くことができるというのだろうか．もしかすると夫は，ブレスレットを贈る点では約束を守りながら，贈り物が予期せぬものであるという点では約束を守らないのかもしれない．あるいは，夫は妻を驚かす点では約束を守りながら，ブレスレットについては約束を守らず，代わりにたとえば新しい掃除機を贈るかもしれない．夫の言明が自己論駁的な性質をもつため，この2つの可能性のうちのどちらを選ぶかにつ

いて妻には合理的な根拠がなく，したがって，金のブレスレットがもらえると予期する合理的な根拠はない．その結果として何が起きるかを推測するのは簡単だ．誕生日の当日に妻は，論理的には予期していなかったブレスレットを受け取って驚くのである．

　夫の側では最初から最後まで，約束を守ることはでき，そして実際守られると知っていた．妻の側ではしかし，そのことは，実際のことが起こるまで知ることができなかった．妻からすれば，昨日の時点ではばかげているように思え，論理的矛盾の終わりなき渦中へと引きずり込まされた言明だったのに，あの金のブレスレットが手渡されたことにより，その言明は今日になって突然，完全に正しく，まったく矛盾のないものになったのである．これが，最も純然な形で見たときの，奇妙な言葉のマジックであって，ここまでに論じてきたどのパラドックスにも共通して，人々を当惑させ，頭痛を招くほどの魅惑を与えていたものである．

追記
(1969)

　実にたくさんの鋭い，ときにはこちらが当惑するほどの手紙が読者から寄せられ，その中で，予期せぬ絞首刑のパラドックスはどうしたら解決しうるかについて，いくつもの見解が提示された．何人かの方は自らの見解を論文等の形にまで発展させているが，それらは本章の文献欄に掲載してある．（通常私は，各章に載せる文献はごく少数に限っているが，本章の場合は，可能な限り網羅したほうが読者に歓迎されるように思う．）

　ストックホルムはエステルマルムのカレッジで数学を教えているレナート・エクボムは，このパラドックスの起源らしきものを特定してくれた．エクボムによれば，1943年か1944年にスウェーデン放送が伝えた公告の中に次の内容のものがあった．すなわち，翌週に民間防衛の訓練を実施するが，その際，民間防衛部隊がどれだけうまく機能するかをテストするため，訓練がいつ実施されるかは，訓練当日の朝になってもなお誰にも予想できない，というものであった．エクボムはそのとき，この公告には論理パラドックスが潜んでいると気づき，ストックホルム大学の数学科と哲学科の何人かの学生たちと，このパラドックスについて議論した．そのときの学生のうちの1人が1947年にプリンストンを訪れたときには，有名な数学者クルト・ゲーデルがこのパラドックスの一変種に言及していたという．エクボムの付言によれば，本人は，スウェーデンで民間防衛訓練の公告があったのよりもこのパラドックスは古いものだと以前は思っていたが，クワインがこのパラドックスを最初に聞いたのが1940年代前半だったと述べていたことに鑑みると，この公告こそがおそらくその起源である．

　次に続けて紹介する2通の手紙はどちらも，パラドックスを解明しようというものではなく，何とも面白い（そして頭がこんがらがる）側面に光をあてるものである．どちらも，サイエンティフィック・アメリカン誌1963年5月号の読者欄に掲載されたものである．

拝　啓

　予期せぬたまごについて論じているマーティン・ガードナーの記事の中で氏はどうやら，たまごをどの箱に入れることも不可能だといったん論理的に示したのちに，結局は5番めの箱にたまごを見つけて驚きます．たしかに，一見すると本当に驚きそうですが，徹底した分析を行ってみると実は，たまごは必ず5番めの箱に入ることが証明できます．

　証明は以下のとおりです．

　S を，あらゆる言明の集合とする．

　T を，あらゆる真の言明の集合とする．

　S の任意の要素（すなわち任意の言明）は，集合 T に属すか，集合 $C = S - T$（T の補集合）に属すかのいずれかであり，両方に属すことはない．

　次の枠内の言明を考える．

| （1）この枠内の言明はいずれも C の要素である．
| （2）たまごは必ず5番めの箱に入る． |

　言明(1)は T に属すか C に属すかのいずれかであり，両方に属すことはない．

　もし(1)が T に属すなら，(1)は真である．しかし，(1)が真だとしたら，(1)を含めた枠内の言明はいずれも C に属すというその主張が正しいことになる．したがって，(1)が T に属すという仮定からは，(1)が C に属すことが帰結する．

　これは矛盾である．

　もし(1)が C に属すとしたら，2つの場合を考える必要がある．1つは，言明(2)が C に属す可能性であり，もう1つは，(2)が T に属す可能性である．

　もし(2)が C に属すなら，(1)と(2)の両方，すなわち，枠内の言明はいずれも C の要素となる．これはまさしく

(1)が主張していることであるので，(1)は真であり，T に属すことになる．したがって，(1)と(2)がともに C に属すという仮定からは，(1)が T に属すことが帰結する．

これは矛盾である．

もし(2)が T に属す（(1)は C に属す）なら，枠内の言明はいずれも C に属すという(1)の主張は，(2)が T に属すという事実によって否定される．したがって，(1)は真でないので C に属すことになるが，ここにはまったく矛盾はない．

こうして，唯一矛盾がないのは，言明(1)が C に属し，かつ，言明(2)が T に属すという場合である．言明(2)は真でなければならないのである．

したがって，たまごは必ず5番めの箱に入ることが帰結する．

以上から，たまごを5番めの箱に見出すのはまったく驚きでないことがおわかりになるでしょう．

カリフォルニア州スタンフォード
スタンフォード大学
ジョージ・ヴァリアン
デイヴィド・S・バークス

拝　啓

絞首刑を告げられた男のパラドックスを扱ったマーティン・ガードナーの記事を，大変興味深く拝読しました．私としては指摘せずにいられないのは，仮に，かの囚人が実直な統計学者だったとしたら，水曜日，すなわち4日めに刑に処せられるのを希望したと思われることです．というのも，まず，裁判官が7日のうちの1日をランダムに選んだとしたら，囚人が唯一の処刑日を迎えるまでに x 日間待つことになる確率は，$p(x) = 1/7$ です．すなわち，待つ日数が1から7のうちのどの値になるのも同様に確からしい

ことになります.本事例はごく単純な場合ですが,これをもっと一般化した場合の超幾何型の待ち時間分布の式は,

$$p(x) = \frac{\dfrac{(x-1)!}{(x-k)!(k-1)!} \cdot \dfrac{(N-x)!}{(N-x-h+k)!(h-k)!}}{\dfrac{N!}{(N-h)!h!}}$$

となります.ここで $p(x)$ は,全部で N 個の中に h 個の当たりがランダムに混ぜられているところから 1 個ずつ取り出していったときに,k 個の当たりが出るまでに取り出す必要があった個数がちょうど x となる確率です.本事例では,$N=7$ であり,(処刑は 1 回で十分すぎると前提すれば)$h=k=1$ です.したがって,x として「予期される」値[*3]すなわち x の平均値は,$\frac{1}{7}(1+2+\cdots+7)=4$（日間）となります.そこで私としては,まさしく「予期され」ているがゆえに水曜日は除外すべきだ,ということに格別にこだわる読者が存在する余地を,つねに考慮しておくべきと考えます.

オハイオ州ワーシングトン
ミルトン・R・サイラー

後記
(1991〜)

予期せぬ絞首刑パラドックスに関する論文はどんどん増え続けている.私は本章の文献欄を大幅に拡張することにより,1969 年に出た本書の初版以降に私の目にとまったあらゆる英語文献を網羅することに努めた.驚くことに,哲学者たちはいまだにこのパラドックスに悩まされ続け,このパラドックスの最良の解決法について見解の一致に至ることができていない.

このパラドックスには多数の変種がある.ダグラス・ホフスタッターは,箱の中に予期せぬたまごを入れる代わりに予期せぬ毒蛇を入れたらどうかと提案している.ロイ・ソレンセンは 1982 年の論文の中で,ことが起こる時系列とは無関係に

[*3]〔訳注〕原語は "expected value" であり,本文の "expected" に訳語を合わせて「予期される値」としたが,確率論の文脈では本来は「期待値」と訳すべき表現である.

パラドックスが成立する3つの変形版を挙げている．1つは，ムーア文とよばれるものに関係するものであり，もう1つは，3×3盤上のゲームにおける手に関するものであり，3つめは，手をつないだ人身御供候補者たちに基づくものである．私も，ソレンセンのゲームの例を，チェスの駒を使った形で1987年の著書で紹介した．ソレンセンが1988年に出した本[*4]には，このパラドックスの歴史が記載されており，また，1982年の論文の内容も含まれている[*5]．

シラ・クリッチマンとラン・ラズは，このパラドックスとゲーデルの第2不完全性定理との関係を，2010年の記事[*6]で指摘している．

文献

"Pragmatic Paradoxes." D. J. O'Connor in *Mind* 57 (July 1948): 358-359.

"Mr. O'Connor's 'Pragmatic Paradoxes.' " L. Jonathan Cohen in *Mind* 59 (January 1950): 85-87.

"Pragmatic Paradoxes." Peter Alexander in *Mind* 59 (October 1950): 536-538.

"Paradoxical Announcements." Michael Scriven in *Mind* 60 (July 1951): 403-407.

"Pragmatic Paradoxes and Fugitive Propositions." D. J. O'Connor in *Mind* 60 (October 1951): 536-538.

"The Prediction Paradox." Paul Weiss in *Mind* 61 (April 1952): 265-269.

"On a So-called Paradox." W. V. Quine in *Mind* 62 (January 1953): 65-67.

"The Definition of 'Pragmatic Paradox.' " Frank B. Ebersole in *Mind* 62 (January 1953): 80-85.

[*4] *Blindspot*. 文献欄参照．

[*5] 〔訳注〕原文では，当の論文が転載されていると読める表現（"reprint"）だったが，実際には内容が重複する部分は多々あるものの，そのまま転載されているわけではない．

[*6] *Notices of the American Mathematical Society* の2010年12月号に掲載されている記事．

"The Paradox of the Unexpected Examination." R. Shaw in *Mind* 67 (July 1958): 382-384.

"The Prediction Paradox." Ardon Lyon in *Mind* 68 (October 1959): 510-517.

"A Paradox Regained." David Kaplan and Richard Montague in *Notre Dame Journal of Formal Logic* 1 (July 1960): 79-90.

"Can the Unexpected Never Happen?" T. H. O'Beirne in *The New Scientist* 15 (May 25, 1961): 464-465; 読者からの手紙と返答 (June 8, 1961): 597-598.

"Unexpected Examinations and Unprovable Statements." G. C. Nerlich in *Mind* 70 (October 1961): 503-513.

"The Unexpected Examination." Brian Medlin in *American Philosophical Quarterly* 1 (January 1964): 1-7.

"A Goedelized Formulation of the Prediction Paradox." F. B. Fitch in *American Philosophical Quarterly* 1 (1964): 161-164.

"The Third Possibility." B. Meltzer in *Mind* 73 (July 1964): 430-433.

"The Unexpected Examination." R. A. Sharpe in *Mind* 74 (April 1965): 255.

"Two Forms of the Prediction Paradox." B. Meltzer and I. J. Good in *British Journal for the Philosophy of Science* 16 (May 1965): 50-51.

"On Quine's 'So-called Paradox.' " J. M. Chapman and R. J. Butler in *Mind* 74 (July 1965): 424-425.

"The Prediction Paradox Again." James Kiefer and James Ellison in *Mind* 74 (July 1965): 426-427.

"A Note on the Logical Fallacy in the Paradox of the Unexpected Examination." Judith Schoenberg in *Mind* 75 (January 1966): 125-127.

"Note Relating to a Paradox of the Temporal Order." J. T. Fraser in *The Voices of Time*, J. T. Fraser, ed. Braziller, 1966, pp. 524-526, 679.

"The Surprise Exam: Prediction on Last Day Uncertain." J. A. Wright in *Mind* 76 (January 1967): 115-117.

"The Surprise Test Paradox." James Cargile in *Journal of Philosophy* 64 (September 1967): 550-563.

"The Paradox of the Surprise Examination." D. R. Woodall in *Eureka* 30 (October 1967): 31-32.

"The Surprise Examination in Modal Logic." Robert Binkley in *Journal of Philosophy* 65 (1968): 127-136.

"The Unexpected Examination in View of Kripne's Semantics for Modal Logic." Craig Harrison in *Philosophical Logic*, J. W. Davis et al., eds. Holland: Reidel, 1969.

"On the Unexpected Examination." A. K. Austin in *Mind* 78 (January 1969): 137.

"A Further Examination of the 'Surprise Examination Paradox.'" C. Hudson, A. Solomon, and R. Walker in *Eureka* (October 1969): 23-24.

"Epistemic Logic and the Paradox of the Surprise Examination Paradox." J. McLelland in *International Logic Review* 3 (January 1971): 69-85.

"Paradox Lost." Ian Stewart in *Manifold* (Autumn 1971): 19-21.

"The Examination Paradox and Formal Prediction." Jorge Bosch in *Logique et Analyse* 15 (1972): 505-525.

"On a Supposed Antimony." A. J. Ayer in *Mind* 82 (January 1973): 125-126.

"The Liar and the Prediction Paradox." Peter Y. Windt in *American Philosophical Quarterly* 10 (January 1973): 65-68.

"The Examiner Examined." B. H. Slater in *Analysis* 35 (December 1974): 48-50.

"The Prediction Paradox." M. Edman in *Theoria* 40 (1974): 166-175.

"The Surprise Examination Paradox." J. McLelland and Charles Chihara in *Journal of Philosophical Logic* 4 (February 1975): 71-89.

"The Paradox of the Surprise Examination." I. Kvart in *Logique et Analyse* 21 (1976): 337-344.

"Quine's Judge." T. S. Chaplain in *Philosophical Studies* 29 (May 1976): 349-352.

"The Surprise Examination Paradox." Michael Stack in *Dialogue* 26 (June 1977).

"The Paradox of the Unexpected Examination." Crispin Wright and Aidan Sudbury in *Australasian Journal of Philosophy* (May 1977): 41-58.

"The Unexpected Examination." A. K. Austin in *Analysis* 39 (January 1979): 63-64.

"The Erasing of Philbert the Fudger," Martin Gardner in *Science Fiction Puzzle Tales*, Clarkson Potter, 1981, Chapter 20.〔邦訳:『SF パズル』マーティン・ガードナー著,上島建吉訳.紀伊国屋書店,1982 年.〕

"Expecting the Unexpected." Avashin Margalit and Maya Bar-Hillel in *Philosophia* 18 (October 1982): 263-289.

"Recalcitrant Variations of the Prediction Paradox." Roy A. Sorensen in *Australasian Journal of Philosophy* 60 (December 1982): 355-362.

"The Prediction Paradox Resolved." Doris Olin in *Philosophical Studies* 44 (September 1983): 225-233.

"Conditional Blindspots and the Knowledge Squeeze: A Solution to the Prediction Paradox." Roy A. Sorensen in *Australasian Journal of Philosophy* 62 (June 1984): 126-135.

"The Surprise Examination on the Paradox of the Heap." Joseph Wayne Smith in *Philosophical Papers* 13 (May 1984): 43-56.

"Olin, Quine and the Surprise Examination." Charles S. Chihara in *Philosophical Studies* 47 (1985): 19-26.

"The Bottle Imp and the Prediction Paradox." Roy A. Sorensen in *Philosophia* 15 (January 1986): 421-424.

"A Strengthened Prediction Paradox." Roy A. Sorensen in *Philosophical Quarterly* 36 (October 1986): 504-513.

"Taken by Surprise: The Paradox of the Surprise Test Revisited." Joseph Y. Halpern and Yoram Moses in *Journal of Philosophical Logic* 15 (1986): 281-304.

"Surprised?" Raymond Smullyan in *Forever Undecided*, Knopf, 1987, Chapter 2. 〔邦訳:『スマリヤンの決定不能の論理パズル』レイモンド・スマリヤン著, 田中朋之, 長尾確訳. 白揚社, 2008 年.〕

"An Undecidable Aspect of the Unexpected Hanging Problem." Jack M. Holtzman in *Philosophia* 72 (March 1987): 195-198.

"Again, How's That Again?" Martin Gardner in *Riddles of the Sphinx*, Mathematical Association of America, 1987, Chapter 27. 〔邦訳:『スフィンクスの謎』マーチン・ガードナー著, 黒田耕嗣訳. 丸善, 1989 年.〕

"A Note on Schrödinger's Cat and the Unexpected Examination Paradox." Jack M. Holtzman in *British Journal of the Philosophy of Science* 39 (1988): 397-401.

Blindspots. Roy Sorensen. Oxford University Press, 1988, Chapters 7, 8 and 9.

"The Unexpected Hanging." William Poundstone in *Labyrinths of Reason*, Doubleday, 1988, Chapter 6. 〔邦訳:『パラドックス大全——世にも不思議な逆説パズル』ウィリアム・パウンドストーン著, 松浦俊輔訳. 青土社, 2004 年.〕

"On Paradoxes and a Surprise Exam." Richard Kirkham in *Philosophia* 21 (1991): 31-51.

"The Surprise Examination or Unexpected Hanging Paradox." Timothy Y. Chow in *American Mathematical Monthly* (January 1998): 41-51.

"A Procedural Solution to the Unexpected Hanging and Sorites Paradoxes." Stuart C. Shapiro in *Mind* 107 (1998): 751-761.

2

結び目と
ボロミアン環

　奇妙な仕方で絡み合っている3つの輪で,人気銘柄ビールの商標としてアメリカでは多数の人におなじみの形がある.図5に示したものだ.この3つの輪は,イタリア・ルネサンス期の名門ボロメオ家で紋章に使われていたところから,ボロミアン環とよばれることがある.この3つの輪は互いに分離することができないにもかかわらず,どの2つの輪もリンクしていない.どれでも1つの輪を外してみれば,残りの2つの輪がリンクしていないことは簡単に見てとれる.

　本全集第1巻に収めた章で,紙で作れるトポロジー曲面を扱った際,紙で作った単一の曲面で,自己交差することなく,縁だけはボロミアン環のように絡み合っている構造物を私は知らないと述べ

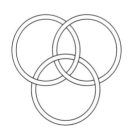

図5　3つの輪からなるボロミアン環.

た．そして「ひょっとすると……そういうものを紙でうまく作ることのできる有能な人もいるかもしれない」とも書いた．

この課題が最初に解決されたのは1959年の秋のことで，マサチューセッツ工科大学電子工学科准教授のデイヴィド・A・ハフマンによってであった．ハフマンが成し遂げたのは，ボロミアン環の縁をもつ数種の曲面の構造物を作ることだけではなかった．検討しているうちにハフマンは，いくつかのすばらしく単純な手法も発見し，それらの手法を使って構築できる紙の構造物の縁の形は，あらゆる種類の結び目ないし結び目の集まりに及び，どのように組み合わさったり織り込まれたり絡み合ったりしているものでも作ることが可能となったのである．のちになってハフマンは，本質的に同じ手法が，トポロジー研究者の間では1930年代から知られていたことを見出したが，それらの手法は，ドイツ語の出版物にしか記述されていなかったため，一部の専門家以外の誰の目にもとまらなかったのであった．

それらの手法のうちの1つをボロミアン環そのものに適用する前に，そこまで複雑でない構造の場合にその手法がどのように機能するかを見ておこう．空間内で最も単純な閉曲線は，もちろん，結び目のない曲線である．数学者はそれを交点数ゼロの結び目とよぶことがあるが，それは彼らが直線を曲率ゼロの曲線とよぶことがあるのと同様である．図6の1に示してあるのはそのような閉曲線である．その図で影をつけた領域が表しているのは，表裏のある曲面で，縁がいま述べた曲線になっているものである．この曲面を1枚の紙から切り出すのは容易である．実際に切り出した部分の形はどうでもよい．ここで関心があるのは，縁の形が単純な閉曲線だという事実だけだからである．ただし，同じ縁をもとにして色をつけて領域を表す方法はもう1つある．曲線の「外側」に色をつける（図6の2）こととすればよく，その際，全体は球面上にあると想像するのである．この場合，先ほどと同じ閉曲線が，球面内の穴を取り巻いている．この2つ——1つは切って取り出したもので，もう1つ

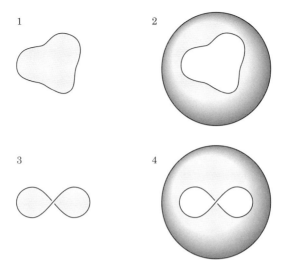

図 6 　結び目のない縁をもつ曲面の例.

は穴の空いた球面——は位相的に同値である．その 2 つの縁と縁どうしをぴったりくっつけたときにできあがるのは，表裏のある閉じた曲面である球面である．

　次に，同じ手法を，同じ空間内にある曲線のうち，もう少しだけ複雑な形のもの（図 6 の 3）に施してみよう．この曲線はロープでできていると考えてほしい．図中で交差している箇所は，高速道路の立体交差のように，ロープの一部分が別の一部分の下を通っていることを表すため，見てのとおり，一方の線に少し切れ目を入れてある．この曲線もまた，交点数ゼロの結び目であるが，それは，ロープを操作すれば，交差をなくすことができるからである（結び目の交点数は，結び目を変形して交差を減らしていったときに可能な交差の数の最少値である）．ここで，先と同様に，この曲線を境界とする領域を 2 色（一方は影をつけ，他方は白）で塗り分け，境界線が間にあるどの 2 つの領域も同色とならないようにする．こうした塗り分けは，2 つの別の方法で行うことがつねに可能であり，一方は他方と色を反対に

したものとなる．

　図6の3のように塗った場合にできあがるのは，紙を半回転ひねっただけのものである．これは表裏のある曲面であり，これまで見てきた2つの例と位相的に同値なものである．しかし，これに反対の仕方で色づけして（図6の4），白い部分を球面内の穴だと見なせば，メビウスの帯をなす曲面が得られる．これも，縁は交点数ゼロの結び目（つまり，結び目になっていない閉曲線）であるが，曲面のほうは表裏の区別がないものであり，これまで見てきたものと位相的に区別されるものである．閉じていて縁のない曲面になるように，同じ形の縁をもつこれら2つのものをくっつけたときにできあがるのは，クロスキャップないし射影平面とよばれるものであり，自己交差なしには構成することのできない，表裏のない曲面である．

　これと同じ一般的な手順は，どのような結び目に対してであれ，いかなる仕方で互いにリンクしている結び目の集まりに対してであれ，適用することができる．これがどのようにボロミアン環に適用されるかを見てみよう．第1段階では，3つの輪の立体交差のようすを地図として表す．その際，どの交差点でも，3つ以上の線が交わっていないように注意する．次に，その地図を2つの可能な方法で色分けする（図7の1と2）．できた図の中で，線の交差が生じている箇所では，（影をつけて表される）紙の曲面が，一方の向きに半回転ぶんひねられているようすがその向きもわかる形で表現されている．図7の1によって示される表裏のない曲面を紙で作るのは簡単で，その図が示すような見事な対称性をもつ形で作ってもよいし，それと位相的に同値で，図7の3で描かれるようなものを作ってもよい．図7の2は，ボロミアン環が，球面内に空いた穴の縁を形成しているものであり，一見すると，図7の1のものとは全然違うもののようである．しかし実は，両者は位相的に同値である．2通りの色分けは，位相的に同値になる結果となる場合もあれば，同値でない結果となる場合もあるのである．

　証明可能な事実として，このように2通りの曲面を作り出す手順

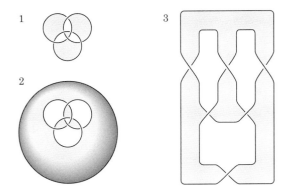

図7 どれも位相的に同値な表裏のない曲面であり，縁がボロミアン環になっている．

は，どのような種類の結び目ないし結び目の集まりにも適用することが可能であり，交点数がいくつのものでも，どのようにリンクしあっているものにでも適用可能である．ただし，結果としてできあがる曲面はたいてい，表裏がないものとなる．もとの結び目によっては，地図を作るときに交差点の位置をずらすことにより，表裏がある曲面を生み出すことが可能な場合もあるが，通常，具体的にどうすればそれが可能かを見つけるのはきわめて難しい．これに対し，同じくハフマンによって再発見された次に紹介する手法を用いれば，表裏のある曲面を必ず作ることができる．

手順を具体的に示すために，その手法をボロミアン環に適用してみることにしよう．最初に全体の形を描くが，まずは薄い鉛筆の線を使う．鉛筆の先を3つの輪のうちの1つの曲線上のどこかに置き，その曲線を，どちら回りでもよいので，もとの位置に戻るまで1周ぶんなぞっていく．ただし，ほかの曲線と交差する箇所では，小さな矢印を描いて，どちら向きになぞってきているのかも記しておく．同じことを残り2つの輪の曲線に対しても施す．その結果は，図8の1のようなものとなる．

次に，濃い鉛筆かクレヨンで，この全体をなぞり直す．その際，

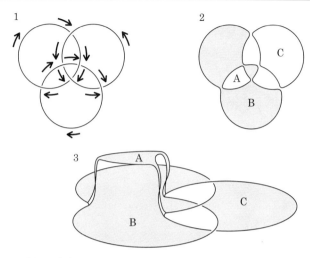

図8 表裏のある曲面で,縁がボロミアン環になっているものを作る手順.

どの曲線上のどの点からでもよいから出発し,最初に引いたときと同じ向きになぞっていく.ただし今度は,交差点に着いたら,そこに記されている矢印に従って,右折か左折を行う.移った先の線上でも,しばらくその線をなぞってから交差点に出会ったら右折か左折をし,以下同様に続ける.言ってみれば,ハイウェイを運転しながら,その上か下を交差して通る別のハイウェイに出会ったら,出会ったほうの道に飛び移り,飛び移った先の交通の流れにのって進んでいくのである.すると,いつかは出発点に戻るが,そのときまでになぞってきたものは,1つの単純閉曲線になっている.いったん出発点に戻ったら,図全体の中でまだなぞっていない地点にクレヨンの先を置いて,いまと同じ手順を繰り返す.これを,図全体をなぞり終わるまで続ける.興味深いことに,この方法で作られるどの閉路も,決して互いに交差することはない.ボロミアン環の場合の完成形は,図8の2のようになる.

この図でそれぞれの閉曲線が囲んでいる部分は,紙の領域を表し

ている．2つの領域が重ならずに隣り合っている場合は，その接点において，紙が半回転ぶん（もとの図において示されている向きに）ひねられて2つの領域がつながっていることを表している．2つの領域の一方が他方の内側に描かれている場合は，小さいほうの領域は大きいほうの領域の上方にあって，立体駐車場のように，2つの階層になっていると見なされる．この場合も接点は半回転ぶんのひねりを表すが，今度の場合は，2つの層が，ひねりのある傾斜路でつながっていると考えなければならない．できあがる紙の構造物は，図8の3で示すものである．これには表裏があり，3つある縁は，全体でボロミアン環をなしている．この手順によって作り上げられるものは，必ず表裏があるものになることが証明できる．つまり，できあがったものを対照的な2つの色で塗り分けるなり，もともと表裏が別々の色である紙を使って作るなりしたときに，一方の色が他方の色とかち合うところがまったくないようにすることができる．ハフマンが提供してくれた図9では，条件を満たす曲面で，すっきりした対称性をもつものが示されている．

　読者は，ほかの結び目や絡み目を縁にもつ構造物を組み立てて楽しむこともできる．たとえば，8の字結びの場合，非常にすっきりとした対称性をもつ曲面が現れる．図10の最初に示したものが，そのおなじみの結び目を図示しうる1つの方法である．ちなみに，この種の図は，結び目理論において，与えられた結び目に対する代数的表現（結び目多項式とよばれる）を決定するために用いられる．一方から他方に変形していけるという意味で同値な結び目は，同じ代数式をもつが，同じ式をもつすべての結び目が同値というわけではない．もちろんここでは一貫して，結び目は，3次元空間内で結ばれている閉曲線のことだと想定している．両端が自由になっているロープの途中にある結び目や4次元空間内の閉曲線は，どれもほどくことができるので，ここで考えているどの結び目とも同値ではない．

　8の字結びは，交点数を最少で4まで減らせる唯一の結び目であ

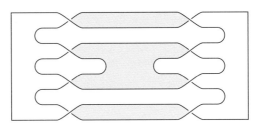

図 9 表裏のある曲面で,縁がボロミアン環になっているものの一例.

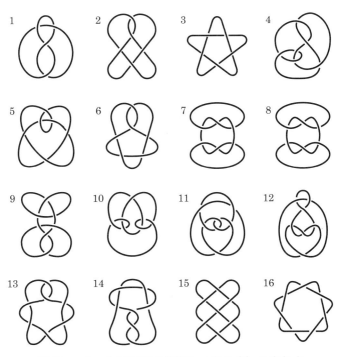

図 10 いろいろな交点数の結び目. 4 交点 (1),5 交点 (2 と 3),6 交点 (4 から 8),7 交点 (9 から 16).

り，そのことは，ひとつ結びすなわち，いわゆる三葉結びが，交点数の最少値が3である唯一の結び目であるのと同様である．しかし，三葉結びと違って，8の字結びには鏡像がない．というより，鏡像に変形していけるので，一種しかない．このような結び目は「両手型」とよばれるが，それは，内と外をひっくり返せるゴム手袋のように「どちらの手にも合う」という意味である．

交点数を1や2にすることができる結び目はない．最少が5交点のものは2つ，6交点のものは5つ，7交点のものは8つある（図10参照）．この一覧表には，鏡像の結び目は入れていないが，変形によってより単純な複数の結び目を並べた形にできるものは入れてある．たとえば，本結び（図中の7番めの結び目）は，互いに鏡像の2つの三葉結びから「生成したもの」であり，縦結び（8番めの結び目）は，まったく同じ2つの三葉結びから「生成したもの」である．3番めと16番めの結び目に対応する紙の構造物には非常に単純なものがある．紙の帯に半回転ぶんのひねりを5回施し，帯の両端をつなげるだけで，その縁の形は3番めの結び目になり，半回転ひねりを7回施せば16番めの結び目になる．

これら16種の結び目はどれも，線をたどっていったときに，交差する線が上にくるか下にくるかが，ちょうど交互になるように描くことができる（ここでは，7番めの結び目の本結びだけは，交互でない仕方で示してある）．交点数が8の結び目になってはじめて，交互の仕方では描けない結び目（3種ある）を構成することが可能となる．

それぞれ本結びと縦結びである7番めと8番めの結び目の場合には，どちらも三葉結び2つからできていながら異なった2つの形があったわけだが，三葉結びと8の字結びとの組み合わせでできる9番めに示した結び目には，どうしてそのような異なった2つの形がないのか読者は不思議に思うかもしれない．答えをいえば，9番めの結び目の中に現れる8の字結びは，三葉結びを鏡像に変えないまま，それだけを鏡像に変形していくことができるからである．そのため，この組み合わせの結び目には，図に示したものと，その鏡像

しかないのである．

　変形していっても，より単純な複数の結び目を並べた形にすることができない結び目のことを素な結び目という．図の中の結び目のうち，7番目と8番目と9番目の結び目を除くと，ほかはみな素な結び目である．1998年に発表された論文[*1]で，交点数が15以下[*2]のすべての素な結び目の個数が交点数ごとに示されたが，一般の n について，交点数が n の結び目の個数を決定することができる算式はいまだに見出されていない．

　結び目理論は明らかにトポロジーと密接に関係する[*3]が，この理論はトポロジーの場合と同様，なかなかほどけない未解決の問題に満ちている．一般的な手法がわかっていないことがらの中には，与えられた2つの結び目が同値かどうかを決定する方法や，それらが絡み合っているかを決定する方法があり，また，空間内でもつれた状態にある閉曲線が結び目をもつのかどうかを見分ける方法さえ，そうした未解決問題の1つである．この3つめの問題の難しさを見てとってもらうために，図11に示すパズルをこしらえてみた．奇妙な見た目のこの曲面には表裏がなく，縁も1つだけであり，そうした点ではメビウスの帯と同じであるが，はたしてこの縁は結び目になっているだろうか．もしなっているとすれば，それはどのような結び目だろうか．読者におかれては，図をよく見てから答えを推測し，そのあとで，以下に述べる方法で実際に試して自分の推測を検証してみてほしい．紙でまずこの曲面を作り上げてから，破線に沿ってハサミを入れる．そうしてできあがるのは，もとの曲面の縁と同じ型の結び目を形作る単一の帯である．この帯を，紙が破けないように注意しながら操作していけば，最も単純な形に還元することにより，自分の推測が正しかったかを確かめることができる．そ

[*1] Hoste, Thistlethwaite, and Weeks の論文．文献欄参照．
[*2] 〔訳注〕実際には「16以下」である．
[*3] 〔訳注〕現代では，結び目理論は，トポロジーと「密接に関係する」というよりは，はっきりとその一分野と位置づけられるのが標準的な捉え方である．

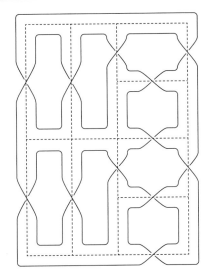

図 11 表裏がなく,縁が 1 つの曲面.縁は結び目になっているだろうか.

の結果には驚くかもしれない. 〔解答 p. 35〕

　1860 年代にイギリスの物理学者ウィリアム・トムソン (のちのケルビン卿) が展開した理論によれば,原子とは,宇宙を満たす粘性のない非圧縮性のエーテル内の渦輪である.その後,J・J・トムソンという,やはりイギリスの物理学者が,分子は,ケルビン卿のいう渦輪がさまざまな結び目を作ったり絡み目を作ったりしてできあがったものかもしれないという説を述べた.その結果,物理学者たちの間で (とりわけスコットランドの物理学者ピーター・ガスリー・テイトによって),トポロジーに対する関心がにわかに高まったが,渦原子仮説が支持を失うと,トポロジーに対する関心も薄れた.だが,いままた関心が高まるかもしれない.というのも,ベル研究所の化学者たちが,カテナンとよばれるまったく新しい加工物の生成を成し遂げたのだが,それは,環状になっている複数の炭素化合物が現実に

リンクしあってできているものだからである.つまり,複数の閉曲線が奇妙な仕方で結ばれていたり絡まったりしている形の化合物を合成することが,理論的にはいまや可能になったのである*4.そうした炭素化合物は,誰も予測しえないような奇妙な性質をもっているかもしれない.たとえば,分子全体で8の字結びをなしている場合の性質はどうだろうか.あるいは,分子が3つの輪から構成されていて,全体がボロミアン環のように絡み合っている場合はどうだろうか.

生物は結び目とは無関係だろうと思う人もいるかもしれないが,そんなことはない.インディアナ大学の微生物学者トマス・D・ブロックが最近サイエンス誌*5 で報告した発見によれば,ある糸状の微生物は,増殖する際,自分自身を結び目にし(その結び目は,ひとつ結び,8の字結び,縦結びその他の単純な結び目となりうる),徐々にきつく縛っていき,ついに結び目が融合して球状になると,両端の糸状の部分がちぎれ,複数の新たな個体となる.さらに読者は,デイヴィッド・ジェンセンが「ヌタウナギ」について書いた興味をそそる記事*6 を読めば,自分をひとつ結びにすることによって,体についた泥を落とすなどいろいろと不思議なことをする,見た目はウナギのような魚について学ぶことができるであろう.

人間はどうだろうか.はたして体の一部を結んだりするだろうか.読者におかれては,腕を組んで考えを巡らしてみていただきたい.

---

*4 次の文献を参照.Edel Wasserman, "Chemical Topology," *Scientific American*, November 1962, pp. 94-102.

*5 *Science*, Vol. 144, No. 1620 (May 15, 1964), pp. 870-872,

*6 *Scientific American*, February 1966, pp. 82-90.

解答

● 図 11 に示した曲面を紙で作り，本文の説明どおりにハサミを入れると，できあがる端なしの帯には，結び目はできない．これは，その曲面がもつ単一の縁も，同じく結び目がないことを示している．この曲面は，縁の形が，マジシャンたちがシェファローの結び目とよぶ偽物の結び目になるように設計したものである．その偽物の結び目を作るには，ロープを最初は本結びにし，次に一方の端をもち，あとで両端を引っ張ったときに結び目が消えるような通し方で，結び目の中にロープを 2 回通してからもとの位置に戻せばよい．

後記
(1991~)

結び目理論は，トポロジーにおいてますます注目を集めつつある主題である．1984 年にはヴォーン・ジョーンズが，結び目を分類するための新たな強力な多項式を発見し，数学者と物理学者の両方を驚かせた．その多項式は，量子力学に適用したときに重要な意味をもつものだったのだ．この話題に関する最近の文献は，いくつか文献欄にまとめて挙げておいた．

最近の結び目理論の急激な発展を垣間見るには，本全集第 15 巻 5 章本文およびその文献欄を参照されたい．そこでは，分子がボロミアン環の構造をもつように合成される可能性について取り上げている．私が驚いたのは，2004 年，まさしくそのとおりの分子が，UCLA の化学者 J・フレイザー・ストダートらによって創り出されたことであった．その成果は，助手のスチュアート・カントリルによってサイエンス誌 5 月 28 日号に詳述されており，2004 年 5 月 28 日付サイエンス・ニュース誌の 342 ページでも報告されている．ただし，私の知る限り，この分子の有益な利用方法はまだ見つかっていない[*7]．

分子の三葉結び目が最初に合成されたのは 1989 年で，クリ

[*7] 〔訳注〕現在では違う．こうした合成法は，さまざまな応用が期待される「分子機械」の合成に役立つものとして高く評価されている．実のところ，この合成に成功したストダートは，分子の三葉結び目合成に最初に成功したとして次段落で紹介されるジャン=ピエール・ソバージュとともに，この分野の業績で 2016 年にノーベル化学賞を（別のもう 1 人の化学者と合わせて 3 人同時に）受賞した．授賞理由は「分子機械の設計と合成」．

スティアーヌ・ディートリシュ゠ブシェカとジャン゠ピエール・ソバージュによるもの[*8]であり，彼らは1996年に，複数の三葉結び目を連結したものも合成した．

図12に示すのは，ボロミアン環を3つの3角形で見事な具合に表している図柄である．この図柄は，イギリスの七王国時代にまでさかのぼり，3つの輪からなるイタリアの紋章が現れるよりもずっと以前から存在するものである．

図 12

G・C・シェパードが2006年に書いた記事[*9]は，ボロミアン環の一般化を扱っている．単純な問題を挙げるなら，3つの円環をうまく組み合わせることによって，そのうちのどの1つを切っても，残り2つがリンクしているようにせよ，というものがある．もっと難しい課題においては，4つ以上の円環を使う．図13に示しているのは，5つの輪を組み合わせて，どの輪を切っても残り4つはリンクしているが，どの2つの輪を切っても残りがボロミアン環になるようにする方法である．nが5以上のときは，n個の輪に関する未解決の課題がたくさんある．

[*8] "A synthetic molecular trefoil," C. O. Dietrich-Buchecker and J. P. Sauvage in *Angewandte Chemie International Edition*, 1989, vol 28, pages 189-192.
[*9] "Interlocked Loops," *The Mathematical Gazette*, Vol. 70, 2006, pp. 249-252.

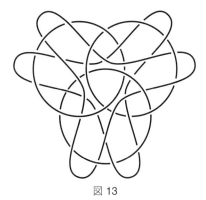

図 13

文献

"On Knots." Peter Guthrie Tait in *Scientific Papers*, Cambridge University Press, 1898, Vol. 1, pp. 273-347.

Knotentheorie. K. Reidemeister. Chelsea Publishing, 1948.

Introduction to Knot Theory. R. H. Crowell and R. H. Fox. Ginn and Company, 1963.〔邦訳:『結び目理論入門』R・H・クロウェル,R・H・フォックス著,寺阪英孝,野口廣訳.岩波書店,1967年.〕

"Knots and Wheels." R. H. Crowell in *Enrichment Mathematics for High School*, National Council of Teachers of Mathematics, 1963.

Topology of 3-Manifolds and Related Topics. M. K. Fort, Jr., ed. Prentice-Hall, 1963.

Knot Groups. L. P. Neuwirth. Princeton University Press, 1965.

Knots and Links. Dale Rolfsen, Publish or Perish, Inc., 1976.

"Mathematical Games." Martin Gardner in *Scientific American* (September 1983): 18-27.

On Knots. Louis H. Kauffman. Princeton University Press, 1987.

Knots, Topology, and Quantum Field Theory. L. Lusanna, ed. World Scientific, 1989.

Braid Group, Knot Theory, and Statistical Mechanics. M. L. Ge and C. N. Yang, eds. World Scientific, 1990.

Knots. Toshitake Kohno, ed. World Scientific, 1991.

Knots and Physics. Louis H. Kauffman. World Scientific, 1991. 〔邦訳:『結び目の数学と物理』L・H・カウフマン著,鈴木晋一・河内明夫訳.培風館,1995 年.〕

The Knot Book. Colin C. Adams. W. H. Freeman, 1994. 〔邦訳:『結び目の数学:結び目理論への初等的入門』C・C・アダムス著,金信泰造訳.培風館,1998 年.〕

"Molecular Composite Knots." R. Carina, C.O. Dietrich-Buchecker and J. P. Sauvage in *Journal of the American Chemical Society*, 1996, Vol. 118, pp. 9110-9116.

"The First 1,701,936 knots." J. Hoste, M. Thistlethwaite, J. Weeks in *Mathematical Intelligencer*, 1998, Vol. 20, Issue 4, pp. 33-48.

When Topology Meets Chemistry. Erica Flapan. Cambridge University Press and the MAA, 2000.

Knots: Mathematics with a Twist. Alexei Sossinsky. Harvard University Press, 2002.

3

超越数 e

> The conduct of e
> Is abhorrent to me.
> He is (not to enlarge on his disgrace)
> More than a little base*¹.
> 〔e のふるまい
> いまいましい
> あいつときたら(あら捜しするまでもなく)
> ちょっとやそっとのテイじゃない〕
> ——J・A・リンドンによる風刺4行詩(クレリヒュー)

　数学における2つの基本定数である π と黄金比のレクリエーション的な側面は，本全集第3巻8章と，第2巻8章で論じてきた．本章の主題は e だ．これは3つめの大事な定数である．ほかの2つよりも，門外漢にとってなじみの薄い定数であるが，高等数学を学ぶ者にとっては，はるかによく出会う，ずっと重要な数である．

　定数 e の基本性質を説明するには，量の増え方を考えるのが最も明確である．あなたが，年間4パーセントの単利を払う銀行に1ドルを預けると仮定しよう．毎年，銀行は1ドルに4セント加えてくれる．25年後，あなたの1ドルは2ドルに増えている．しかし，もし銀行が複利で払えば，毎年の利息は元金に追加され，次の

---

*1 〔訳注〕この base は「底」と「劣るもの」の掛け言葉.

年の元金がわずかに大きくなるので，1 ドルはもっと早く増えることになる．利息が複利で払われる頻度が多ければ多いほど，ますます増加は早くなる．1 ドルが毎年複利で計算されれば，25 年後には $(1+1/25)^{25}$，つまり $2.66\cdots$ ドルになる．これが半年複利であれば(利息は年利で 4 パーセントなので，この場合の支払いは半年ごとに 2 パーセントになる)，25 年後には $(1+1/50)^{50}$，すなわち $2.69\cdots$ ドルになる．

銀行は，販売促進資料で，複利がつく頻度を強調したがるものだ．そのため，利息を繰り込む頻度を十分，たとえば年間百万回に高めれば，25 年後には 1 ドルが相当な財産になると思う人がいるかもしれない．まったくそんなことはない．25 年後，1 ドルは $(1+1/n)^n$ ドルになる．この n は利息が繰り込まれる回数である．この n が無限大に近づくと，この式の値はある極限値に近づき，それはたったの $2.718\cdots$ ドルである．これは利息が半年複利で計算された場合に比べて，3 セント弱しか増えていない．この $2.718\cdots$ という極限値が数 e だ．銀行がどんなに頻繁に利息を払おうとも，1 ドルが単利で 2 倍になるのと同じ期間には，仮に利息の繰り込みが，その期間を通じてあらゆる瞬間に連続的に行われたとしても，1 ドルは e ドルにしかならない．しかし期間がとても長いのであれば，たとえ低い利率であっても，とてつもなく巨大な額になりうる．1 ドルを紀元 1 年に 4 パーセントで投資し，年複利で計算すると，1960 年には 1.04^{1960} ドルの値打ちになるわけだが，ドルを示す数字は 35 桁ほどに達する．

この手の増加は，あらゆる瞬間，増加率が量に比例しているという点が特徴である．言いかえると，いつなんどきでも，変化する率は，つねにその瞬間の量の一定割合である．丘をころげ落ちる雪玉のように，大きくなればなるほど，膨らむ速度も速くなる．これは有機的成長とよばれることもあるが，それは多くの生物の成長過程がこうしたふるまいを示しているからである．現在の世界の人口増加は，1 つの劇的な例だ．物理学，化学，生物学，社会科学における，何千もの自然現象が同様の変化を示している．

こうした過程はどれも $y = e^x$ に基づく数式で表現される．この関数は重要であるため，たんに「指数関数」と言ったときにはこの指数関数のことを指し，ほかの $y = 2^x$ といった指数関数とは区別される．この関数は，それ自体の微分とまったく同じ関数で，これだけでも，e が微積分学のいたるところに現れるという事実を説明するには十分だ．数学の解析分野で使われる対数は，ほぼ例外なく自然対数であり（技術者が 10 を底とする常用対数をよく使うのとは対照的である），これの底が e である．

柔軟な鎖を，たるむように両端を持ってぶら下げると，このたるみは，懸垂曲線とよばれる形を描く（図14）．デカルト座標でこの曲線を表す等式は e を含む．風をはらんだ帆の断面も懸垂曲線で，水平方向に吹く風がキャンバス地にもたらす効果は，垂直方向に働く重力が鎖にもたらす効果と同じである．ギルバート諸島，マーシャル諸島，カロリン諸島は，火山島だ．つまり，大量の玄武岩が海底に積み重なったものである．こうした山の典型的な断面が懸垂

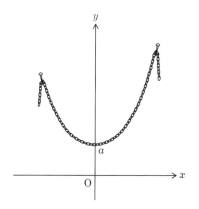

図 14　懸垂曲線をなしてぶら下がっている鎖の例．グラフを表す式が $y = \dfrac{a}{2}(e^{x/a} + e^{-x/a})$ の場合のもの．

曲線である．懸垂曲線は円錐曲線ではないものの，放物線と深い関係がある．放物線を厚紙に描いて切りぬいて直線の上を転がせば，その焦点は懸垂曲線を描くのである．

自然界に現れる懸垂曲線について，誰よりも雄弁に語った人といえば，フランスの昆虫学者であるジャン・アンリ・ファーブルをおいてほかにいない．彼は「ここに摩訶不思議な数 e がまた現れて，クモの糸に刻まれている」と『クモの生活』の中で書いている．「霧の深い朝に，夜のうちに作られた網目細工を観察してみよう．粘ついた糸は湿度に敏感な性質のおかげで，小さな水滴でいっぱいになって，重みでたわみ，数え切れないくらいたくさんの懸垂曲線になり，そこに無数のきらめきが精妙な数珠つなぎになって揺れている．霧を太陽が貫くと，全体が虹色にきらめいて輝き，まばゆいダイヤモンドの一団となる．数 e の栄華がここに極まっている」

円周率 π と同様，e は超越数である．これは，どんな有理係数の代数方程式の解としても，決して表すことのできない数である．線分の長さを（単位長との比が）ぴったり π となるようにコンパスと定規で作図する方法が存在しないのと同じように，古典的な制約を破ることなくして，ぴったり e の長さをもつ線分を作図する方法も存在しない．

円周率 π と同様，e は終わりのない連分数や，無限級数の極限値として表現するしかない．連分数として e を表す単純な方法の一例は次のものである：

$$2+\cfrac{1}{1+\cfrac{1}{2+\cfrac{2}{3+\cfrac{3}{4+\cfrac{4}{\ddots}}}}}$$

この連分数は，18世紀のスイスの数学者レオンハルト・オイラーが発見したが，彼はまた，記号 e を初めて使った人でもある．(オイラーが e を選んだのは，おそらく，a を別の数を表すのに使っていて，e が a の次の母音であったからであろう．しかし，彼が e についてあまりにも多くの発見を行ったため，いまではそれが「オイラー（Euler）数」として知られるようになった．)

式 $(1+1/n)^n$ を展開すれば，e に収束する，よく知られた次の無限級数が得られる．

$$e = 1 + \frac{1}{1!} + \frac{1}{2!} + \frac{1}{3!} + \frac{1}{4!} + \frac{1}{5!} + \cdots$$

ここで「!」は階乗を表す記号である．(3 の階乗は $1 \times 2 \times 3$，つまり 6 であり，4 の階乗は $1 \times 2 \times 3 \times 4$，つまり 24 であり，以下同様である．) この級数は急速に収束し，パイを食べるくらい簡単に（実際，π よりもずっと簡単に）e を小数点以下望みの桁数まで計算できる．1952 年に，イリノイ大学の電子計算機が，D・J・ホイーラーの指導の下で e を 60000 桁まで求めた．さらに 1961 年には，ニューヨーク州の IBM データセンターのダニエル・シャンクスとジョン・W・レンチ・ジュニアが e の桁数を 100265 桁まで更新した！（この「！」は階乗を表す記号ではない．) 円周率 π 同様，桁はどこまでも続き，まだ誰も，この数の並びの規則を見出した者はいない．

2 つの最も有名な超越数である e と π には，何か関係があるだろうか．答えはイエスであり，多くの単純な式がこの 2 つを結びつけている．最もよく知られているものは，アブラーム・ド・モアブルの発見を基にした，オイラーによる次の式である：

$$e^{i\pi} + 1 = 0$$

「エレガントで，簡潔で，意味深長である」とエドワード・カスナーとジェイムズ・R・ニューマンは彼らの著作[2]で述べてい

---

[2] *Mathematics and the Imagination*

る.「私たちは,これを再現し,この式が意味することを問い続けるしかない.この式は,神秘主義者,科学者,哲学者,そして数学者を等しく惹きつける」.この式は,5つの基本量である,1, 0, π, e, i (-1 の平方根) を結合している.カスナーとニューマンは続けて,この式がいかにベンジャミン・パース (ハーバード大学の数学者で,哲学者チャールズ・サンダース・パースの父親) を意外性の大きさで圧倒したか語っている.「みなさん」彼はある日,黒板にチョークでこの式を書いて学生たちに呼びかけた.「これは間違いなく真実であり,完全に逆説的であります.私たちにはこれを理解できないし,これが何を意味するのか知りません.しかし,証明することができたので,これが真実であるに違いないということを知っています」

数 n の階乗は,n 個の物体を並べる方法が何通りあるかを与えてくれるので,順列をともなう確率の問題の中に e が不意に現れるのに出くわしても,驚くには値しない.古典的な例は,混ざった帽子の問題だ.10人の客が帽子をクロークに預けた.うっかり者の帽子管理嬢が,預り札を手渡す前にごちゃまぜにしてしまった.客があとで帽子を受け取りに来たとき,少なくとも客の1人以上が自分の帽子を取り戻せる確率はいくらだろうか.(同じ問題に別の形で出会うこともある.あわて者の秘書がたくさんの手紙を,宛名が書かれた封筒にでたらめに入れてしまった.少なくとも1通以上,正しい送付先に届く確率はいくらか.上陸許可を得て上陸していた船乗り全員が酩酊して船に帰ってきて,みんなでたらめに寝台に潜り込んだ.少なくとも1人以上,自分の寝床で寝ている確率はどのくらいか.)

この問題を解くためには,2つの数を知る必要がある.10個の帽子の順列の数と,そのうち,どの人も間違った帽子を受け取る場合の数がどのくらいあるかだ.最初の数は単純に10!,つまり3628800だ.しかし,こうした順列をすべて列挙して,その上で10個の帽子がどれも違っているものを調べあげる気になる人は誰もいないだろう.幸いなことに,この数を見つけるための,

奇妙ではあるが単純な方法が存在する．n個の物体が「すべて間違った」並びになっている場合の数は，$n!$をeで割った数に最も近い整数になるのだ．いまの場合，この整数は1334961である．したがって，どの人も自分の帽子を取り戻せない場合の正確な確率は，1334961/3628800，つまり$0.367879\cdots$である．この数は$10!/(10!e)$にとても近い．2つの10!を約分すれば，この確率は$1/e$にきわめて近いとわかる．これが，すべての帽子が間違っている確率だ．帽子は，「すべて違っている」か，「少なくとも1つは正しい」かのどちらかということは確かなので，(確率) 1から$1/e$を引くと，$0.6321\cdots$を得る．これが，少なくとも1人以上は帽子が戻ってくる確率である．これはおおむね2/3だ．

この問題の奇妙なところは，帽子の数が6とか7とかいった数を超えると，帽子の数の増加が，実質的に解答に影響しないということだ．1人以上の客が帽子を正しく取り戻せる確率は$0.6321\cdots$で，これは，客の人数が10人だろうが1000万人だろうが関係ない．図15の表は，誰にも自分の帽子が戻らない確率が，どのくら

帽子の数	組合せの数	誰にも正しい帽子が戻らない場合の数	誰にも正しい帽子が戻らない確率
1	1	0	0.000000
2	2	1	0.500000
3	6	2	0.333333
4	24	9	0.375000
5	120	44	0.366666
6	720	265	0.368055
7	5040	1854	0.367857
8	40320	14833	0.367881
9	362880	133496	0.367879
10	3628800	1334961	0.367879
11	39916800	14684570	0.367879
12	479001600	176214841	0.367879

図15　人々と帽子の問題．

い速やかに極限値である $1/e$ つまり $0.3678794411\cdots$ に近づいていくかを示している．最後の列に示した小数は，少し大きめの値と，少し小さめの値の間を，いつまでも交互に繰り返す．

こうしたもろもろのことが正確であることを試してみる楽しい方法は，次のような 1 人ゲームだ．1 組のトランプをよく切って，表向きに配っていく．配りながら，52 枚すべてのトランプの名前を，あらかじめ決めておいた順番で復唱しよう．(たとえば，スペードの A から K まで，ハートの A から K まで，ダイヤ，クラブといった具合だ．) このゲームでは，配りながら言った名前に合致するカードが，少なくとも 1 枚以上出たら，あなたの勝ちだ．このゲームの勝敗の確率はどのくらいだろう．

この問題が，帽子の問題とまったく同じであることは簡単にわかる．直感的に，勝率は低そうだと思う人がいるかもしれない．おそらくせいぜい $1/2$ くらいだろうといった具合だ．実際には，すでにおわかりのとおり，これは 1 から $1/e$ を引いた値で，ほぼ $2/3$ だ．これはつまり，長時間ゲームを続ければ，だいたい 3 回に 2 回は運よく当てられると期待できることを意味している．

小数点以下 20 桁まで求めると，e は 2.71828182845904523536 である．多くの記憶法の文章が e を覚えるために考案されてきた．そうした文章では，各語の字数が，それぞれの桁の数字に対応している．(本全集 1 巻の数の記憶法を扱った 11 章で) こうした文の一部を紹介して以来，多くの読者が別の案を送ってきてくれた．テキサス州スイーニーのマクシー・ブルックの作品は「I'm forming a mnemonic to remember a function in analysis. (私は解析における関数の記憶法を作っている)」というものだ．コネチカット州ニューヘイブンのエドワード・コンクリンの作品は 20 桁ぶんある：「In showing a painting to probably a critical or venomous lady, anger dominates. O take guard, or she raves and shouts! (批判的だったり毒舌だったりすると思われる女性に絵画を見せるときには，怒りが満

ちる．身を守らないと，彼女はわめき叫ぶだろう！）」メリーランド州コッキーズビルの A・R・クラールは 1828 の興味深い繰り返しをうまく利用している．「He repeats: I shouldn't be tippling, I shouldn't be toppling here! (彼は繰り返した：飲み続けてはいけなかった．ここでひっくりかえってはいけなかった！)」

　円周率 π を小数点以下 6 桁めまで正確に表す，珍しい分数 355/113 が存在する．分数で e を小数点以下 6 桁めまで表現しようとすると，分子も分母も少なくとも 4 桁ずつ必要になる（たとえば 2721/1001）．しかし，e を小数点以下 4 桁まで表すのであれば，分子も分母もわずか 3 桁で作ることができる．読者も探索をしてみれば，すぐにわかるだろうが，こうした分数を手に入れるのはそれほど簡単ではない．こうした数を探す問題を楽しまれる読者には，分子も分母も 3 桁までで，e を最もよく近似する分数は何か，見つけてもらいたい．

〔解答 p.50〕

追記
(1969)

解答や解答の一部として e が意外な形で現れる問題を，多くの読者が知らせてくれた．ここでは2つだけ紹介する．n の n 乗根をとったときの値が最大になるときの n の値はいくつか．答えは e だ[*3]．0と1の両端を含む区間の中から無作為に実数を選び，選んだ数の合計が1を超えるまでこれを続けたとき，それまでに選ばれた数の個数の期待値はいくつだろうか．これも答えはやはり e だ[*4]．

何年も前，私が初めて π と e と虚数 i に関するオイラーの有名な公式に出会ったとき，私は，この注目すべき式をなんとかしてグラフに描く方法がないだろうかと思案した．当時の私はその方法を見出すことはできなかったが，L・W・H・ハルがいかに簡単に，かつエレガントにできるかを示している[*5]．ハルはまず，式 $e^{i\pi} = -1$ を無限級数に変換して，これを複素平面上のベクトルの無限級数の和として図示した．このとき級数中の各項の i が，それぞれのベクトルを1/4回転させ，次第に短くなっていく直線分が，-1 を表す点を締めつけるようにして螺旋を形作る．このグラフを図 **16** に示す．

円周率 π と e に関して，それほど有名ではない，愉快な小問がある．数表を使ったり実際の計算をしたりせずに，e の π 乗（e^π）と，π の e 乗（π^e）とで，どちらが大きいかを決めてほしい．これを解く方法は数多く存在するが，そのうちの1つがフィル・ヒュネーケによって与えられている[*6]．

私はかつて，e がもうすでに100000桁を超えて計算されていると聞いて，素朴に驚いた．いまではなんと，すでに数十億桁も計算されている．円周率 π と同様，これもあらゆる正規性のテストに通っている．これはつまり，きちんとした乱数の

[*3] 次を参照のこと："100 Great Problems of Elementary Mathematics", Heinrich Dörrie, Dover, 1965, p. 359.
[*4] 次を参照のこと：*American Mathematical Monthly*, January 1961, p. 18, problem 3.
[*5] "Convergence on the Argand Diagram," L. W. H. Hull, Mathematical Gazette, vol. 43, no. 345 (October 1959), pp. 205–207.
[*6] *The Pentagon*, Phil Huneke, Fall 1963, p. 46.

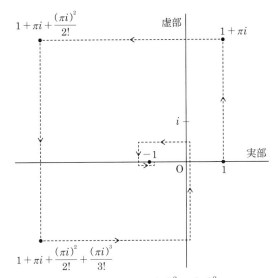

図 16 式 $e^{i\pi} = -1 = 1 + \pi i + \dfrac{(\pi i)^2}{2!} + \dfrac{(\pi i)^3}{3!} + \cdots$ をベクトルの無限級数の和で示したもの.

表として使えることを意味している.どちらかといえば単純な式の極限であるという意味では,実際には強い「パターン」があるにもかかわらずである.ちなみに,e の最初の 10 桁の中に 2818 の繰り返しがあるのは,もちろん偶然である.

スペインの数学者セバスティアン・マルティン・ルイスは,e と素数を結びつける,びっくりするような式を発見した.連続する素数の積 $Q_n = p_1 \cdot p_2 \cdot p_3 \cdot \cdots \cdot p_n$ に対して,これを $1/p_n$ 乗する.このとき n を無限大に近づけると Q_n は e に収束する[7].

---

[7] "A Result on Prime Numbers," Sebastian Martin Ruiz, *The Mathematical Gazette*, vol. 81, July 1997, p. 269.

解答 ● 分子も分母も 3 桁までの整数の分数で，定数 e の最もよい近似値になっているのは何か．答えは 878/323 だ．小数に展開すればこれは $2.71826\cdots$ で，小数点以下 4 桁めまで正しい値だ．（数秘術者への注釈：この分数は，分子も分母も回文で，大きい方から小さい方を引けば，差は 555 である．）それぞれの数の最後の桁を削ると 87/32 が残るが，これは，2 桁までの数を使った分数の中で，e に対する最もよい近似値である．

こうした分数，つまり任意に与えられた無理数の，最もよい近似値を与える分数を見つける（ニューヨーク州ホワイトプレインズのジャック・ギルバートから聞いたのが最初だった）正確な技法を解説できたらと思ったのだが，この手順を多くのページを割くことなく明確にするのは不可能だ．興味のある読者は，ジョージ・クリスタルの『代数』の 2 巻 32 章[*8]や，ポール・D・トーマスの記事[*9]を参照してもらいたい．

文献

"The Number e: The Base of Natural Logarithms." H. V. Baravelle in *Mathematics Teacher* 38 (December 1945): 350-355.

"A Study of 60,000 Digits of the Transcendental 'e'." R. G. Stoneham in *American Mathematical Monthly* 72 (May 1965): 483-500.

"The Simple Continued Fraction Expansion of e." C. D. Olds in *American Mathematical Monthly* 77 (1970): 968-974.

"Another Surprising Appearance of e." Darrell Desbrow in *Mathematical Gazette* 74 (June 1980): 167-170.

"Unexpected Occurrences of the Number e." Harris S. Shultz and Bill Leonard in *Mathematics Magazine* 62 (October 1989): 269-272.

e : *The Story of a Number*. Eli Maor. Princeton University Press, 1994. 〔邦訳：『不思議な数 e の物語』E・マオール著，伊

[*8] *Algebra*, George Chrystal, Dover, 1961.
[*9] "Approximations to Incommensurable Numbers by Ratios of Positive Integers," Paul D. Thomas, *Mathematics Magazine*, Vol. 36, No. 5 (November 1963), pp. 281-289.

理由美訳.岩波書店,1999 年.〕

From Zero to Infinity, 5th ed. Constance Reid. A K Peters, 2006. See pp. 131-148. 〔邦訳:『ゼロから無限へ』コンスタンス・レイド著,芹沢正三訳.講談社ブルーバックス,1971 年.〕

"How Euler Did It: Who proved e is Irrational?" Ed Sandifer at *MAA Online* (February 2006)

The Great π/e Debate. Colin Adams and Thomas Garrity. Mathematical Association of America, 2006. これは 40 分の DVD で,2 つの最も有名な超越数の歴史や性質を紹介して,どちらが「よりよい数」かを決めようとする奇抜な動画である.

"From e to Eternity." Richard Elwes in *New Scientist* (July 21, 2007): 38-41.

"A Number Between 2 and 3." Graham Winter in *Mathematics in School* (November 2007): 30-32.

●日本語文献

『π と e の話――数の不思議』,Y・E・O・エイドリアン著,久保儀明他訳.青土社,2008 年.

|4|

図形の裁ち合わせ

　何千年も前に，図形の難解な裁ち合わせ問題に史上初めて直面した原始人が，きっといたはずだ．想像するに，その原始人は，動物の皮を前にしていた．ある目的のために大きさは十分なのだが，形が違っていた．いくつかの小片に切り分けて，ふたたび縫い合わせて正しい形にしなければならない．切ったり縫ったりする回数を最少にするには，どうしたらよいだろう．まさにこうした問題の解が，レクリエーション幾何に果てしなく魅力的な領域をもたらすのだ．

　単純な裁ち合わせですむものは，ギリシャ人によって多く発見されたが，この主題に関する最初の系統的な研究書は，10世紀の有名なペルシアの天文学者で，バグダッドに住んでいたアブル・ワファーによる本のようだ．彼の本は断片的にしか残っていないが，そこに載っているのは逸品ぞろいだ．図 17 は，アブル・ワファーが，3 つの正方形を 9 つに分割して 1 つの正方形をなすように並べ替える方法を示したものだ．2 つの正方形は対角線に沿って切り，得られる合計 4 つの 3 角形で，切っていない正方形の周りを図示したように取り囲む．破線のとおりさらに 4 回切ると出来上がりだ．

　しかし 20 世紀まで，幾何学者は，こうした裁ち合わせを可能な限り少ないピース数で行うという問題を真剣には考えてこなかった．イギリスのパズリストであるヘンリー・アーネスト・デュードニーは，この興味深い分野の偉大な先駆者の 1 人である．図 18 は，

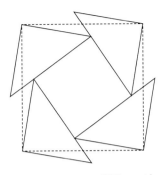

図 17　アブル・ワファーの問題の 9 ピース解.

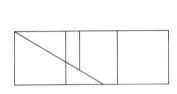
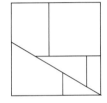

図 18　同じ問題の 6 ピース解.

アブル・ワファーの 3 つの正方形の問題に対する彼の解法を示したものであり，このわずか 6 ピースという数は，いまなお破られていない記録である．

　近年のパズル愛好家が，裁ち合わせの分野をとても魅力的だと見なすようになった理由はいくつかある．まず第一に，この手の問題すべてに通用すると保証されている一般的な手順がないため，各自の直観と創造的洞察が最大限にものをいうところだ．幾何に関する奥深い知識が求められるわけではないので，アマチュアでもプロを出し抜ける領域であり，そしてこれまで，実際にそうであった．次に，多くの場合について，最少の裁ち合わせが実際に達成されたという証明を導き出すことができていないということがある．その結果，長く続いた記録が，より単純な構成によって絶えず新しく塗り

替えられている.

　こんにち生きている誰よりも裁ち合わせの記録を数多く破ってきた，この問題について世界を牽引するエキスパートは，オーストラリア政府の特許審査官のハリー・リンドグレンである．彼はあらゆるタイプの裁ち合わせを研究し，それは曲線で区切られた平面図形や3次元の立体の形にまで及ぶ（私が知る限りでは，いまのところ，より高い次元を探求した裁ち合わせの専門家はまだいない）が，彼の関心の大部分は多角形に集中している．どんな多角形でも，有限個の小片に切り分けて，同じ面積をもつほかの好きな多角形に並べ替えられることを証明するのは，難しいことではない．ここでの課題はもちろん，必要なピースの数を最少に減らすことである．

　図19の表は，リンドグレンによるもので，1961年の時点での記録の一部である．正多角形7種類と，正多角形ではないが馴染み深

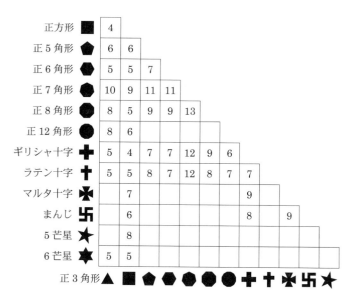

図19　1961年当時の最少裁ち合わせの記録.

い多角形6種類に関するものだ．行と列がぶつかる位置のマスに書かれた数は，示された2つの多角形をどちらも作れる，知られる限り最少のピース数である．非対称なピースは必要なら裏返してもよいが，これを必要としないほうが，裁ち合わせとしては，よりエレガントであると考えられている．これらの裁ち合わせのうち，特に魅力的な5つを図20に示した．このうち4つはリンドグレンの発見である．5つめのマルタ十字を正方形にする裁ち合わせは，デュードニーはA・E・ヒルという名の人によるものとしている．リンドグレンの正6角形の裁ち合わせは，デュードニーが1901年

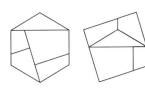

正6角形から正方形（5ピース）

6芒星から正3角形（5ピース）

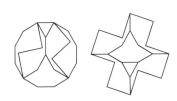

正12角形からギリシャ十字（6ピース）

マルタ十字から正方形（7ピース）

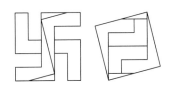

まんじから正方形（6ピース）

図20　驚きの裁ち合わせ方法．

に出版した5ピースの，より知られた裁ち合わせとは異なるものである．こうした例のように，最少のピースを得る方法はときに複数あり，その場合，それぞれの裁ち合わせは，たいていまったく似ていない．正12角形をギリシャ十字にする裁ち合わせは，リンドグレンが1957年に発表した[*1]ものだが，これは彼の最もすばらしい業績の1つである．この表が将来にわたって，どれだけ空欄が埋められたり，それまでの記録がどれだけ塗り替えられたりするのか，ようすを眺めるのは，さぞかし面白いことだろう．

裁ち合わせ問題を解こうと思ったら，どうすればよいだろうか．それを完全な形で議論するのはここでは不可能だが，リンドグレンは彼自身の方法を2つの論文[*2]と，さらに最近の論文[*3]とで明らかにしてくれている．

リンドグレンの方法の1つを，ラテン十字と正方形に適用した例を図21に示す．それぞれの図形（2つの図形は当然同じ面積でなければ

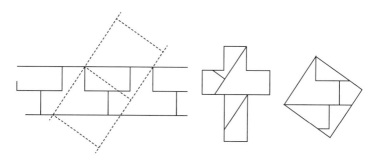

図21　ラテン十字から正方形への5ピースの裁ち合わせをリンドグレンの帯法で得たもの．

[*1] *The American Mathematical Monthly*, May 1957.
[*2] "Geometric Dissections," Harry Lindgren, *The Australian Mathematics Teacher* (vol. 7 [1951], pp. 7-10; vol. 9 [1953], pp. 17-21).
[*3] "Going One Better in Geometric Dissections," Harry Lindgren, *Mathematical Gazette*, May 1961.

ならない）を，まず何らかの単純な方法で切ってみる．このとき，得られたすべての小片は，平行な辺をもつ図形に並べ替えられるようにしておく．そしてこれを3つか4つ並べて端どうしをつなげば，平行な辺をもつ長い帯状になる．正方形の場合は，こうした帯を形成するためにはどこも切る必要はなく（正方形の帯は破線で描いてある），十字を帯状に並べるには1回切るだけでよい．これを太線で示した．どちらの帯もトレーシングペーパーに描いておこう．次に，一方を他方の上に重ねて，いろいろと向きを変えてみるが，このとき，それぞれの帯の2つの辺が，他方の帯上のパターンの，リンドグレンのいうところの「一致点」を必ず通るようにする．両方の帯に共通の領域にある線は，一方の図形からほかの図形への裁ち合わせを与える．最適な裁ち合わせが得られるまで，2つの帯の位置をいろいろと変えてみる．図の例の場合は，この方法による美しい5ピースの裁ち合わせが示されているが，これはリンドグレンが，それまでの6という記録を1つ上回ったものだ．

それぞれの多角形を分割して，平面を完全に埋めつくすタイリングの構成要素にできるなら，リンドグレンの別の方法に応用できる．たとえば正8角形に小さな正方形を付け足すことで，図22に実線で示したタイリングが得られる．これと重ね合わせてあるのは別のタイリング（破線で示した）であり，正8角形と同じ面積をもつ大きい正方形に，先ほどと同じ大きさの小さい正方形を組み合わせて形作られるものである．この方法で正8角形から正方形への5ピースの裁ち合わせが導かれるが，これを最初に発見したのはイギリスのパズル家ジェイムズ・トラヴァーズであり，1933年に発表された．

リンドグレンの職人技は，彼が次のような裁ち合わせを考案したという事実からも窺い知れる：正方形を9ピースに分割し，それを使ってラテン十字も正3角形も作れるもの．正方形を9ピースに分割し，それを使って正6角形も正3角形も作れるもの．正方形を9ピースに分割し，それを使って正8角形もギリシャ十字も作れるもの．彼はまた，ギリシャ十字を12ピースに切り分けて，まったく

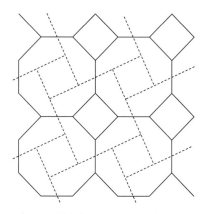

図 22　5 ピースの裁ち合わせで,正 8 角形を正方形にする,リンドグレンのタイリング法.

同様な 3 つの小さいギリシャ十字を作る方法を発見した.彼は,その前のデュードニーによる 13 ピースの記録を引き合いに出しながら,「これを 1 つ改善するのは容易ではなかった」と控えめに書いている.ギリシャ十字を裁ち合わせて,2 つの小さい十字で同じ大きさのものを 2 つ作るのは,ずっと簡単な課題で,デュードニーは 5 ピースで達成している.彼がリンドグレンのタイリングの重ね合わせ法を用いたかどうかは知られていない.いずれにせよ,リンドグレンが指摘するように,ギリシャ十字はこの方法で裁ち合わせるのに驚くほど向いている.図 23 に示したようにこうしたタイリングを 2 つ重ね合わせてみると (一方のタイリングは大きい十字の繰り返しで作られ,他方は小さい十字で作られている),デュードニーの解がただちに明らかになる.

デュードニーは著書[*4]の中で,こうした裁ち合わせ問題を「美的感覚をいくらかでも呼び覚ますことなく」観察できる人はほとんどいないと書いている.「自然の法と秩序を眺め入ることはつねに心

[*4] *Amusements in Mathematics*, Henry Ernest Dudeney, Dover, 1958.

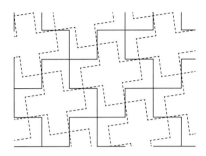

図 23 ギリシャ十字のタイリングを小さなギリシャ十字に裁ち合わせる.

地よいものだが,すぐ目前にそれが現れるときは,特に強く訴えかけてくるようだ.幾何学の知識をまったく持ち合わせない人ですらも,こうしたものを精査したあとには『なんて見事なんだ』と快哉を叫ばずにはいられない.実際,裁ち合わせパズルの魅力によって,幾何の研究に引き込まれた人を 1 人ならず知っている」

追記
(1969)

本章がサイエンティフィック・アメリカン誌に1961年11月に掲載されて以降，裁ち合わせ理論史上最大の出来事は，ハリー・リンドグレンによる，図形の裁ち合わせに関する立派な本[*5]の出版であろう．裁ち合わせの包括的な研究に関しては言語を問わず唯一の書物で，何十年にもわたる古典的な参考文献になりそうだ．

図 24 は前の図の再掲だが，リンドグレンによる1968年の最新版で，正9角形と正10角形を含めて拡張したものである．これらの裁ち合わせはどれもリンドグレンの本に載っているが，例外は正10角形を13ピースで正7角形にする新作であ

	正3角形	正方形	正5角形	正6角形	正7角形	正8角形	正9角形	正10角形	正12角形	ギリシャ十字	ラテン十字	マルタ十字	まんじ	5芒星
正方形	4													
正5角形	6	6												
正6角形	5	5	7											
正7角形	9	9	11	11										
正8角形	8	5	9	9	13									
正9角形	9	12		14										
正10角形	8	8	10	9	13	12								
正12角形	8	6		6										
ギリシャ十字	5	4	7	7	12	9		10	6					
ラテン十字	5	5	8	6	12	8		10	7	7				
マルタ十字		7		14					9					
まんじ		6		12					8		9			
5芒星	9	8		10				6						
6芒星	5	5	8	6	11	9		9	9	8	9			

図 24　1968年当時の裁ち合わせの記録．

[*5] *Geometric Dissections*, Harry Lindgren, D. Van Nostrand Company, 1964.

る．1961 年の初期の表に対する変更や追加のほとんどすべては，リンドグレンの初期の結果を改善しようとする彼自身のたゆみない努力の結果である．この表には面白い逸話がある．リンドグレンがこれに似た表を 1961 年に発表した[*6]とき，印刷業者の誤植により，ラテン十字から正 6 角形への最少の分割数として（7 ではなく）6 が書かれてしまった．私が自分のコラムに表を載せるにあたってはその部分は訂正したのだが，リンドグレンは，印刷業者の数値を正しいものにするべく，6 ピースの裁ち合わせで，のちに 1968 年の本の 20 ページに掲載したものをすぐに見つけた．

図 25 は 6 芒星を正 6 角形にする 7 ピースの裁ち合わせで，1961 年にニューヨーク市のブルース・R・ギルソンが最初に成し遂げたものだが，リンドグレンも独立にわずかに異なった裁ち合わせを見つけ，彼の本の 20 ページに記載した．図 26 はリンドグレンによる驚くべき最近の発見で，3 つの 6 芒星を 12 ピースに分割して 1 つの大きな星にするものだ．これは，彼の本に載っている 13 ピースの裁ち合わせを 1 つ更新している．

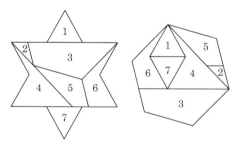

図 25　ブルース・ギブソンの 6 芒星を正 6 角形にする 7 ピースの裁ち合わせ．

[*6] *Mathematical Gazette*, 1961.

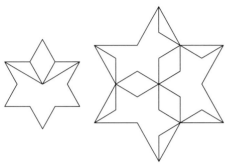

図 26　リンドグレンの 12 ピースの裁ち合わせで，3 つの 6 芒星を（左図の分割で）1 つの大きな星にするもの．

後記
(1991〜)

パドゥ大学のコンピュータ科学者であるグレッグ・フレデリクソンは，リンドグレンがやり残したところを引き継いで，裁ち合わせに関する世界的権威となった．このテーマについて書かれた彼の 3 冊の本は本章の参考文献に挙げた．

フレデリクソンはハリー・リンドグレンの平面上の裁ち合わせに関する草分け的な本を改訂して拡充した．彼は本章追記で掲げた記録の表を最新のものにして（図 27），さらに同じく追記で紹介した 6 芒星から正 6 角形への裁ち合わせを改善した（図 28a）．2007 年にはガヴィン・テオバルドが，6 ピースのどれも裏返さなくてすむように，フレデリクソンの裁ち合わせを修正する方法を示した．テオバルドは，まっすぐな直線で切る代わりに，曲線で切ることでこれを成功させた．この表の改善はすべてガヴィン・テオバルドによるものだが，5 芒星を正方形にする裁ち合わせだけは，フィリップ・G・ティルソンの 1979 年の結果だ．テオバルドの裁ち合わせはウェブサイト[7]で見ることができる．

図 28b は，フレデリクソンがリンドグレンのものを 1 つ改善した 9 ピースの裁ち合わせで，6 芒星を正 12 角形にするも

---

[7]　http://home.btconnect.com/GavinTheobald/Index.html

	正3角形	正方形	正5角形	正6角形	正7角形	正8角形	正9角形	正10角形	正12角形	ギリシャ十字	ラテン十字	マルタ十字	まんじ	5芒星
正方形 ■	4													
正5角形 ⬟	6	6												
正6角形 ⬢	5	5	7											
正7角形 ⬣	**8**	**7**	**9**	8										
正8角形 ⬣	**7**	**5**	**8**	**8**	**10**									
正9角形 ⬣	**8**	**9**	**10**	**10**	**13**	**12**								
正10角形 ⬣	**7**	**7**	**9**	**8**	**11**	**10**	**13**							
正12角形 ⬣	**8**	**6**	**10**	**8**	**11**	**10**	**13**	**11**						
ギリシャ十字 ✚	5	4	7	7	**9**	9	**11**	10	6					
ラテン十字 ✝	5	5	8	6	**8**	8	**10**	10	7	7				
マルタ十字 ✠		7		14					9					
まんじ 卍		6		12					8		9			
5芒星 ★	**7**	**7**	**9**	**9**	**11**	**10**	**14**	**6**	**12**	**10**	**10**			
6芒星 ✶	5	5	6	**9**	8	**11**	9	9	8	8				**10**

図 27 2009 年現在の裁ち合わせの記録．1968 年以来，改善された部分は太字．

のだ．フレデリクソンによれば，デュードニーが最初に発見したとされてきた図 18 の裁ち合わせは，1891 年のヘンリー・ペリガルの裁ち合わせに関する小冊子に載っているとのことだ．

図 22 の正 8 角形を正方形にする 5 ピースの裁ち合わせは，ジェイムズ・トラヴァーズによって発見されたのが最初ではなかった．この裁ち合わせは，G・T・ベネット博士（おそらくケンブリッジの数学者ジオフリー・トーマス・ベネットであろう）によるものであるとデュードニーが 1926 年のコラム[*8]で書いていた．実際には，この裁ち合わせはもっと以前に発見されており，およそ 1300 年ごろの著者不明のペルシアの文献『相似・

[*8] "Perplexities," Henry Ernest Dudeney, *Strand Magazine*, May 1926.

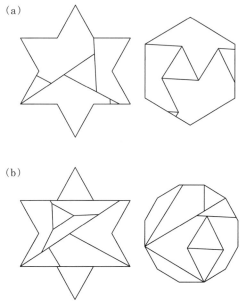

図 28 （a）グレッグ・フレデリクソンが改善した，6ピースで6芒星を正6角形にする裁ち合わせ；（b）フレデリクソンが改善した，9ピースで6芒星を正12角形にする裁ち合わせ．

相補図形の連結[*9]』に載っている．

2008年にアトランタで開催された第8回ガードナー集会で，MITの若きコンピュータ科学者エリック・ドメインは喝采を浴びた．それは彼が，どんな多角形であっても，有限個のピースに分割して，適切に蝶番でつないでやれば，同じ面積をもつ別の多角形に変形できることの証明を発表したときのことだ．この華々しい証明に関する彼（と5人の共著者）の論文は参考文献に挙げておいた．

蝶番で留められた裁ち合わせは，イギリスの偉大なパズリス

[*9] *"Interlocks of Similar or Complementary Figures"*

トであるデュードニーが，木でできた正方形を，(頂点どうしで) ひとつながりになるようにわずか 4 ピースに切って，正 3 角形 に並べ直す方法を示したことに端を発する．この有名な発見の 詳細は，本全集第 2 巻のデュードニーの章を参照されたい．

文献

Graphic Demonstrations of Geometric Problems. Henri Perigal. Bowles & Sons, London, 1891.

裁ち合わせに関する 6 篇の論文がシカゴ大学の数学部の教員によって書かれている：*Mathematics Teacher* 49 (May 1956): 332-343; (October 1956): 442-454; (December 1956): 585-596; *Mathematics Teacher* 50 (February 1957): 125-135; (May 1957): 330-339; *Mathematics Teacher* 51 (February 1958): 96-104.

The Canterbury Puzzles. Henry Ernest Dudeney. Dover, 1958. 〔邦訳：『カンタベリー・パズル』H・E・デュードニー著，伴田良輔訳．ちくま学芸文庫，2009 年．〕

Amusements in Mathematics. Henry Ernest Dudeney. Dover, 1958. 〔邦訳：『パズルの王様 (1)〜(4)』H・E・デュードニー著，(1),(2) は藤村幸三郎，林一訳．(3),(4) は藤村幸三郎，高木茂男訳．ダイヤモンド社，1974 年．また『パズルの王様傑作集』H・E・デュードニー著，高木茂男編訳，ダイヤモンド社，1986 年もある．〕

Mathematical Puzzles of Sam Loyd, 2 vols. Sam Loyd, ed. by Martin Gardner. Dover, 1959, 1960.〔邦訳：『サム・ロイドのパズル百科 (1–3)』マーチン・ガードナー編，田中勇訳．白揚社，1965 年-1966 年．ただし，問題の収録順など，原書とは異なっているところがある．〕

Equivalent and Equidecomposable Figures. V. G. Boltyanskii. *Topics in Mathematics Series*, 1963. (はじめに Alfred K. Henn and Charles E. Watts. D. C. Heath によるロシア語版が 1956 年に出版され，それの翻訳版)

Geometric Dissections. Harry Lindgren. Van Nostrand, 1964.

536 Puzzles and Curious Problems. Henry Ernest Dudeney, ed. by Martin Gardner. Scribner's, 1967.

"Some Approximate Dissections." Harry Lindgren in *Journal of Recreational Mathematics* 1 (April 1968): 79-92.

Recreational Problems in Geometric Dissections. Harry Lindgren. Dover, 1972. This is the previous book by Lindgren, corrected and much enlarged by Greg Frederickson.

"More Geometric Dissections." Greg N. Frederickson in *Journal of Recreational Mathematics* 7 (Summer 1974): 206-207.

"Several Prism Dissections." Greg N. Frederickson in *Journal of Recreational Mathematics* 11 (1978-79): 161-175.

Dissections: Plane and Fancy. Greg N. Frederickson.Cambridge University Press, 1997.

Hinged Dissections: Swinging and Twisting. Greg N. Frederickson. Cambridge University Press, 2002.

Piano-Hinged Dissections: Time to Fold! Greg N. Frederickson. A K Peters, 2006.

"Hinged Dissections Exist." Timothy G. Abbott, Zachary Abel, David Charlton, Erik D. Demaine, Martin L. Demaine, and Scott D. Kominers in *Proceedings of 24th Annual Symposium on Computational Geometry*, (June 2008), pp. 110-119. 〔訳注：これは国際会議で発表されたもので証明は概略のみ．その後出版された，完全な証明を含む論文は次のとおり："Hinged Dissections Exist." Timothy G. Abbott, Zachary Abel, David Charlton, Erik D. Demaine, Martin L. Demaine, and Scott Duke Kominers, *Discrete & Computational Geometry*, Vol. 47 (2012): 150-186.〕

5

スカーニとギャンブル

> 王子様もするバカラやモンテカルロのルーレットやトラントエカラントといったカジノゲームから,兵卒が手を出すサイコロ賭博や使い走りの少年が興じるコイン投げまで,賭け事は,たまに訳もなく儲かる偶然に安んじているうちに結局は賭け金を失っていく歴史である.それは,帳簿の数字が一気に悪化する歴史である.それは,滑り行くカード,転がるサイコロ,回るルーレット,色とりどりの点棒,それに緑地のゲーム台の裏で走り書きされる計算がどういうパターンを示すか次第で決まってしまう.それは,一般の経済機構に寄生して成立する世界であり,癌で破壊的というよりは,たんなる菌であって目的などない,というのが特徴である.経済機構がもっと強くてもっと優れたものなら,それをふたたび取り込むか,完全に放擲するであろう.
> ——H・G・ウェルズ『人間の仕事と富と幸福』

マジックは人々を楽しませる技芸であり,自然法則に反するかに見える妙技の組み合わせによって成り立っている.人をうまく欺けるのは,実に多くの巧妙な技法を駆使するからであり,それがまったく悪質でないのは,演技の究極の意図が,観客を楽しませることだからである.しかしながら,世の中には,マジックの種々の原理を,健全さに劣る目的で駆使して人を欺こうとする大きな分野が2つある.ギャンブルと心霊研究である.たとえば,ある種のフォールス・シャッフルは,カードマジックにもカード賭博にも等

しく利用できてしまう．紙片に書かれた情報を密かに獲得する技法は，「メンタルマジック」を演じるマジシャンにもインチキ霊媒師にも等しく利用できてしまう．数学の表現を借りるなら，マジック，ギャンブル，心霊現象の3分野においては，人を欺くための原理の集合が，互いに共通部分をもつ．

　何らかの自然法則に反する現象，たとえば確率に関する数学法則に反する現象が起こせるなら，それはマジックに使うトリックのもとになりうる．現代のカードトリックで特に有名なものの中に，マジシャンたちが「この世の外で<small>アウト・オブ・ジス・ワールド</small>」とよぶもの（ニューヨーク市のアマチュアマジシャン，ポール・カリーによって発案されたもの）があるが，その現象は次のとおりである．よくシャッフルしたトランプ一式を，カードは裏向きのまま，観客がランダムに2つの山に均等に分ける．その2つの山を表に返すと，一方はすべて赤いカードだけで，他方はすべて黒だとわかる．そこでは明らかに確率の法則が機能しておらず，そのことに誰もが度肝を抜かれて大喜びする．この種のトリックと，心霊術やギャンブルにおける欺きとの間の関係は一目瞭然である．もしも観客がこうした妙技を透視によって成し遂げたのだとしたら，その妙技は超感覚的知覚（ESP）の領域に属することになる．これに対し，もしもマジシャンが同じ結果を早業によって引き起こしたのだとしたら，誰もそのマジシャンとポーカーをやろうとは思わないであろう．

　現代の心霊研究における欺きの技術は，そのほとんどすべてが，確率法則に反するように見える実験によって実演されるものであり，それらの技術を広く取り扱っている文献としては，イギリスの心理学者マーク・ハンセルが書いた目を見張る本『ESP——科学的評価』[*1]がある．現代のギャンブルにおける欺きの技術においても，やはり確率法則が主に強調されるが，その技術を最も包括的に扱っているのは，713ページからなる『スカーニのギャンブル完全ガイ

[*1] *ESP: A Scientific Evaluation* (Scribner's, 1966).

ド』*2 と題する 1961 年出版の本である．この本は時宜を得ていた．アメリカ上院のある小委員会は，スカーニを政府の最初の重要証人として立てていて，ちょうどそのころ同委員会は，違法ギャンブルの全国規模の捜査を実施し，その成果を新しい規制に結びつけようとしていたのである（『タイム』1961 年 9 月 1 日号 16 ページ参照）．

この手の本を書くのにジョン・スカーニ以上の適任者はいなかった．ニュージャージー州フェアヴューで幼少期を過ごし，そのころからマジック，特にカードマジックに熱烈な関心をもち，若くして国内有数のカード使いの名手となった．数十年前の一時期などは，マジックの定期刊行物といえば，スカーニの業績やスカーニが創作したマジックの記事で満載であった．そして 1940 年代から 1950 年代の間，スカーニは，ギャンブルに関し，多種多様な面から極悪な面に至るまで，徹底的に研究した．

スカーニは，1 人の人間がギャンブルについておよそ知りうるすべてのことを知っていて，カードとサイコロの賭博師が行う最も難しい「所作」を習得しているのに加え，基本的な確率論に関しても驚くほどの知識を備えていた．この興隆著しい現代数学の一分野の原点は，実のところ，ギャンブルに関する問題にあった．著書の中でスカーニは，ガリレオが確率に興味をもったいきさつを紹介しているが，それは，イタリアのある身分の高い人物がガリレオに次の質問をしたのがきっかけであった．「3 つのサイコロを同時に投げたとき，和が 10 になることが 9 になることよりも多いのはなぜなのか」．ガリレオはその答えを示すにあたって，3 つのサイコロの目の出方としてありうる 216 通りの等しく確からしい場合を列挙した表を作成している．スカーニはまた，もう少し有名な話であるが，1654 年にブレーズ・パスカルがシュヴァリエ・ド・メレ（フランスの廷臣で作家だった人物であり，よく言われるプロの賭博師だったという

---

*2 *Scarne's Complete Guide to Gambling.*

のはまったくのでっちあげである）から次の問いをもちかけられたことも紹介している．「2つのサイコロを24回振ったとき，6のゾロ目が1回以上出るほうに5分5分の掛け率で賭ける，ということを続けていくと必ず負けてしまうのだが，それはなぜなのか」．パスカルが正しく示すことができたとおり，実は1対1のオッズでは，サイコロを24回振る場合には賭ける者がわずかに不利で，25回振るならわずかに有利となる（パスカルが行った証明については，オイステイン・オアの論文*3 を参照されたい）．

スカーニが紹介する面白い話の中に，「ファット・ザ・ブッチ」とよばれるニューヨーク市の賭博師が49000ドル負けた話がある．この男は，サイコロを21回振ったときに6のゾロ目が1回以上出るほうに5分5分の賭け率で繰り返し賭け続けたのであった．2つのサイコロの目の出方は36通りあり，6のゾロ目はそのうちの1つであるから，ファット・ザ・ブッチの理屈によれば（パスカルの時代に大勢の賭博師が考えた理屈と同じく），長い目で見れば，18回振ったときに6のゾロ目が出る頻度は6のゾロ目が出ない頻度と同程度だと期待できる．したがって18回振る場合でも5分5分なのだから，21回振る場合にどうして負けるはずがあろうか．

スカーニの本には，ブラックジャックの込み入った分析も含まれているが，実はこのゲームは，カジノゲームの中で唯一，一定の場面では，ディーラーよりもプレーヤーのほうが有利なオッズになるのである．スカーニが詳述する方法をとれば，カジノの取り分に堅実に勝てるようにさえなれるが，そのためには，多大な時間をかけて，ゲームの数理に熟達し，カジノ側の戦法を熟知し，「デックの丸覚え」（すでに配られたり開かれたりしたカードをすべて記憶する）を習得することに勤しまなければならない．また，ブラックジャックのディーラーは左利きのほうが実は有利なのだが，それはなぜだか

---

*3 "Pascal and the Invention of Probability Theory" in *The Colorado College Studies*, no. 3, Spring 1959.

ご存じだろうか．カードのインデックス*4 は左右対称でないため，カードの山の一番上のカードをプレーヤーに配るとき，相手に気取られずにそのカードが何であるかを盗み見するのは，左利きのほうが簡単なのである．同書の別の箇所には，有名な「リズム法」に関して，その全貌を示す，それまで公刊されたことのない歴史も記述されている．その手法により，アメリカのスロットマシンは1940年代後半にまんまと何百万ドルもだまし取られてしまい，その後，マシンの製造者は事態に気づき，マシンに新たに「変量器」を取り付けたのだった．

この本の中で数理面の見事な分析が行われているゲームには，ビンゴ，ポーカー，ジンラミー，数当て賭博，クラップス，競馬，そのほか巷で行われているギャンブルがたくさんある．ある章はまるごと「マッチ棒ゲーム」にあてられている．それはマッチ棒の本数を当てるゲームで，長年にわたり，ニューヨーク市内の「ブリークス」，より正式には「アーティスツ・アンド・ライターズ・レストラン」と称される有名店で流行っていた余興である．この本では，祭りのときなどに露店でやっているようなゲームもいろいろと取り上げており，最近現れたイカサマで，ビー玉を転がして行うラズルダズルという名のゲームもその1つである．以前からあるものでいえば，アメリカ人なら誰もが一度は，木で模した牛乳瓶6本をピラミッド配置に積んだところに野球のボールを投げて瓶を倒すゲームをしたことがあるだろう．これ以上単純な「ひっかけ」はない．3本は重くて，3本は軽いのだ．重い瓶を上のほうに配置しておくと，ボールが当たれば，全部の瓶が，台にしていた小テーブルから落ちることになる．反対に，重い瓶を下のほうに配置しておけば，たとえプロのピッチャーでも，瓶すべてを倒すことはできない．この業界の人々は，こうしたやり方を「両用店」とよぶが，それは，ゲー

---

*4 〔訳注〕通常のトランプカードは，左上と右下に数字と模様が示されているが，その表示部分を「インデックス」という．

ムをやる人が勝つようにも負けるようにも自在に設定できるという意味である．

　特にすばらしい章の１つにルーレットを扱っている章がある．たしかにルーレットは，カジノのゲームの中で最も華やかだ．「ルーレットの魅力の大きな部分を占めるのは，ゲームの美しさと色だ」とスカーニは感情を込めていう．「均整のとれたマホガニー製のテーブル．その上面を覆う鮮やかな緑の布地．そこに明るい金と赤と黒で描かれたレイアウト．ホイールが回ると，その縁では，番号の書かれたポケットのクロム製の仕切りが明るい光の中で輝きながら踊っている．ディーラーの補佐役の前に積まれたり，レイアウト内の賭け金を置く場所に散らばったりしている色分けされたチップ，夜会服をまとった女性たち，正装の男性たち，洗練された身ごなしの補佐役——これらすべてが合わさって，心惹かれる絵になっている」

　実のところ，あまりに心惹かれるため，確率について限られた知識しかないプレーヤーたちが毎年何千人も，スカーニのいう「ルーレット堕落者」になる道を突き進んでいく．その中には，価値のない手順での賭け方に自分の時間とお金を注ぎ込む者がたくさんいるが，彼らの期待するところによれば，その手順に従えば，カジノを破産させるほど儲けて，あとは一生遊んで暮らせるのである．ほとんどの方がご存じのとおり，ルーレットのホイールの縁に書かれた番号は，1から36と0と00である（これはアメリカ式だが，ヨーロッパや南米のルーレットのホイールには00はない）．これらの番号は，ランダムに配置されているのではなく，巧妙な順番になっていて，前半と後半，偶数と奇数，赤と黒といった組み合わせが最大限に均等に散らばっている．カジノ側からの支払いは，1つの番号に賭けて当たった人には1に対して35（賭け金は返すので，1ドル賭けて当たれば，賭けた1ドルと合わせて36ドル戻ってくる）であるが，これは，もし余分の0と00がなければルーレットを公平なゲームとする比率である．しかし実際にはこの2つの番号があることによって，（ある１つの方

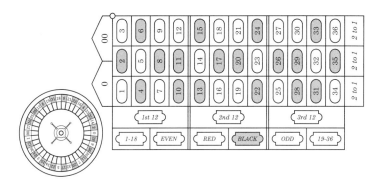

図 29 ルーレットのホイールとレイアウトの図．チップが 5 点賭けの場所に置いてある．（実際の色が黒の部分は網かけで，赤の部分は白で表してある．）

法を除いて）すべての賭け方において，カジノ側に $5\frac{5}{19}$ パーセント，すなわち 5 ドルにつき約 26 セントの取り分が与えられる．唯一の例外は 5 点賭けであり，この賭け方をするには，レイアウトの中で 1, 2, 3 の 3 マスと 0, 00 の 2 マスとを分断する線の端にチップを置く（図 29 参照）．これで 1, 2, 3, 0, 00 の 5 個の番号のどれかが出ることに賭けることになる．この場合にカジノ側が払うオッズは 6 対 1（1 ドル賭けて当たれば 7 ドル戻ってくる）であり，これによるカジノの取り分は $7\frac{17}{19}$ パーセント，すなわち 5 ドルにつき約 39 セントである．これは明白にまずい賭け方であり，避けるべき方法である．

レイアウト上のどこに賭けても胴元側が有利だという事実によってきわめて単純に証明されるように，ルーレットでは，どのような手順の賭け方も，スカーニの表現を借りれば，「昨日の新聞ほどの価値」しかない．スカーニいわく「プレーヤーが，正確なオッズよりも低いオッズで賭けを行うとしたら，といっても，世で営まれているギャンブル場ではつねにそうしているのだが，その場合にプレーヤーは，胴元に対し，彼らの取り分を支払うことによって賭ける権利を得ている．プレーヤーが勝つ見込みは，数学者のいう『負

の期待値』なのである．一定の手順に基づいて賭けを行っているときも，その一連の賭けにおける各回の賭けは，負の期待値である．負のものをいくら足していっても正にはなりようがない」．わかっている人々にとっては，この結論は完璧で非の打ちどころがなく，その点は，角の3等分や円の正方形化や立方体の倍積化に対する不可能性の証明と同様である．

スカーニによれば，あらゆる賭け方手順の中で最も好んで使われているのは，ダランベール法とよばれるものである．この手順においては，賭けの対象は，赤または黒（ないし，その他の同様のイーブンベットの対）とし，外れた直後は賭け金を増やし，当たった直後は賭け金を減らすという方法である．この方法が前提としているのは，たとえば，ルーレットのボールが何回か連続して赤に入ったなら，ボールは何らかの仕方でこの事実を記憶しており，その直後の回に赤に入るのを避ける傾向がある，ということである．数学者たちはこれを「ギャンブラーの誤謬」とよんでおり，また，この方法はもちろん，プレーヤーに何ら有利に働くわけではない．

マーチンゲール*5 法は，勝てるまで，賭け金を直前の倍額にし続けていくものであり，この方法は（ある意味では）うまくいくが，それは，カジノが賭け金の総額に上限を設けていないという非現実的な場合だけである（通常の上限は，賭け金の下限額からはじめて大体7回ほど倍にしたところで到達する）．たしかに，マーチンゲール法を行うプレーヤーは，高い確率で小銭が稼げる（イーブンベットの場合には，1ドルから倍々の連鎖をはじめると，賭け金の上限に到達する前に，高い確率で1ドルが稼げる）が，それと釣り合うように，とんでもない額を失う可能性がある．手持ち資金が，たとえば180ドルあって，赤や黒に賭けることのできる上限額が180ドルだとすると，マーチンゲール法を1回やったときに儲けが出る可能性は非常に高い．しかしなが

---

*5 〔訳注〕現代確率論の重要概念「マルチンゲール」は，この「マーチンゲール」というギャンブル用語（原語の綴りは同じ）に由来するといわれている．

ら，マーチンゲール法を繰り返し行っていくとすると，どこかで7，8回外れが続いてすべての資本を失う事態に（場合によっては思っていたよりも早く）出くわすと予期することができる．これは，目の前に1000個の箱があって，999個には1ドル紙幣が入っていて，残り1個には，箱を開けると爆発する爆弾が入っているようなものである．箱はランダムに開けていくことができて，中に入っているものはもらってよい．箱を10個開けたあとに自分のお金が10ドル増えている可能性は非常に高い．しかし，これは賢い賭けであろうか．毎回1ドルが得られる高い確率と，自分が吹き飛ばされてしまう低い確率とを天秤にかけなければならないのである．たいていの人なら，この（外交政策に関する昨今のいろいろな意思決定とも気味の悪い類似性がある）状況を見たら，「負の期待値」だと思うであろう．

　マーチンゲール法には逆の形のものもあり，アメリカでは「パーレー法」とよばれる（ヨーロッパの人々は「パロリ」とよぶ）が，この方法では，負けた次の回の賭け金はいつも1ドルとし，勝った次の回の賭け金は直前の倍とする，という賭け方を続けていく．これは，大損のリスクを覚悟して小さな儲けを高い確率で得る代わりに，高い確率で小さな損を被る犠牲を払うことで，わずかな確率で訪れる恍惚の瞬間を得ようとするものであり，幸運な当たりの連続によって賭け金が積み上がっていき，事前に決めておいた額の財産に達する瞬間を待つ．この手順で賭けてもやはり負の期待値であり，そのことは賭け金の上限があっても変わらないが，上限があると期待値はさらに悪くなる*6．パーレー法を1ドルからはじめた場合，（180ドルが賭け金の上限だとすれば）賭け金を倍にしていくやり方は，7回連続で当たりが出て128ドルを賭け金とするところまでしか認められない．

　好まれて用いられるほかの賭け方に，キャンセレーション法とよばれるものがあるが，この賭け方によって多くの「カモ」は財産を失っていった．カモたちはこの方法を知ると，何か必勝法を得たと

---

*6 〔訳注〕ここは不正確である．賭け金に上限があると，たしかに大儲けはできなくなるが，期待値そのものは，上限がない場合よりも改善する．

思うのである．この方法では，イーブンベット（たとえば赤か黒の一方に賭ける）を続け，直前に外れた場合に賭け金を増やしていくのだが，その具体的な手順は以下のとおりである．まず，あらかじめ，一連の数値，たとえば1から10を，縦1列に書き並べておく．最初に賭けるチップの枚数は，一番上と一番下の数値の合計であり，いまの例だと11である．これで当たりだった場合には，1と10をバツ印で消し，次の賭け金は新たに一番上と一番下になった数値2と9を加えた枚数とするが，いまの例だとこれも合計は11となる．他方，最初が外れだった場合には，損した枚数（いまの場合は11）を列の一番下に書き加え，次の賭け金は，新たに一番上と一番下になった数値1と11を加えた枚数とする．同様の手順を続け，当たるたびに2つの数値を消し，外れるたびに1つの数値を書き加える．イーブンベットにおいては，外れる回数は当たる回数とほぼ等しいので，プレーヤーはほとんど確実にいつかすべての数値を消すことになる．そして，数値がすべて消えたとき，プレーヤーは必ずチップ55枚ぶんだけ勝っているのだ．

「紙の上で考えているうちはうまい方法に見える」とスカーニは述べるが，悲しいかなこの方法も，数ある無価値なマーチンゲール法の変種の1つにすぎない．プレーヤーは，ほんのわずかな儲けを得るために，損失がどんどん膨れ上がっていくリスクを抱え続けるのである．ただし，この方法では賭け金が比較的少ないので，賭け金の上限に達して賭け続けられなくなるまでの時間はだいぶ長くなる．その間，カジノに払う$5\frac{5}{19}$パーセントの取り分もずっとかかるが，ディーラーの補佐役にしても，小さな賭け金を何度も何度も扱わなければならず，だんだんイライラしてくる．

スカーニが紹介するギャンブル関連の逸話の中での傑作（同書はその手の話で一杯である）の1つに，ヒューストンのカジノで初老の酔っ払いが，26番に「心の中で」10ドル賭けて外れたと主張した話がある．酔っ払いは，テーブルにチップは置かなかったが，心の中で賭けてしまったのだからと言い張って，ディーラーの補佐役に

10ドルを支払ってからバーに消えていった．酔っ払いは，しばらくしてから千鳥足で戻ってくると，そのとき投げられたボールの行方を見て，「やった．当たったぞ」と興奮して叫びだした．酔っ払いがあまりに大騒ぎをして，自分が心の中で賭けたぶんへの支払いを要求したため，支配人が出て来ざるをえなくなった．支配人の裁定では，酔っ払いが心の中で賭けて外れたときの賭け金10ドルを補佐役がその前に受け取ってしまっていたので，当たったときの賭け金に対する支払いもしなければならない，というものだった．すると酔っ払いは突然しらふになり，350ドルを受け取って去って行ったのであった．「同じことを試さないように」とスカーニは付言している．「カジノ業界では誰でもこの話は知っている」

ルーレットの賭け方で大きな話題となったものに，1959年にキューバの月刊誌『ボヘミア』で発表されたものがある．何か月もの間，この手法は南米の国々で広く使われた．この手法が注目したのは，レイアウトの3列め（図29参照）には赤の番号が8個に対し黒は4個しかないという事実——この手法の創案者の考えでは，ルーレットのレイアウトがもつ致命的欠陥たる事実——である．

スカーニが記述しているこの手法の実行方法を紹介しておこう．

賭けるのは，ホイールが回されるたびに2箇所である．一方では，1ドルチップ1枚を黒に賭けるが，これはイーブンベットである．他方では，1ドルチップ1枚を3列めに賭けるが，その列には，8個の赤の番号3, 9, 12, 18, 21, 27, 30, 36と4個の黒の番号6, 15, 24, 33が並んでいる．こちらの賭けは，1に対して2の支払いである．

レイアウトには，36個の番号に加えて0と00がある．計算の便宜のため，チップ2枚ずつのこの賭け方を38回行い，合計76ドル賭けるものと考えよう．さらにその全体を繰り返すと想定すると，長い目で見れば，以下のとおりとなる．

（1） 0か00が出る場合が38回のうち2回あり，それぞれチッ

プを2枚ずつ失うので，これによる損失はチップ4枚である．

（2） 赤が出る場合が38回のうち18回ある．そのうちで，1列めと2列めにある10個の赤の番号のうちの1つが出た場合にはチップ2枚を失うので，10個合計ではチップ20枚の損失である．しかし，3列めにある8個のうちの1つが出たときはチップを2枚もらえるので，合計ではチップ16枚の利益である．そのため，赤が出る場合には，差し引きでチップ4枚の損失である．

（3） 黒が出るのも，38回のうち18回である．1列めと2列めにある14個の（黒の）番号のうちの1つが出た場合にはチップ1枚を失うので，合計ではチップ14枚の損失である．しかし，色として黒にも賭けていたので，この14回では合計で14枚の利益がある．これらの損失と利益は相殺しあうので，この14回は損得なしの結果となる．他方，3列めの黒の番号（6, 15, 24, 33）のうちの1つが出たときは，チップ3枚（列を当てたことで2枚，色を当てたことで1枚）が得られるので，黒が出る場合には，全体でチップ12枚の利益となる．

0と00ではチップを4枚失い，赤ではチップを4枚失い，黒ではチップが12枚得られるので，最終的にはチップ4枚の利益を手にすることになる．賭け金合計の76ドルで利益の4ドルを割ってみるとわかるとおり，この手法を使えば，0と00があることによってカジノ側が得る$5\frac{5}{19}$パーセントの取り分を支払わないで済むだけでなく，その地位を奪って，反対に$5\frac{5}{19}$パーセントの利益が得られるようになるのである．

これは，読者にとっては初等的な確率分析の刺激的な練習問題となりそうなので，上の手法の誤謬を自身で特定できるかどうかぜひ考えてみてほしい．

〔解答 p. 82〕

暗号のクリスマスメッセージを贈る習わし[*7]に則り，読者におかれては，図30に示した装置をよく検討してもらいたい．課題は，垂直方向の文字の帯4本を上下にうまく動かすことにより，季節にふさわしいメッセージを構成する2つの単語が，水平方向に開いている2つの窓に同時に現れるようにすることである．このパズルの作者はロンドンのリー・マーサーである． 〔解答 p.83〕

Z	Z	Z	Z	Z
Y	Y	Y	Y	Y
X	X	X	X	X
W	W	W	W	W
V	V	V	V	V
U	U	U	U	U
T	T	T	T	T
S	S	S	S	S
R	R	R	R	R
Q	Q	Q	Q	Q
P	P	P	P	P
O	O	O	O	O
N	N	N	N	N
M	M	M	M	M
L	L	L	L	L
K	K	K	K	K
J	J	J	J	J
I	I	I	I	I
H	H	H	H	H
G	G	G	G	G
F	F	F	F	F
E	E	E	E	E
D	D	D	D	D
C	C	C	C	C
B	B	B	B	B
A	A	A	A	A
Z	Z	Z	Z	Z
Y	Y	Y	Y	Y
X	X	X	X	X
W	W	W	W	W
V	V	V	V	V
U	U	U	U	U
T	T	T	T	T

図30 クリスマスのメッセージを探せ．

[*7] 〔訳注〕本章のもととなったコラムが雑誌に載ったのは，1961年の「12月号」であった．

追記
(1969)

　スカーニが『ギャンブル完全ガイド』を出版してからほどなく，ニューメキシコ州立大学の数学者エドワード・O・ソープが『ディーラーをやっつけろ！』という本を1962年に出版したが，これにはブラックジャックの必勝法が，魅力的な詳細まで説明されている．この本には，ソープ自身がネバダ州のリノとラスベガスのカジノで自分の手法を実行したときの，実に驚く経験談も紹介されている．想像がつくとおり，それ以来カジノ業界では，一部のルールを変更し，ソープがうまくついてきた穴のいくつかを埋めるようにしてきた（1964年4月3日付ニューヨーク・タイムズ第2部の1面参照）．

　ソープの本の第7章はイカサマに関する章であるが，この章を読むべき人は多い．特に，ネバダ州の大手カジノのディーラーは決してイカサマをしないという，広く信じられている神話を鵜呑みにしている純真な一般人は，誰もが読むべきである．カジノはイカサマなしでも十分な取り分が得られるので，神話は納得いくものであるし，イカサマをしてそれが知られれば顧客に敬遠されるだけなので，たしかにネバダ州のカジノは世界一正直である．それでも事実はどうかといえば，イカサマは，最もよい部類のカジノでも，日常茶飯事である．最もよくある種類のイカサマは，カジノが損するように，不誠実なディーラーがイカサマをし，あとで共犯者と儲けを山分けするというものである．その場合，一日全体の結果がイカサマなしに見えるように，ほかの一般客が得るはずの利益を削るようなイカサマもやってつじつまを合わせる．カジノ側もこの種の不正行為につねに目を光らせているので，ディーラーは，イカサマをして共犯者に大金が入るようにしていると疑われないようにするという，それだけのためにときどきイカサマをして，カジノが大損するのを防ぐこともある．熟練のディーラーはまた，自分の技術にプライドをもっているため，純粋に練習のためや，たんなる楽しみのためだけにイカサマを行うことがある．もっといえば，ソープが書いたイカサマに関する章が明らかにしているように，カジノの中には，賭け金が高額になった場合にはイ

カサマをするようにとディーラーたちに指図しているところさえたくさんあるのである．ネバダ州には査察部隊もあるが，規模が小さいし，効果も上がらない．それでも，ネバダ州のカジノのイカサマは，頻繁に摘発されている．その情報が漏れることがほとんどないだけである．1964年4月12日付ニューヨーク・タイムズの報道によれば，ラスベガス地域で最高クラスのカジノが1つ閉店になったが，それは，使用サイコロの無作為検査によって，5個で一式の「イカサマ用サイコロ」が発見されたのちのことであった．それらのサイコロは，大金を賭けた人にとって不利な目が出やすくなるように，いくつかの縁(へり)に丸みを帯びさせた立方体になっていた．そのカジノ自身，その前年にブラックジャックのディーラーを1人解雇しているが，それは，州の囮(おとり)捜査官がディーラーのイカサマを見つけたのちのことであった．1967年10月17日付のニューヨーク・タイムズでもネバダの大手カジノの閉店が報道されているが，それに先立って州が逮捕したディーラーは，（隠しポケットを使って）サイコロをすり替え，公正なサイコロの代わりに「目の欠けた」サイコロ，つまり，決して出ない目があるように作られたサイコロを使ったのであった．その後1か月も経たないうちに同様の理由で閉店したカジノもあったが，それは実に地域で2番めに大きいカジノであった．1961年は，本章のもととなったコラムでスカーニの本を詳しく取り扱った年だが，この年にも，イカサマでラスベガスのカジノが2つ閉店している．

　以下で紹介するルーレットのレイアウトに関する面白いパラドックスを私に教えてくれたのはグラスゴーのトーマス・H・オバーンであり，オバーン自身は，その話をポーランドの数学者フーゴ・ステインハウスから聞いたという．赤の番号と黒の番号，前半の番号と後半の番号，奇数番号と偶数番号は，それぞれ同数ずつあるので，この種の賭けを1回するときの当たりの確率は，明らかにどれも同じである．0と00があるのでカジノには取り分があるが，ボールがその2つの番号に落ちないとき，ボールの行き先が奇数になるのも，後半になるのも，行

き先が赤になるのと同じ起こりやすさである．また，たとえば「奇数と黒」や「偶数と赤」という賭け方も（欄が隣り合っているので）許容されうるが，そうやってどの対に賭けたとしても，当たりになる確率はみな同じである．これに対し，「前半と赤と奇数」のような3つ組に1枚のチップで賭ける方法はないが，仮にそういう賭け方もできるのだとしてみよう．そしてその場合，3つの賭けに対して別々に当たりか外れかを判定して清算するのでなく，ボールが前半かつ赤かつ奇数の番号に来たときだけ胴元が支払いをするものとしよう．それ以外の場合はすべて外れとするのである．このとき，当たりになる確率は，たとえば「前半と赤と偶数」に賭けたときと同じになるであろうか．驚くことに，これが同じにならないのである．このことは，レイアウトを注意深く調べてみれば，難しい計算なしにわかる．前半かつ赤かつ偶数の番号は5個あるのに対し，前半かつ赤かつ奇数の番号は4個しかない．ありうる8通りの3つ組のうち，半分は当たる確率が4/38で，残り半分は当たる確率が5/38である．

解答 ● 読者への問いは，南米で大いに流行ったルーレット攻略法の誤謬がどこにあるかを指摘せよというものであった．次に引用するのは，スカーニの『ギャンブル完全ガイド』に記されている答えである．

> 悪さをしているのは「3列めにある8個のうちの1つが出たときはチップを2枚もらえるので，合計ではチップ16枚の利益である」と述べているところである．この言明は不正確である．これら8個の番号が当たってチップ16枚が得られる場合には，同時に，黒に賭けていたチップ8枚を失っているので，差し引きの儲けはチップ8枚だけである．1列めと2列めの赤の番号が出たときはチップを20枚失うので，赤が出た場合全体の損失は，主張されていたチップ4枚ではなくて，チップ12枚である．赤が出た場

合にチップ 12 枚の損失があり，黒が出た場合にチップ 12 枚の利益があり，0 と 00 が出た場合はチップ 4 枚の損失があるので，結局のところ，全体ではチップ 4 枚の損失となる．そして，以上で，この手順については完全に調べ尽くしたことになる．結局のところ，カジノは通常どおり $5\frac{5}{19}$ パーセントぶん有利なところに立っており，金持ちになるのはカジノの経営者であって，この手順を使うあなたではない．

また，次の韻文は，ニューヨーク市の読者ジョン・スタウトによる説明方法である．

探して誤謬見つければ
3 列め赤で勝つところ
ここの利益は各 1 枚
黒へも賭けたの忘れるな
そこまで考慮に入れたなら
差し引き赤では損 12
結局あわせて 4 ドル損
カジノはやはり 5 分(ぶ)儲け
借方ゼロが彼らの凹(へこ)み
かくて数学こそが賭けの支配者

● 隠れたメッセージを探すために 4 本の紙帯を動かしていくと，DOLLS（人形）と WHEEL（車輪）を同時に出すこともできるが，これではクリスマスのメッセージとはいえない．正解は JOLLY CHEER（楽しいお祝い）である．

後記
(1991〜)

ジョン・スカーニは 1985 年に死去したが，その数年前に，『マフィアという陰謀』というやっかいな本を個人出版している．その本の中でスカーニが苦心して示そうとしていたのは，組織犯罪において中心の役割を担ってきた，イタリア・マ

フィアという概念は，まったくの神話であって，イタリア系の人々の信用を落とすためにメディアがでっちあげたものだ，ということであった．

文献

Scarne on Dice. John Scarne and Clayton Rawson. Military Service Publishing Co., 1945.

How to Figure the Odds. Oswald Jacoby. Doubleday, 1947.

The Amazing World of John Scarne. John Scarne. Crown, 1956.

Playing Blackjack to Win. Roger Baldwin. M. Barrows, 1957.

Roulette and Other Casino Games. Sidney H. Radner. Wehman Brothers, 1958.

Beat the Dealer. Edward O. Thorp. Blaisdell, 1962.〔邦訳：『ディーラーをやっつけろ！――ブラックジャック必勝法』エドワード・O・ソープ著，宮崎三瑛訳．パンローリング，2006 年．〕

Marked Cards and Loaded Dice. Frank Garcia. Prentice-Hall, 1962.

Oswald Jacoby on Gambling. Oswald Jacoby. Doubleday, 1963.

The Casino Gambler's Guide. Alan H. Wilson. Harper & Row, 1965.

The Odds Against Me. John Scarne. Simon and Schuster, 1966.

Scarne's Complete Guide to Gambling. John Scarne. Simon and Schuster, 1974（ただし，本文にあったとおり，最初に出版されたのは 1961 年）．ペーパーバックでの再発行版もあり，*Scarne's New Complete Guide to Gambling*, 1986.

Scarne's Guide to Casino Gambling. John Scarne. Simon and Schuster, 1978.

Scarne's Guide to Modern Poker. John Scarne. Simon and Schuster, 1980.

The Mathematics of Gambling. Edward O. Thorp. Lyle Stuart, 1985.

| 6 |

4次元教会

> 「私の腕を回転させるときに現実の制約さえなければ……」と，あるユートピア人が言っていた．「……私は腕を千次元の中にも突っ込むことができるのだ」
> ——H・G・ウェルズ『神々のような人びと』

アレグザンダー・ポープはかつてロンドンを，3つのDを使って「愛しくて (dear) ひょうきんで (droll) 心乱される (distracting) 街」と描写 (discribe) した．誰がこれに異を唱える (disagree) であろうか．レクリエーション数学に関してさえ，私がロンドンを想像の中で旅するとき，何かきわめて異常なことが起きずに済むことはない．たとえば昨年秋のこと，ピカデリーサーカスから数ブロック離れたホテルの部屋でタイムズ紙を読んでいると，次の小さな広告が目にとまった．

　3次元の世界に嫌気がさしていませんか？　日曜礼拝のために4次元教会にいらしてください．午前11時ちょうど開始，プラトンの洞窟にて．アーサー・スレード牧師．

住所も書いてあった．私は広告部分を破り取り，次の日曜日の朝，地下鉄に乗って，教会まで歩いて行ける駅で降りた．地上に出ると，湿った外気は肌寒く，海のほうから漂う靄が立ち込めていた．

教会へ行く最後の角を曲がると，まったく意表をつく奇妙な建物が目の前に現れた．巨大な立方体が4段に積まれ，そのうちの下から3段めの立方体の側面には，全4方向へさらに合計4個の立方体が貼りつけられた形であった．私はすぐに，この構造は，超立方体を展開したものだと気づいた．立方体を7本の辺に沿って切り開いて，立方体の6つすべての正方形の面からなる2次元のラテン十字の形（中世の教会を上から見た形としてよくある形）を作ることができるのとまったく同様に，4次元立方体を17枚の正方形に沿って切り「開い」て，4次元立方体の8つすべての立方体状の超平面からなる3次元のラテン十字の形を作ることができるのである．

　にこやかに応対する若い女性が，壮麗な扉を入ったところに立っていて，私を回廊のほうへ導いてくれた．回廊のらせんを降りていくと地下に会堂があった．昔ながらの映画館と石灰岩の洞窟とが一体化したものとでも表現するほかないようなところだった．前方の壁は一面真っ白であった．天井からは半透明のピンクの鍾乳石の柱がいくつも垂れ下がり柔らかい光を放っていて，洞窟の中は赤みがかった光で満ちていた．巨大な石筍(せきじゅん)が部屋の両側と後ろに並んでいた．電子オルガンが奏でる，まるでSF映画の曲のような音楽が，あらゆる方向から部屋に押し寄せてきていた．私は石筍の1つに触れてみた．それは私の指の下で振動しており，まるで石でできた鍵盤打楽器の冷たい鍵盤のようであった．

　風変りな音楽は，私が席に着いたあとも10分以上流れていたが，その後だんだん音が和らいでいくと同時に，天井の明かりも薄暗くなってきた．そのとき私は，洞窟の後方に青みがかった光の源があるのに気がついた．その光は強さを増し，会衆の頭の影をくっきりと，前方の白い壁の下半分に映し出していた．私は後ろを振り返り，目がくらみそうな光点を見たが，その光ははるか遠くから来ているように見えた．

　音楽が静まっていき音が消えたとき，洞窟も真っ暗になったが，前方の壁だけには鮮やかな照明が当てられていた．牧師の影が前方

に立ち現れた．朗読箇所は「エフェソの信徒への手紙」3章17節および18節だと告げてから，牧師が低い，よく響く声で朗読しはじめると，その声は，影の頭の部分から直接発せられているように感じられた．「……あなたがたを，愛に根ざし，愛にしっかりと立つ者とし，また，あなたがたがすべての聖なる者たちと共に，キリストの愛の広さ，長さ，高さ，深さがどれほどであるかを理解するように……」

暗すぎてメモはとれなかったが，以下の数段落に私が書き記すことは，かなり正確に，スレード牧師による注目すべき説教の要点をまとめていると思う．

この宇宙，すなわち，私たちに見え，聞こえ，感じられるこの世界は，広大な4次元の海がもつ3次元の「表面」である．高次元の空間というこの「まったく別」の世界を視覚化できる，つまり，直観的に把握できる能力が賦与されている預言者が，各世紀にほんの数人ずついる．残りの私たちは，超空間には間接的に，すなわち類比によって迫るほかない．何らかのフラットランドを想像してほしい．それは，影からなる2次元世界であり，プラトンの有名な洞窟の比喩（『国家』7章）に登場する壁に映った影のようなものである．ただし，影には実体がないので，最も適切な理解の仕方は，フラットランドには極小の厚みがあり，その大きさは，基本粒子のうちの1つの直径と同じだと考えることである．そうした基本粒子が，液体の滑らかな表面に漂っているところを想像してもらいたい．個々の粒子は，2次元空間の法則に従って動き回っている．フラットランドの住民は，それらの基本粒子から構成されており，自分たちの知っている2方向に対して垂直な3つめの方向を想像することはできない．

しかし，3次元空間に住んでいる私たちは，フラットランドのすべての粒子を見ることができる．家の中も，どのフラットランド人の体の中も見える．彼らの世界のどの粒子に触れるにしても，私たちの指は，彼らの空間を通過する必要がない．鍵のかかった部屋か

らフラットランド人を持ち上げてやったとしたら、そのフラットランド人にとっては奇跡に見える.

スレードの話は続いた. いま述べたのと類比的な仕方で, 私たちの3次元の世界も, 巨大な超海洋の静かな表面に浮かんでいるのであり, その面はおそらく, かつてアインシュタインが示唆したような, 広大な超球面なのである. 私たちの世界の第4次元方向の厚みは, 基本粒子の直径ほどのものである. 私たちの世界の法則は, 超海洋の「表面張力」である. この海の表面は一様であり, そうでなければ, 私たちの法則は一様でなかったであろう. 海の表面に曲率がわずかに存在することが, 私たちの時空に微小な一定の曲率があることを説明してくれる. 時間は, 超空間にも存在する. 時間を第4軸と考えるなら, この超世界は5次元の世界である. 電磁波は, 超海洋の表面における振動である. そのように考えた場合にのみ, 科学は, 真空がどうしてエネルギーを伝達できるのかというパラドックスから免れることができるのだ, とスレードは力を込めた.

海の表面以外の場所には何があるのか. それは, まったく別の世界, 神の世界だ. もはや神学は, 神の内在性と超越性との間の矛盾に当惑する必要はない. 超空間は, 3次元空間内のあらゆる点に触れている. 神は, 私たち自身が吐く息よりも私たちに近いところにいる. 神は, 私たちの世界のどの部分を見ることもできれば, 私たちの空間に指を通さずにどの粒子に触れることもできる. それでいて, 神の王国がある場所は3次元空間の完全な「外側」であり, その方向は, 私たちには指差すことさえできない.

宇宙が何十億年も前に創造されたとき, 神が超海洋の表面に注いだ (ここでスレードはいったん言葉を止め, ここは比喩的に語っていると述べた) のは, 3次元空間による切断面が非対称な, 莫大な量の超粒子であった. 一部の粒子は, 3次元空間において右手型となって中性子となり, その他の粒子は, 左手型となって反中性子となった. パリティが反対のこれらの粒子どうしは, 初期の大爆発時に対消滅を起こしたが, 最初に中性子になっていた超粒子の割合のほうがわず

かに大きかったため，その超過ぶんがそのまま残存した．これらの中性子の多くは，陽子と電子に分裂して水素となった．こうして私たちの知る「一方に偏った」物質世界の歴史がはじまった．初期の大爆発が原因で，粒子は拡散した．こうして拡大していく宇宙が適度に安定したものとなるように，神はときどき，超粒子の供給源に指を突っ込み，超粒子を海のほうに弾き飛ばす．そのときに反中性子となったものは消滅し，中性子となったものは残存する．私たちが実験室で反粒子を創り出すときにはつねに，非対称な粒子が実際に「反転」できるところを目撃する．その反転の仕方は，3次元空間において，厚紙でできた非対称な2次元の型紙をひっくり返すことができるのと同じである．したがって，反粒子の生成は，4次元空間が実在することの経験的証拠となる．

　スレードは，説教の締めくくりに，最近発見され，グノーシス主義のものと目される『トマスによる福音書』からの引用を朗読した．「もしあなたがたを導く者たちがあなたがたに『見よ，御国(みくに)は天にある』というならば，鳥たちがあなたがたに先んずるであろう．もし彼らがあなたがたに御国は海にあるというならば，魚たちがあなたがたに先んずるであろう．しかし，御国はあなたがたの内側にあり，かつ，あなたがたの外側にある」

　ふたたびこの世のものならぬオルガン音楽がはじまると，青い光が消え，突然，洞窟は真っ暗闇になった．それから徐々に，頭上のピンクの鍾乳石が光を放ちはじめたので，私はくらくらしながらまばたきをし，ようやく自分は3次元空間に戻ってきた感じがした．

　スレードは洞窟の入り口に立っていた．背が高く，髪は鉄のような灰色で，黒く短い口髭をたくわえており，会衆と挨拶を交わしていた．私はスレードと握手をしながら名前を名乗り，「数学ゲーム」コラム欄の筆者であることにも言及した．「知ってますとも」とスレードは叫んだ．「あなたの本も何冊かもっています．お急ぎでしょうか．もしそうでなく，しばらく待っていただけるなら，少しお話ししましょう」

スレードは，最後の1人と握手を交わしたあと，先ほど降りたのとは反対向きのらせんになっている別の回廊へと私を先導した．回廊を上ってたどり着いたのは，教会の最上段の立方体にある牧師室であった．いろいろな型の構造物を3次元に投影した精巧な模型が部屋中に展示されていた．壁の1つには，サルバドール・ダリの絵画「超立方体的人体」の大きな複製が飾られていた．この絵の中で，市松模様になった平らな床の上方に浮かぶのは，8個の立方体からなる3次元の十字架，すなわち超立方体を展開したものである．私がそのときまさしくいた教会と同一の構造物である．

　「ひとつお聞きしたいのですが……」と私は椅子に腰かけてから話しかけた．「あなたがお示しになった教義は，新しいものなのですか，それとも，古くからの伝統を引き継ぐものなのですか」

　「新しい教義では全然ありません……」とスレードは話しはじめた．「たしかに，超信仰を礎(いしずえ)にした教会をはじめて作ったのは私だとはいえます．プラトン自身はもちろん，幾何的な意味での4次元という捉え方はしていませんでしたが，プラトンの洞窟の比喩はたしかにそれを含意しています．実際，存在物を自然物と超自然物とに分けるプラトン流の二元論は，どの形式のものであれ，高次元空間について語る非数学的な方法であることは明白です．ヘンリー・モアという17世紀のケンブリッジ・プラトニストの1人が，超自然的世界は空間的には4次元であると見なした最初の人物です．次に登場したのがイマヌエル・カントで，カントの認識では，空間と時間はいわば主観的レンズであり，それらを通して私たちが見るのは，超越的実在の薄切りだけです．カント以後，高次元空間の概念によって，ある結びつきがどのように与えられるかが容易に見てとれるようになりました．すなわち，現代科学と伝統的な諸宗教との結びつきです」

　「……いま『諸宗教』とおっしゃいましたね」と私は言葉をはさんだ．「それはつまり，あなたの教会はキリスト教会ではないということですか」

「私どもは世界的宗教すべてのうちにある本質的真理を見つけるのだ,という限りでは,そのとおりです.補足しておくべきなのは,ここ数十年で,ついに大陸プロテスタントの神学者たちが4次元空間を発見した点です.カール・バルトが「垂直」次元について語るとき,何らかの4次元に関連する意味でそれを述べていることは明白です.そしてもちろん,カール・ハイムの神学の中では,高次元空間の役割が完全に,そして明白に認識されています」

「なるほど」と私は応じた.「実は最近読んだ面白い本に『物理学者とキリスト教徒』というのがあります.著者はウィリアム・G・ポラード(オークリッジ原子力研究所所長かつ聖公会の牧師)です.ポラードは,ハイムの超空間概念に大いに依拠しているのです」

スレードは,本の題名をメモ帳に書き込んだ.「それは目を通しておかないといけませんね.気になるのは,19世紀末のプロテスタントたちの中には4次元に関する本を書いていた者が何人もいるのを,ポラードが認識していたかどうかです.たとえば,A・T・スコフィールドの『別世界』(1888年発行)やアーサー・ウィリンクの『見えないものの世界』(副題は「高次元空間と永遠なるものとの関係についての論考」で,1893年出版)があります.もちろん,現代の神秘主義者や心霊主義者たちも,同じ概念を大喜びで受け入れてきました.たとえばピョートル・D・ウスペンスキーは,何冊も著書を出版して多くのことを述べています.ただし,その意見の大半は,アメリカの数学者チャールズ・ハワード・ヒントンによる思索に由来するものです.イギリスの超心理学の研究者ウェイトリー・キャリントンは1920年に独特の本を書き,それをW・ウェイトリー・スミスという署名のもとで出版してしますが,その主題は『存続の仕組みの一理論』でした」

「それは,死んだあとの存続のことですか」

スレードはうなずいた.「キャリントンが存在を信じているいろいろなもの,たとえば,目に見えない4次元のレバーがテーブルをたたいて音を立てるだとか,高次元の視点からの知覚としての千里

眼だとかには，私は同意できませんが，キャリントンの基本的な仮説は妥当だと思っています．私たちの体は，もっと次元が高い4次元たる私たち自身の，3次元断面にほかならないのです．もちろん人は，この世界の全法則に支配されていますが，同時にその経験は，高い次元の自分自身の4次元部分空間のうちに永久に記録——いわば情報として蓄積——されています．その人の3次元の体が機能を停止しても，永久の記録は残り続け，そのうちにその記録が付与される新しい体が生まれ，新しい人生を別の何らかの3次元連続体において全うするのです」

「その仮説には好感がもてます」と私はいった．「心がこの世界では完全に体に依存していることの説明になっていると同時に，この人生と次の人生との間が途切れずに連続する余地も残しています．その考えは，ウィリアム・ジェイムズが，不死について書いた本で懸命に述べようとしたことに近いのではないでしょうか」

「まさしくそのとおりです．ジェイムズは，残念ながら数学者ではありませんでしたので，自分の言おうとすることを非幾何学的な比喩で表現しなければなりませんでした」

「何人かの霊媒師が行ってきた，いわゆる『4次元の証明』についてはどうお考えですか」と私は尋ねた．「たしか，ライプツィヒの天体物理学の教授で，関連する本を書いた人がいたはずですが……」

このときスレードがきまり悪そうに苦笑したように私には思えた．「そうです．かわいそうなヨハン・カール・フリードリッヒ・ツェルナーのことですね．ツェルナーの『超自然的物理学』は1881年に英訳されていますが，その英語版でさえいまでは希少本です．ツェルナーは，スペクトル分析ですぐれた業績をあげていますが，マジックの手法についてはまったくの無知でした．その点をついてツェルナーをまんまとだましたのが，残念ながら，アメリカの霊媒師ヘンリー・スレードだったのです」

「スレードということは，もしかすると……」私は驚いてそういった．

「そうなのです.恥ずかしながら私とは親戚どうしです.ヘンリーは私の大叔父にあたります.亡くなったとき,何冊もの分厚いノートを遺しましたが,その中に大叔父は,自分が使っていた手法を記録していました.それらのノートは,イギリスにいた家族が引き取り,いまは私のところにあります」

「それは実にわくわくするお話です」と私はいった.「何か実演できるトリックはありますか」

このお願いは,スレードにはうれしかったようである.スレードいわく,マジックは自身の趣味の1つであり,また,ヘンリー・スレードのいくつかのトリックがもつ数学的な切り口は,「数学ゲーム」欄の読者の興味も引くと思うとのことであった.

机の引き出しからスレードは革の帯を取り出したが,それは図31の左のように切り込みが入っており,平行な3本の帯になっていた.スレードは私にボールペンを渡し,革帯に印をつけるようにいった.あとですり替えることができないようにするためである.私は自分のイニシャルを,図31にあるように帯の隅に書き込んだ.スレードと私は小さなテーブルをはさんで座った.スレードは革帯をテーブルの下でしばらくいじってから,ふたたび目の前に取り出

図31 スレードの革帯――高次元空間で組んだのだろうか.

した.するとそれは,まさに図31の右のように組まれていたのだ.帯を高次元空間内で操作したならこういう組み方は簡単にできるだろう.だが,3次元空間内では不可能に見える.

スレードの第2のトリックは,一層驚くものだった.スレードが私によく調べるようにいったゴムバンドは,図32の左に示したようなものだった.これをマッチ箱に入れ,箱の両側をセロハンテープでしっかりと閉じた.スレードは,テーブルの下にいったんそれをもっていったところで思い出し,まずは私に箱に印をつけさせ,あとで同じものだと確認できるようにしておくのだったといって,私に箱を手渡した.私は,箱の上面に太くXと書いた.

「よろしければ……」とスレードがいう.「ご自分でテーブルの下でもっていてください」

私はいわれたとおりにした.スレードはテーブルの下で手を伸ばし,箱の反対側をもった.何かが動く音がし,箱が少し振動するのを感じとることができた.

スレードは手を放した.「箱を開けてみてください」

私はまず,箱を注意深く調べてみた.テープはもとのところに貼られたままである.私が書いた印も箱にあった.私は親指の爪でテープを裂き,マッチ箱の引き出し部分を押し開けた.するとゴムバンドは――語るも不思議なことに――図32の右のように結ばれ

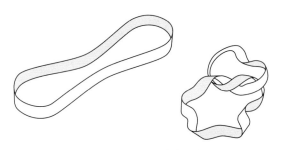

図32 スレードのゴムバンド――高次元空間で結んだのだろうか.

ていたのである．

「仮にあなたがいつの間にか箱を開けてゴムバンドを入れ替えていたとしても……」と私はいった．「いったいぜんたい，どうしたらこのようなゴムバンドを用意することができたのでしょう」

スレードはクックッと笑った．「私の大叔父は，賢いヤツだったのです」

どちらのトリックのやり方も，スレードに教えてもらうことはできなかった．読者におかれてはぜひ，本章の答えの欄を読む前に，これらのトリックのやり方を考えてみてほしい． 〔解答 p.96〕

スレードと私は，ほかにも多くのことについて語り合った．私がようやく4次元教会を出たときには，雨に濡れたロンドンの街に濃い霧が渦巻いていた．それはプラトンの洞窟への逆戻りであった．走っていく車のぼやけた形や，ヘッドライトが形作る輪郭のはっきりしない平たい楕円形の光を見ているうちに，私の頭には，ペルシャの大数学者によるルバイヤート（4行詩集）に収められている，なじみの1節が思い浮かんだ．

　　われら単なる動く行列
　　行き来する魔法の影絵にすぎぬ者
　　太陽の輝き放つ走馬灯
　　すべて夜半の香具師の掌中

追記
(1969)

　本章の最初の段落で私はロンドンを「想像の中で旅する」と述べたにもかかわらず，本章のもととなったコラムがサイエンティフィック・アメリカン誌に最初に載ったとき，何人かの読者から，スレードの教会の住所を尋ねる手紙が来た．スレード牧師はまったくの架空の人物であるが，霊媒師ヘンリー・スレードのほうは，アメリカの心霊術の歴史上，特に華々しく活躍し成功を収めた実在の人物である．私は『両手のある宇宙』[*1]の中の4次元についての章でヘンリー・スレードの簡単な紹介を行い，そこに主な参考文献も載せておいた．また，超常現象の事典[*2]に書いたスレードに関する私の記事も参照されたい．

　「私たちは［高次元の対象を］完全に理解することは決してできない」とH・S・M・コクセターは古典的著作[*3]の中で述べたのに続けて，次のように述べている．「しかし，その理解に努めようとする中で私たちはどうやら，自らの物理的限界の壁にある隙間から，まばゆいばかりの美しい世界を覗き見るのである」

解答
● 革帯を組むスレードの手法は，イギリスのボーイスカウトや革細工を趣味とする人たちにはおなじみのものである．この種の組み方を説明しているいろいろな本[*4]を手紙で教えてくれた読者がたくさんいた．詳しい数学的解析については，J・A・H・シェパードが書いた論文[*5]を参照されたい．

[*1] *The New Ambidextrous Universe*, third revised edition (Dover, 2005).〔邦訳：『自然界における左と右』マーティン・ガードナー著，坪井ほか訳．紀伊國屋書店，1992年．ただしこれは，1990年に出版された版からの翻訳．〕

[*2] *The Encyclopedia of the Paranormal*, edited by Gordon Stein (Prometheus Books, 1996).

[*3] *Regular Polytopes*.

[*4] George Russell Shaw, *Knots, Useful and Ornamental* (p.86); Constantine A. Belash, *Braiding and Knotting* (p.94); Clifford Pyle, *Leather Craft as a Hobby* (p.82); Clifford W. Ashley, *The Ashley Book of Knots* (p.486) など．

[*5] "Braids Which Can Be Plaited with Their Threads Tied Together at Each End."〔文献欄参照〕

この組み方を実現する方法はいくつもある．図33は，オハイオ州デイトンの読者ジョージ・T・ラブが示してくれた方法である．この手順を繰り返すことにより，この組み方を拡張すれば，交差数が6の倍数のものならいくつのものでも組むことができる．手順の別の一例は，単純に革帯の上半分を，ふつうに三つ編みを組む要領で組んでいくものである．そうすると自然と，上半分の鏡像となる組み方が下半分に現れる．この下半分の部分は，一方の手で上半分をしっかり押さえておけば，他方の手で簡単にほどくことができる．どちらの手順も，4本以上に分かれた革帯にも適用することができる．硬い革を使う場合には，お湯に浸すと柔らかくすることができる．

● ゴムバンドに結び目を作るスレードのトリックを行うには，まずは，結び目のあるゴムバンドを準備しておく必要がある．断面が円のゴムの輪を用意し，その一部を注意深く削って平たくして，図34の左の形を作る．その平たくなった部分に半回転ひねりを3回施して（真ん中の図）から，輪の残りの部

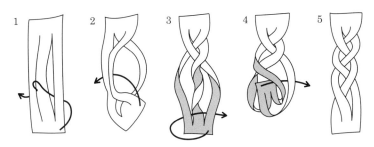

図33 スレードの最初のトリック．

図34 スレードの第2のトリック．

分を削っていき，半回転ひねりが3回施された形の平たい帯（右の図）を作り上げる．カナダはウィニペグのメル・ストーヴァーによれば，この加工を行う最良の方法は，ゴムの輪を伸ばして木の角材に巻き，輪を凍らせてから，家庭用の研削工具を使って平たい形状にしていくことである．そうやってできあがったゴムバンドに，幅の中央に丸一周切り込みを入れると，周長が2倍で，全体がひとつ結びになっているゴムバンドができあがる．

同じ幅と長さをもつ，結び目のないゴムバンドももちろん用意しておかなくてはならない．結び目のあるゴムバンドをマッチ箱に入れ，箱の両端をテープで止めておく．次にこのマッチ箱を，結び目のないゴムバンドが入った箱からすり替える必要がある．私の見立てでは，スレードはそのすり替えを，最初に箱をテーブルの下にもっていったときに行い，そのあとで，私がイニシャルをまだ書いていないことを「思い出し」たのである．準備済みの箱は，テーブル板の裏側に，手品用のワックスで貼り付けておいたのかもしれない．その場合には，準備していなかったほうの箱を，別の箇所にひと塗りしてあるワックスのところに一瞬で押しつけてから，準備済みの箱を取り出せばよい．こうして交換が済んだあとに，私は箱に印をつけたのである．スレードと私が同時に箱をもっているときに私が感じた振動は，おそらく，スレードが1本の指を箱に押し付けながら横にすべらして発生させたものであろう．

数学者でありマジシャンでもあるフィッチ・チェイニーは，結び目のあるゴムバンドを別の仕方でもっと簡単に作る方法を手紙で知らせてくれた．中空のあるゴム製のトーラス——赤ん坊用の輪形のおしゃぶりとしてよく売られている——を用意し，図35に線で示したとおりに切り込みを入れる．結果としてできあがるのは，幅広の閉じたゴムバンドで，全体がひとつ結び目になっているものである．そのゴムバンドの幅はもちろん，削って狭めることができる．

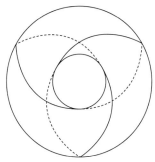

図 35　結び目のあるゴムバンドを作るもう 1 つの方法.

なお，ストーヴァーこそは，ゴムバンドに結び目を作るという問題を私に最初に提示してくれた人物である．それ以前にストーヴァーは，そのような結び目のあるゴムバンドをマジシャンのウィンストン・フリーアから見せてもらったことがあった．フリーア自身は，3 通りの作り方を知っているといっていた．

後記
(1991〜)

本章のもととなったコラムで 4 次元教会について書いた当時，私たちになじみのある 3 次元空間よりも高次元の空間がこの世界の「外側」に現実に存在するかもしれない，と強く主張したことのある一流の物理学者は 1 人もいなかった（相対性理論において 4 次元めを使うのは，同理論の方程式において時間を扱う一法にすぎない）．しかしながら，現在，素粒子物理学の研究者たちが高い期待を寄せている超ひも理論の一説によれば，基本粒子のモデルは，幾何学的な点ではなく，大きな伸長強度をもつ極小の閉じた輪であって，高次元空間内で振動している．そうした高次元空間は「コンパクト化」されている――きつく小さな構造に丸め込まれており，あまりに小さくて見ることはできないし，現代の加速器では検出することさえできない．

一部の物理学者たちは，それらの高次元空間は数学上の工夫にすぎないと見なしているが，別の物理学者たちは，それらが実在するのは，私たちが知っており愛しているこの 3 次元空間

が実在するのとまったく同様だと信じている（超ひも理論については，私が書いた『両手のある宇宙』*6 を参照されたい）．物理学者たちが，物理的に実在する高次元空間という概念をこうして真剣に検討するのは，史上はじめてのことである．おそらくこのことに端を発して，4次元以上の次元を扱う新しい本が盛んに出版されるようになった．私が特にお薦めするのは，トマス・F・バンチョフの『目で見る高次元の世界』である．ほかに理由がなくとも，その驚異的なコンピュータ・グラフィックスだけでも一見の価値がある．

アマチュア・マジシャンのボブ・ニールが，マジックの定期刊行物の MUM（2004年3月号）に収められたインタビュー記事の中で，自身の作る「組み紙幣」について説明していた．「観客から紙幣を借り，2本の切り込みを両端ぎりぎりまで入れ，両端が閉じている3本の帯を作ります．それから3本の帯を組んで，紙幣を観客に返します．できあがったものは，作るのが不可能に見えますが，もちろん不可能ではありません．それは，革細工をする人々が革を使って昔から行っている妙技にほかなりません．ただし，紙幣を使ってそのようなものを素早く作るためには，大変な努力が必要です．そうやって作った不可能物体は，いまでは私の強力な象徴となっていますが，もともと私がこの手の物体を学んだのは，マーティン・ガードナーからでした」

文献

A New Era of Thought. Charles Howard Hinton. Swan Sonnenschein, 1888.

The Fourth Dimension. Charles Howard Hinton. Swan Sonnenschein, 1904; Allen & Unwin, 1951.

The Fourth Dimension Simply Explained. Henry Parker Manning. Munn, 1910; Dover, 1960.

Geometry of Four Dimensions. Henry Parker Manning. Macmillan, 1914; Dover, 1956.

---

*6 〔訳注〕書誌情報は注1参照．

The Fourth Dimension. E. H. Neville. Cambridge University Press, 1921.

An Introduction to the Geometry of N Dimensions. D. M. Y. Sommerville. Methuen, 1929; Dover, 1958.

Christian Faith and Natural Science. Karl Heim. Harper, 1957.

"The Ifth of Oofth." W. S. Tevis, Jr. in *Galaxy Science Fiction* (April 1957): 59-69. 時空を歪める 5 次元立方体に関する大胆で面白おかしい小説.〔邦訳:『ふるさと遠く』(ウォルター・テヴィス著,伊藤典夫,黒丸尚訳.早川書房,1986 年) に所収されている「"おやゆき"の"もしゆき"」.〕

"Braids Which Can Be Plaited with Their Threads Tied Together at Each End." J. A. H. Shepperd in *Proceedings of the Royal Society*, A 265 (1962): 229-244.

"Group Theory and Braids." Martin Gardner. Chapter 2 of Book 3.〔邦訳:本全集第 3 巻 2 章「群論と組みひも」.〕

"Paths of Minimal Length Within Hypercubes." R. A. Jacobson in *American Mathematical Monthly* 73 (October 1966): 868-872.

Regular Polytopes, 3rd ed. H. S. M. Coxeter. Dover, 1973.

Speculations on the Fourth Dimension: Selected Writings of C. H. Hinton. Rudy Rucker, ed. Dover, 1980.

Infinity and the Mind. Rudy Rucker. Birkäuser, 1982.〔邦訳:『無限と心:無限の科学と哲学』ラディー・ラッカー著,好田順治訳.現代数学社,1986 年.〕

"And He Built Another Crooked House." Martin Gardner in *Puzzles from Other Worlds*, Vintage, 1984.

The Fourth Dimension: Toward a Geometry of Higher Reality. Rudy Rucker. Houghton-Mifflin, 1984.〔邦訳:『四次元の冒険——幾何学・宇宙・想像力』ルディ・ラッカー著,竹沢攻一訳.工作舎,1989 年.〕

"Unfolding the Tesseract." P. Turney in *Journal of Recreational Mathematics* 17 (1984-1985): 1-16.

Beyond the Third Dimension. Thomas F. Banchoff. W. H. Freeman, 1990. 〔邦訳:『目で見る高次元の世界』Thomas F. Banchoff 著,永田雅宜,橋爪道彦訳.東京化学同人,1994 年.〕

Hiding in the Mirror: The Mysterious Allure of Extra Dimensions, from Plato to String Theory and Beyond. Lawrence M. Krauss. Viking, 2005. 〔邦訳:『超ひも理論を疑う──「見えない次元」はどこまで物理学か?』ローレンス・M・クラウス著,斉藤隆央訳.早川書房,2008 年.〕

"Salvador Dali, the Fourth Dimension, and Martin Gardner." Thomas F. Banchoff in the *G4G7 Gathering for Gardner Exchange Book* 1 (2007): 19-24.

●日本語文献

『四次元が見えるようになる本』根上生也著.日本評論社,2012 年.

『高次元図形サイエンス』宮崎興二編著,石井源久,山口哲共著.京都大学学術出版会,2005 年.

|7|

パズル8題

問題1 数の配置問題

このややこしい数字パズルは，考案者は知られていないが，ニューヨーク市のL・ヴォスバーグ・ライオンズが教えてくれたものだ．1から8までの数を図36に示した8つの円の中に入れる．ただしここで，番号順で直接隣り合った2つの数は，図中の線で直

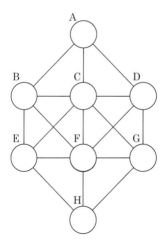

図36　ややこしい数字の問題．

接つながっている円の中には入れないものとする．たとえば，5を一番上の円の中に入れたとすると，そのすぐ下に水平に並んだ3つの円には，4も6も入れることができない．なぜなら，この3つの円はどれも，一番上の円にまっすぐな線で直接つながっているからだ．

この問題の解は（裏返しや，全体の回転を同じ解とみれば）ただ1つしかないが，論理的な手順なしで見つけようとすると，いささか難しくなる．

〔解答 p. 114〕

問題2 女か虎か

フランク・ストックトンの有名な短篇「女か虎か」は，かなり野蛮な王の物語である．王は奇異な裁判を行って楽しんでいる．王は，公開闘技場の一方の側の玉座に着いている．反対側には，2つの扉が並んでいる．公判中の被告人は，どちらかの扉を開けることができるのだが，そのときに被告人を導くのは「公正で高潔な偶然」のみである．一方の扉の後ろには飢えた虎がおり，もう一方の扉の後ろには魅力的な若い女性がいる．もし虎が扉から飛び出してくれば，被告人のその末路が，犯罪に対する正当な処罰と見なされる．もし女性が歩み出てくれば，被告人の無罪が，すぐその場で行われる結婚式によって報いられるのだ．

ある廷臣と自分の娘の恋愛に気づいた王は，この不運な若者を裁判にかけた．王女は，どちらの扉に虎が隠れているのか知っていた．彼女は同時に，もう一方の扉の後ろには，自分の恋人に色目を使っているのを見たことがある，宮中で最も美しい女性がいることも知っていた．若者は，王女が正解を知っていることを知っていた．王女は「かすかな素早いしぐさ」で右を指した．若者は右側の扉を開けた．物語は，じれったい問いかけで終わる：「開けられた扉の向こうから出てきたのは，女だろうか，それとも虎だろうか」

この出来事に対する広範な研究の末に，私は，その後何が起こっ

たのかについて，初めての完全な報告ができる．2つの扉は隣り合っていて，どちらも，互いの方向に開くようになっていた．そこで若者は，右側の扉を開けたあと，素早くもう一方の扉も開けて，自身は2つの扉と壁との間にできた3角形の隠れ場所に潜り込んだ．そして一方の扉から現れた虎は，他方に侵入し，その女性を食べてしまったのだ．

王は少し困惑したが，すぐに頭を切替えて，若者に2度めの裁判の機会を与えることにした．このずる賢い若者に，またしても五分五分の可能性を与えるのは本意ではなかったので，王は，1対の扉ではなく，今度は3対の扉となるように闘技場を作りなおした．1対の扉の後ろには，2頭の飢えた虎がおり，別の1対の扉の後ろには，虎と女性がいる．最後の1対の扉の後ろには，2人の女性を待機させたが，この2人は，一卵性双生児で，まったく同じ服装をしていた．

残酷な計画は次のとおりだ．若者は，まず1対の扉を選ばなければならない．次に彼が2つの扉のうち一方を選択すると，鍵が投げ渡される．扉を開け，虎が出てくれば，それで一巻の終わりだ．そこに女性がいれば，扉はすぐさまバタンと閉められる．女性と，未知の彼女の相方（双子の姉妹か虎だ）は，こっそりと，この同じ2つの部屋の間で再配置される．つまり，一方の面に女性，他方の面に虎をあしらった特製の金のコインが投げられ，その結果によって，それぞれが，またその2部屋に配置されるのだ．若者は，この2つの扉の間で，2度めの選択をしなければならないが，配置が前から変わったのか，同じなのか，知るよしもない．もし虎を選んでしまえば，それまでだ．もし女性なら，扉はすぐさまバタンと閉められ，コイン投げがまた行われ，それぞれが再配置されて，若者は，同じ2つの扉からどちらか一方を選ぶという，3度めの最後の選択を迫られる．最後の選択に成功すれば，若者はその女性と結婚して，彼の厳しい試練は終わる．

裁判の日が来て，すべてが計画どおりに進んだ．若者は2度とも

女性を選んだ．彼は，2度めに選んだ女性が，最初の女性と同一人物であるかどうか見極めようと全力を尽くしたが，彼にはどちらとも決めかねた．彼の額に玉の汗がきらめいた．今回は扉の後ろがどうなっているか知らされていない王女の顔は，血の気が失せて大理石のようだった．

　この若者が3度めの選択で女性にたどり着く正確な確率はいくらだろうか．

〔解答 p. 115〕

問題3　テニスの試合

　ミランダは，ローズマリーをテニスの試合で打ち負かしたが，ローズマリーが3ゲーム取ったのに対して6ゲーム取った．そのうち，5ゲームではサーブをしなかった方がゲームを取った．最初にサーブをしたのはどちらだろう[*1]．

〔解答 p. 116〕

問題4　色つきのボーリングのピン

　裕福な男が自宅の地下にボーリングのレーンを2つ持っていた．一方のレーンには10本の暗い色のピンを使い，もう一方には10本の明るい色のピンを使っていた．この男は数学の素養があったので，ある晩，投球の練習をしていたときに次のような問題が思い浮かんだ．

　両方の色のピンを混ぜて，この中から10本選び，通常どおりの3角形に並べる．このとき，同じ色のピン3本をどのように選んでも，これが正3角形の3つの頂点にならないようにできるだろうか．

　もしこれが可能なら，どう並べればよいか示してほしい．不可能なら，そのことを証明してほしい．この問題に取り組むには，チェ

---

*1　〔訳注〕テニスでは1ゲームごとにサーブ権が移る．

ッカーの駒一式があると便利だろう. 〔解答 p. 117〕

問題 5 マッチ棒 6 本

 ルシウス・S・ウィルサン教授は,少々風変わりではあるが,才気あふれるトポロジー研究者である.彼の名字は以前はウィルソン (Wilson) であった.大学院生のとき,彼は自分のフルネーム (Lucius Sims Wilson) をすべて大文字で書くと,ほとんどがトポロジー的に同型なのに O だけが例外であることに気づいた.これがあまりにも苛立たしかったため,彼は法的にウィルサン (Wilsun) と改名してしまった.

 最近彼と昼食をともにしたとき,彼がテーブルクロス上に 6 本の紙マッチで何やら形を作っているのに気づいた.「新しいトポロジーパズルかい」私は期待を込めて尋ねた.

「まあね」彼は答えた.「6 本のマッチをテーブルの上に平らに並べて,トポロジー的に異なるパターンを何通り作れるのか見つけようとしていたのさ.ただし,マッチどうしは交差してはいけないし,端点どうしでしかつなげないものとしてね」

「そんなに難しくはなさそうだね」と私は言った.

「うーん,君が考えているよりは手強いと思うよ.もっと少ない本数のマッチについては,すべてのパターンをやり終えたばかりなんだけどね」 彼は,封筒の裏に乱暴に書き留めた図を私に手渡してくれた.それを清書したものを図 37 に示しておこう.

「5 本のマッチのパターンに見落としがあるんじゃないのかな」私は言った.「3 番めの図を考えてみよう.正方形に尻尾がついている.この尻尾を正方形の中に入れてごらんよ.マッチが平面上に閉じ込められているなら,明らかに,一方のパターンから他方のパターンに変形することはできないよね」

ウィルサンは首を横に振った.「それはトポロジーの同型,つまり位相同型についての,よくある誤解なんだ.たしかに,ある図形

マッチの本数	トポロジー的に異なる図形の数									
1	1									
2	1									
3	3									
4	5									
5	10									
6	?									

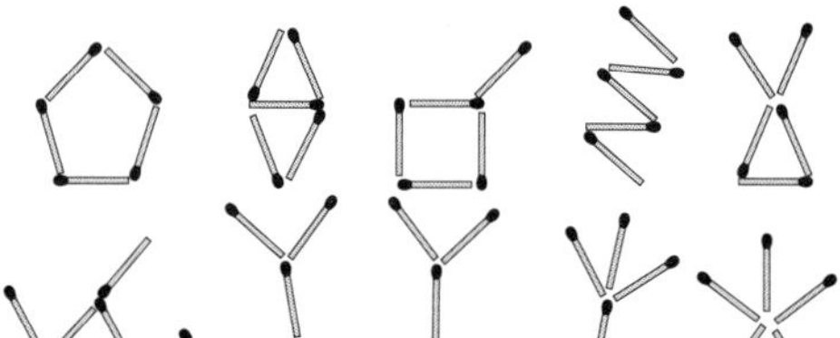

図 37　1本から6本までのマッチで作ることのできる，トポロジー的に異なるパターンの図．

を，曲げたり伸ばしたりして，壊したり切ったりせずに別の図形にできたら，その2つの図形はトポロジー的に同じだ——われわれトポロジー研究者なら，位相同型と言うのを好むけどね．でも逆は正しくないんだ．仮に2つの図形が位相同型でも，必ずしも一方の図形から他方の図形に変形できるとは限らないんだ」

「どういうことだい」私は言った．

「ここは大事なトポロだ．2つの図形が位相同型であるというのは，一方の図形で，ある点から別の点に図形の表面上を連続して移動したときに，他方の図形の表面上でもそれに対応して，点から点へ連続して移動できればいいんだ．もちろん，2つの図形の点の間に1対1対応を作っておかないといけないよ．たとえば，両端をつないだロープは，ロープを結んでから両端をつないだものと位相同型だ．明らかに一方から他方に変形することはできないけどね．1点で外接している大きさの異なる2つの球面は，小さい球が大きい球に内側から1点で内接しているものと位相同型なんだ」

私は，戸惑いの表情を見せていたに違いない．彼はすかさずこう付け加えた．「いいかい，君の読者にわかりやすく説明する単純な方法がある．こうしたマッチの図形は，平面上に置かれているわけだが，マッチが弾力のあるゴム製だと考えよう．この図形を手に取って，どんなふうに曲げ伸ばししてもいいし，望むなら裏返してもいい．そしてもう一度，平面上に置くわけだ．そうやってある形を別の形にできるなら，この2つはトポロジー的に同じってわけだ」

「なるほど」私は言った．「ある図形をより高い次元の空間に埋め込んで考えれば，それと位相同型にあるどんな別の図形にでも変形できるわけだね」

「まさしくそのとおり．両端のつながったロープや，2つの球が，4次元空間内にあるところを想像してみよう．結び目は，両端がつながったままでも結んだりほどいたりできる．小さい球は，大きい球の中に入れたり外に出したりできる」

位相同型が理解できた読者は，平面上の6本のマッチで作れる，トポロジー的に異なる図形の正確な個数を求めてみてほしい．ただし，マッチ自体はどれも固くて，同じ長さであることに注意しよう．マッチは曲げ伸ばしできないし，重ねてもいけない．つなげてよいのは端点だけだ．しかし，ひとたび図形が形作られたら，これは弾力性のある構造体だと考えなければならず，つまり，持ち上げて，3次元空間で変形して，そして平面上に戻すことができると考える．図形はいわゆるグラフではないので，2本のマッチがつながっている頂点は特別な意味をもたない．たとえば，3角形は正方形や5角形と同型だし，2本のマッチがつながったものは，何本つながったものとも同型だ．大文字のE, F, T, Yはどれも同型だし，Rは自分の鏡像と同型といった具合だ． 〔解答 p. 118〕

問題6 チェス問題2題

美しいチェス問題の中には，実際の試合での局面と関係がないものが多くある．こうした問題では，駒や盤面はたんに困難な数学の問題を提示するためだけに使われる．ここで紹介する2つの古典的な問題は，まさにそういう部類に属するものだ．

（1） 最少利き筋問題：同じ色の8つの駒（キング・クイーン・ビショップ2つ・ナイト2つ・ルーク2つ）を盤面上に配置して，それらの利き筋に乗っているマスの数を最少化してもらいたい．それぞれの駒は自分が乗っているマスには効かないが，もちろんほかの駒が乗っているマスには効く．図38では，22個の（グレーの）マスが利き筋に乗っているが，この数はかなり減らすことができる．なお2つのビショップを異なる色のマスに置く必要はない．

（2） 最大利き筋問題：上記と同じ8つの駒を盤面に配置して，利き筋に乗っているマスの数を最大化してもらいたい．先と同じく，自分が乗っているマスには効かないが，別の駒が乗っているマスには効く．2つのビショップを異なる色のマスに置く必要もない．

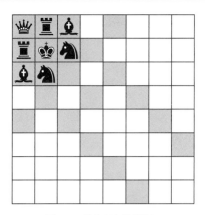

図 38　最少利き筋問題.

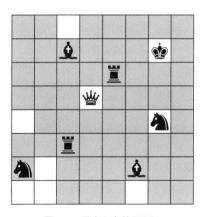

図 39　最大利き筋問題.

図 39 では 55 個の（グレーの）マスが利き筋に乗っている．これは最大からはかけ離れている．

ビショップが同じ色のマスにある場合の最大値に関する証明は存在する．ビショップが異なる色のマスにあるときの最大値については，まだ誰も証明していない．最少値については，ビショップが同じ色に乗っているかどうかにかかわらず同じだろうと思われるが，

どちらの場合も証明による裏づけはない．多くのチェスの達人がこれらの問題に取り組んできたため，予想されている解答が改善される可能性は低い．読者の解答が記録を更新すれば，チェス問題業界で大きなニュースとなるだろう． 〔解答 p. 118〕

問題7　スミス夫妻の旅程

ある日の朝10時，スミス夫妻は，コネチカット州の自宅を後にして，スミス夫人の両親の住むペンシルベニア州へと車で向かった．彼らは途中で昼食をとるため，ウェストチェスターにあるパトリシア・マーフィーのキャンドルライト・レストランに立ち寄るつもりであった．

これから義理の両親を訪問することに加え，仕事上の悩みも重なり，スミス氏はむっつりと不機嫌であり，まったくしゃべらなかった．11時になってようやく，スミス夫人はおそるおそる尋ねた．「あなた，もうどのくらい来たのかしら」

スミス氏は走行距離計をちらりと見て「ここからパトリシア・マーフィーの店まで行く距離の半分だ」と無愛想に答えた．

彼らは正午にレストランに着いて，ゆっくりランチを味わってから，そのまま車で走り続けた．夕方5時になってやっと，スミス夫人が最初の質問をした場所から200マイル進んだところで，2回めの質問をした．「あなた，あと，どのくらい行けばいいのかしら」

彼は不機嫌に「ここからパトリシア・マーフィーの店までの距離の半分だ」と答えた．

彼らは，その日の夕方7時に目的地に着いた．交通状況のせいで，スミス氏はいろいろな速度で車を走らせてきた．それにもかかわらず，スミス夫妻が自宅から目的地の家まで移動した距離を正確に算出するのはとても単純である．それがここでの問題だ． 〔解答 p. 121〕

問題 8 指折りの予測

 この前の元日，ある数学者は戸惑った．幼い娘が，左手の指を使って奇妙な方法で数を数え始めたのだ．彼女はまず，親指を 1 とよぶことから始めて，人差指を 2，中指を 3，薬指を 4，小指を 5，そこから逆向きに数え出して，薬指を 6，中指を 7，人差指を 8，親指を 9 と来て，そしてまた人差指を 10，中指を 11，といった具合に数えるのであった．彼女は，この独特な方法で順方向と逆方向に指を折って数え続けて，薬指のところで 20 になった．

 「いったいぜんたい，何をやっているんだい」父親は尋ねた．

 女の子は地団駄を踏んで怒り出した．「もう，どこまでやったか，忘れちゃったじゃない．最初からやり直さなくちゃ．1962[*2] まで数えて，それがどの指で終わるか見たいの」

 数学者は目を閉じて，単純な暗算をした．そして言った．「どの指で終わるかというとね……」

 女の子は数え終えたとき，父親の言ったことが正しかったことを知り，数学の予知能力にあまりにも感動したものだから，算数の勉強をこれまでの倍熱心にがんばろうと決心したのだった．父親は，どうやって，また，どの指だと予測したのだろうか． 〔解答 p.121〕

[*2] 〔訳注〕もとのコラムが雑誌に掲載された年が 1962 年であった．

解答

1. 数字の1から8までを図40のように並べれば,どの数も,番号順ですぐ前や後ろの数と線でつながらない.この解は(全体を逆さに回転したり鏡像にしたりするのを除けば)唯一解である.

L・ヴォスバーグ・ライオンズは次の方法で解いた.1, 2, 3, 4, 5, 6, 7, 8という並びでは,1と8を除いてどれも隣接した数が2つある.図の中で,円CはH以外のすべての円とつながっている.したがって,もしCに2, 3, 4, 5, 6, 7のうちのいずれかを入れてしまうと,Hだけが,Cに入れた数の両隣の数を入れる場所として残る.これでは不可能なので,Cに入れる数は1か8でなければならない.同じ議論が円Fにも適用できる.パターンの対称性を考えれば,1をCとFのどちらに入れても同じことなので,Cに1を入れることにしよう.すると円Hは,2が入る唯一の円となる.同様に,8を円Fに入れれば,7が入るのは円Aだけだ.残りの4つの数を入れるのは簡単だ.

グラスゴーのトーマス・H・オバーンとニューヨーク州エル

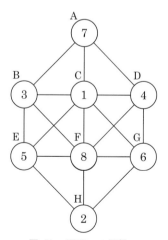

図40　問題1の解答.

モントのハーブ・コプロヴィッツは，それぞれ，この問題を新たな図を描くことで解いてくれた．その図は，もとのネットワーク図でつながっていた線を削除して，はじめにつながっていなかった円どうしの間をすべて線でつないだものだ．するとここではもとの問題は，円の中に数字を入れて 1 から 8 までの順に数をたどったときに，ひとつながりの経路をたどれるようにせよという問題になる．新しい図を調べれば，こうした条件を満たすように数字を入れる方法が 4 通りしかなく，これらはどれも，互いに回転や裏返しになっていることが簡単にわかる．

サンタモニカのランド研究所のフレッド・グルエンバーガーは，この問題に約 1 年早く出会っていたと書き送ってくれた．それは「ウォルト・ディズニー・スタジオの友人を通じてで，すでに，そのディズニーの職員氏がかなりの仕事時間を費やしたあとでした」とのことだ．グルエンバーガーは，ウェストコーストのテレビ番組「デジタルコンピュータはどのように動作するか」の中でこの問題を使って，人間の数学者がこうした問題に取り組む方法と，コンピュータが力技で，すべての可能な数の並び（この場合は異なる並べ方が全部で 40320 通りある）を調べて解を見つける方法との違いを説明した．

2．この女と虎の問題は，偉大なフランスの数学者であるピエール＝シモン・ド・ラプラスが解析した，有名なボールと壺の問題をたんに脚色しただけである（ジェイムズ・R・ニューマンの『数学の世界』[*3] を参照のこと）．解答は次のとおり．この若い男が，3 度めに扉を選んだときは，9/10 の確率で女性を選ぶことになる．2 頭の虎を隠している扉の 1 対は，最初に女性を選んだ時点でありえなくなり，残るのは，以下に示した 3 回の選択肢の組合せ 10 通りだが，これはどれも同様に確からしい．

この扉が 2 人の女性を隠している場合：

[*3] "The World of Mathematics." James R. Newman. Simon and Schuster, 1956, Vol. 2, p. 1332.

女性 1—女性 1—女性 1
女性 1—女性 1—女性 2
女性 1—女性 2—女性 1
女性 1—女性 2—女性 2
女性 2—女性 1—女性 1
女性 2—女性 1—女性 2
女性 2—女性 2—女性 1
女性 2—女性 2—女性 2

この扉が女性と虎を隠している場合：

女性 3—女性 3—女性 3
女性 3—女性 3—虎

問題の「標本空間」のこの 10 通りの事象のうち，最後の選択が致命的になるのは 1 つだけだ．したがって，この男性が生き残る可能性は 9/10 である．

3. 私が最初にサイエンティフィック・アメリカン誌に掲載した解答はとても長くて，ぎこちないものであったため，多くの読者が，もっと短くて良い解を提供してくれた．W・B・ホーガンとポール・カーナハンはそれぞれ，単純な代数的な解を見つけてくれた．ピーター・M・アディスとマーティン・T・ペットはそれぞれ，単純な図表を使った解を作ってくれた．トーマス・B・グレイ・ジュニアは，巧妙な 2 進法を使ってこの問題を解いてくれた．最も短い解を寄せてくれたのは，コロンビア大学の経済学者ゴラン・オーリンで，彼の解答は次のとおりだ：

どちらが最初にサーブをしたにせよ，先にサーブした人は 5 回サーブして，ほかの人は 4 回サーブした．最初にサーブをした人が，自分がサーブをしたときに x 回勝って，残りの 4 ゲームのうち y 回勝ったとしよう．すると，サーブをしていたプレーヤーが負けたゲームの回数の合計は $5 - x + y$ である．

これは 5 と等しい（サーブをしなかった方が 5 ゲーム勝ったという話だった）．したがって $x = y$ となり，最初のプレーヤーは全部で $2x$ 回ゲームに勝ったことになる．ミランダだけが偶数回ゲームに勝っているので，最初にサーブをしたのは彼女だ．

4. 異なる 2 色のボーリングのピンを混ぜて，10 本のピンを 3 角形になるように並べ，同じ色の 3 本のピンがどれも正 3 角形の頂点にならないようにするのは，不可能である．これには，さまざまな証明方法がある．代表的な証明は次のとおり：

2 つの色を灰色と黒として，ピン 5 が灰色だと仮定する（図 41）．ピン 4, 9, 3 は正 3 角形になるので，少なくとも 1 本は灰色でなければならない．図形の対称性を考えれば，どれが灰色でも同じことなので，ピン 3 を灰色だとしよう．するとピン 2 と 6 は黒でなければならない．ピン 2, 6, 8 は正 3 角形なので，ピン 8 は灰色にせざるを得ない．すると今度はピン 4 と 9 が黒になる．ピン 10 は黒にはできない．さもないと 6 と 9 とで黒い 3 角形ができてしまう．ところが灰色にすることもできない．なぜなら，3 と 8 とで灰色の 3 角形ができるからだ．したがって，最初に決めたピン 5 は灰色にできない．もちろん同じ議論を使えば，黒にすることもできない．

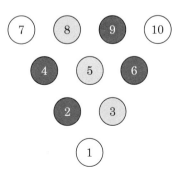

図 41　問題 4 の不可能性の証明．

5. 平面上に 6 本のマッチを置いて，マッチどうしは交差せず，端点のみで接するようにしたとき，トポロジーが異なるネットワークは 19 通り作ることができる．19 種類のネットワークを図 42 に示す．もし平面上という制限を外して，3 次元のネットワークを認めれば，新規に加わる図形は 1 つだけ考えられる．正 4 面体の骨格である．

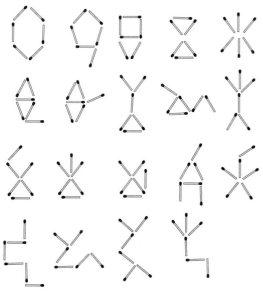

図 42　問題 5 の解答．

ノースカロライナ州ダーラムの読者ウィリアム・G・フーヴァーとヴィクトリア・N・フーヴァー，ロンドン大学のロナルド・リード，カリフォルニア州フェアオークのヘンリー・エッカードは，この問題を 7 本のマッチ棒に拡張して，39 通りのトポロジー的に異なるパターンを見つけてくれた．

6. わずか 16 個のマスだけが利き筋に乗る，同じ色の 8 つのチェスの駒の配置を図 43 に示した．クイーンと角のビショ

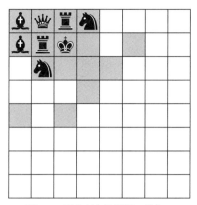

図 43　最少利き筋問題の解答.

ップを入れ換えれば，2 つのビショップが同じ色に乗ったときの最少解，16 マスの解答が得られる．これは，ビショップを同じ色に置こうが違う色に置こうが，関係なく最少であると信じられている．この配置はさらに，8 つの駒を使った別の 2 つの最少化問題の解答を与えている．具体的には，着手可能な手数の最少値（10 通り）と，動ける駒の数の最少値（3 個）だ．

図 44 は，64 マスすべてが利き筋に乗るように 8 つの駒を配置する方法の 1 つだ．これが最大であることは自明だ．2 つのビショップを異なる色に置くときには，63 が最大だと信じられている．多数の異なる解があるが，そのうちの 1 つを図 45 に示す．異なる解が何通りあるのか，正確な数はわかっていない．

最大利き筋問題で，ビショップが異なる色に乗る問題を最初に提案したのは J・クリングで，1849 年のことだが，そのときには但し書きとして，ただ 1 つ利き筋に乗っていないマスにはキングを置けという追加条件があった．読者は問題の解を探すのを楽しめるだろうし，また利き筋に乗っていないマスが盤面の角にあるものを探せという問題も同様に楽しめるだろう．どちらも非常に難しい．2 人の読者（ハーグの C・C・フェルベー

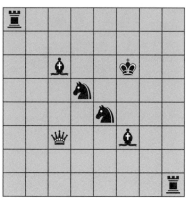

図 44 ビショップが同じ色の駒に置かれるときの最大利き筋問題の解答.

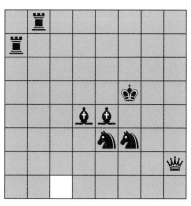

図 45 ビショップが異なる色の駒に置かれるときの最大利き筋問題の解答.

クとカリフォルニア州アルカディアのロジャー・マダックス）は，2問めについて同一の解を送ってくれたが，それは利き筋に乗っていない角にルークが置かれたものだった．利き筋に乗っていないマスが盤面のどこにあってもよいことが，すでに示されている．

7. コネチカット州からペンシルベニア州までの移動で，スミス氏はいろいろな速度で走ったので，スミス夫妻がどのくらいの距離を走ったかを見出すために，問題文で与えられたその日のさまざまな時刻を使うのは，筋違いだ．途中の2つの地点で，スミス夫人は質問をした．スミス氏の返答によって，最初の地点からパトリシア・マーフィーのキャンドルライト・レストランまでの距離は，旅の出発地からレストランまでの距離の 2/3 で，そしてレストランから2つめの地点までの距離は，レストランから旅の最終目的地までの距離の 2/3 であることがわかる．したがって明らかに，最初の地点から2つめの地点までの距離（これは 200 マイルという話だった）は，全体の距離の 2/3 である．つまり全体の距離は 300 マイルである．図 46 を見れば，何もかも明らかであろう．

図 46 問題 7 の図解．

8. 数学者の幼い娘が，問題文どおりの方法で順方向と逆方向に 1962 まで指を折って数え終えたとき，終えた指は人差指だった．指は，図 47 に示したとおり，周期 8 の長さの反復で数えられる．これは，8 の剰余系による数の同値性の考え方を適用した単純な問題で，これを使えば，与えられたどんな数に対しても，どの指で数え上げが終わるかが計算できる．たんに数を 8 で割った余りに注目して，どの指がその余りに割り振られているかを見ればよい．数 1962 を 8 で割った余りは 2 なので，数え上げは人差指で終わる．

なお，この数学者は，1962 を暗算で 8 で割るとき，どんな数を 8 で割った余りも，その数の最後の 3 桁を 8 で割った余りと等しいことから，962 を 8 で割って余りを計算したのだ．

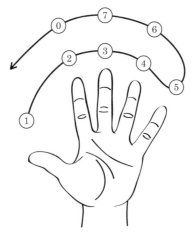

図 47　問題 8 の余りの指への割り当て方法.

| 後記
| (1991〜)

本章の最初の問題を議論して一般化した論文がある[*4].

クリングの問題（問題 6）は，8 つのチェスの駒を盤面上に置いて，（駒が置かれている場所も含めて）最も多くのマスが駒の利き筋に乗るようにせよというものだった．私は，1 つを除いてすべてが利き筋に乗るという，知られたもののうちで最善の解を与えた上で，付言として，これよりもよい解は知られていないが，よりよい解が不可能であることの証明もまだ見つかっていないと述べた．1989 年，アーク・D・ロビソンとブライアン・J・ハフナーとスティーヴン・スキェナは，コンピュータの膨大な探索の助けを借りて，これが不可能であることを証明した[*5]．

ロビソンと友人が使ったコンピュータの探索技術の改善点については，エリック・K・ヘンダーソンとブリガムヤング大学

[*4] "The No-Touch Puzzle and Some Generalizations," D. K. Cahoon, *Mathematics Magazine*, vol. 45, November 1972, pp. 261-265.
[*5] Arch D. Robison, Brian J. Hafner, and Steven Skiena, "Eight Pieces Cannot Cover a Chess Board," *The Computer Journal*, vol. 32, 1989, pp. 567-570.

の彼の同僚が書いた論文に書かれている[*6]. 著者は最後に, 数学者は「証明を手で検証することをあきらめざるを得なくなりつつあるのではないだろうか. まるで科学者が, 顕微鏡や望遠鏡から得られる, 直接知覚できない証拠を認めざるを得ないのと同じように」と述べて, 論文を結んでいる[*7].

[*6] Eric K. Henderson, Douglas M. Campbell, Douglas Cook and Erik Tennant, "Chess: A Cover-Up," *Mathematics Magazine*, Vol. 78, No. 2, 2005, pp. 146-157.
[*7] 〔訳注〕以上の 2 段落は, 原著では 16 章の後記に書かれていたが, より適切と思われる位置に移動した.

8

マッチ箱式
ゲーム学習機械

> 私はチェスについてほとんど知らなかったが，盤面の上に少ししか駒が残っていなかったので，ゲームが終盤に近づいていることくらいは明らかだった……［マクスンの］顔は不気味に白く，目はダイヤモンドのように光っていた．対戦相手については，背後しか見えていなかったが，それで十分だった．顔を見る必要はなかった．
> ——アンブローズ・ビアス「マクスンの作品」

　アンブローズ・ビアスのロボットに関する古典「マクスンの作品」[*1]では，発明家マクスンはチェスをするロボットを作り出した．マクスンはゲームに勝つ．ロボットはマクスンを絞め殺す．

　ビアスの小説は高まる恐怖を反映している．コンピュータはいつの日か人の手に負えなくなり，自身の意思をもつようになるだろうか．こんにちではこの問いが，コンピュータを理解していない人たちだけからなされるものだと考えてはならない．ノーバート・ウィーナーは生前，複雑な政府決定が洗練されたゲーム理論機械に取って代わられる日がくることを，高まる不安とともに予見していた．ウィーナーの警告によれば，この機械たちはわれわれをそれと気づかぬうちに自滅的戦争にまで追い込むかもしれないとのことである．

[*1] グロフ・コンクリンのSFアンソロジー『考える機械』に収録．

予測できないふるまいが生じるおそれが最も大きいのは，学習機械，つまり経験で自己を改善するコンピュータである．こうした機械は，やるように指示されたことを実行するのではなく，自ら学んだことを実行するのだ．その機械は，もはやその中にどんな種類の回路があるのかがプログラマにすらわからないようなところにまで，瞬く間に到達する．こうしたコンピュータの中には，乱数を生成する装置が入っていることが多い．この装置が，本物の放射性物質の原子崩壊に基づいて乱数を生成するのであれば，この機械の動作は，（多くの物理学者の考えによれば）原理的にさえ予測できないものとなる．

最近の機械学習の研究には，ゲームをする能力を着実に向上させるコンピュータに関するものがある．中には秘密裏に行われているものもある——戦争は一種のゲームだ．この種の中で重要な機械の第 1 号は，コンピュータ IBM 704 であり，そのプログラムはニューヨーク州ポキプシー市の IBM 研究部門にいたアーサー・L・サミュエルによって書かれた．1959 年にサミュエルが作ったコンピュータは，チェッカーをたんに規則どおりに打つだけではなく，過去の対戦記録を調べて，この経験に照らして自分の戦略を変更することのできるものであった．最初サミュエルは，この機械を簡単に打ち負かせた．機械は彼を絞め殺すのではなく，急速に腕を上げ，すぐにすべての対戦において，機械の発明者を打ちのめすことができるところに到達した．私が知る限りでは，チェスに対して同様のプログラムはまだ作られていないが，学習機能のないチェスプログラムで，かなり巧妙なものは，すでにいくつか作られている．

何年も前に，ロシアのチェスのグランドマスターであるミハイル・ボトヴィニクは，コンピュータが上級者級のチェスを打つ日が来るだろうと言ったと伝えられている．「これはもちろんたわごとだ」とアメリカのチェスの達人エドワード・ラスカーは，1961 年のアメリカのチェス雑誌[*2]のチェス機械に関する記事で言っている．

[*2] *The American Chess Quarterly*, Fall 1961.

しかしたわごとを言っていたのはラスカーのほうだ．コンピュータチェスには，人間の対戦者に対して非常に有利な点が3つある：（1）ケアレスミスは決して起こさない．（2）人間に比べて，格段に速く先の手を読むことができる．（3）技能を向上させるにあたっての限界がない．チェスを学習する機械が，上手な人と何千局も対戦したあと，いずれ上級者級の技能を開花させると予期する理由は十分にある．チェス機械が自分自身と絶え間なく猛烈に対戦し続けるようにプログラムすることさえ可能である．そのスピードをもってすれば，どんな人間のプレーヤーをもはるかに上回る量の経験を，短期間で身につけることができるのだ．

読者がこうしたゲーム学習機械を体験したいと思うなら，コンピュータを使う必要はない．空のマッチ箱と色のついたビーズだけを用意すれば十分である．この単純な学習機械の組み立て法は，エジンバラ大学の生物学者ドナルド・ミッキーによる楽しい発明だ．「試行錯誤」という記事[*3]の中で，ミッキーはチック・タック・トー（3目並べ）を学習する機械 MENACE (Matchbox Educable Naughts And Crosses Engine, マッチ箱教育可能3目並べエンジン) について記述しているが，彼はこれを作るのにマッチ箱を300個使った．

MENACE を動かすのは，愉快なくらい単純だ．それぞれの箱には，チック・タック・トーのありうる局面の図が貼られている．この機械はつねに先手なので，必要なのは奇数番めの手を打つときに直面する局面だけである．それぞれの箱の中には，さまざまな色の小さなガラスのビーズが入っていて，それぞれの色が，機械の打てる手を示している．V型の厚紙の囲いがそれぞれの箱の底のところにのりづけされていて，人が箱を振って傾けると，ビーズがV型のところに転がり込むようになっている．V型の角に入り込んだビーズの色は偶然によって決まる．初手を決める箱には，それぞれ

[*3] "Trial and Error," Donald Michie, *Penguin Science Survey* 1961, vol. 2.

の位置に対応する色のビーズが4つずつ入っていて，3手めを決める箱には，それぞれの色のビーズが3つずつ入っていて，5手めの箱にはそれぞれの色のビーズが2つずつ入っていて，7手めの箱にはそれぞれの色のビーズが1つずつ入っている．

このロボットの動作を決めるのは，箱を振って傾けて，引出しを開けたとき，(V型の頂点の)「先端」にあるビーズの色である．対戦中に使った箱は，その勝負が終了するまで開けたままにしておく．機械がその勝負に勝ったときは，それぞれの開いた箱の「先端」色のビーズを3つずつ追加するというご褒美がもらえる．勝負が引き分けに終わったときは，ご褒美は各箱につき1つずつだ．機械がその勝負に負けてしまうと，罰として，開いた箱の先端ビーズは取り除かれてしまう．この賞罰システムは，動物や，さらには人間に，教育や訓練をするときに使われる方法とまったく同様である．明らかに，MENACEが対戦をすればするほど，勝ちへの道順を取りやすくなり，負けへの道順は避けるようになる．これによって，MENACEは立派な学習機械になっているのである．ただしそれはきわめて単純な種類のものである．これは(サミュエルのチェッカー機械とは違って)，過去の手を自己分析して，そこから新しい戦略を導き出すことはしない．

ミッキーの最初のMENACEとの対戦は，2日以上にわたって220回行われた．最初のうちは，機械を打ち負かすのはたやすいことであった．17回めの対戦のあと，機械は初手として，角の空き地以外の場所をすべて放棄した．20回めの対戦のあと，機械が連続して引き分けるようになったため，ミッキーは相手を罠にはめて負かそうと，目くらましの手を打ちはじめた．この手が通用したのは，機械がこうした「はめ手」の扱いを学習し終えるまでであった．ミッキーが10回のうち8回負けるようになって手をひいたときには，MENACEは達人になっていた．

マッチ箱を300個も必要とするような学習機械を作ってみよう

と思う読者は，ほとんどいないだろうと思われるので，もっとずっと単純なゲームであるヘキサポーン（6ポーンのチェス）を考えよう．これならわずか24箱で足りる．このゲームの解析は簡単だ（実際，自明だ）が，読者にはぜひとも解析しないでもらいたい．機械を作って，試合を通して機械が学習するのと一緒になって学習するほうがずっと楽しい．

ヘキサポーンは3×3の盤面上のそれぞれの側に3つずつポーンを並べた状態から始める（図48）．実際のチェスの駒の代わりに硬貨を使ってもよいだろう．移動は次の2種類しか許されない：（1）ポーンを1つ前の空いたマスに移動する．（2）ポーンを1つ左斜め前か右斜め前に進めて，そこにある敵の駒を取る．取られた駒は盤面上から取り除かれる．これはチェスのポーンの動きと同じであるが，通常のチェスと違って，初手に2手動くこと，アンパッサン，昇格（成駒）は許されていない．

以下の3つのどれかを達成すれば勝ちである．

（1） ポーンをどれか1つ3行めまで進める．
（2） 敵の駒をすべて取る．
（3） 敵が動けなくなる配置に追い詰める．

それぞれのプレーヤーは交互に打ち，1度に1つの駒を動かす．引き分けがありえないのは明らかだが，先手と後手のどちらが有利なのか，すぐにはわからない．

ヘキサポーンの学習機械 HER（Hexapawn Educable Robot，ヘキサポーン教育可能ロボット）を構成するには，24個の空のマッチ箱と色

図48 ヘキサポーン．

つきビーズが必要だ．さまざまな色のキャンディーや色つきコーンでもいいだろう．それぞれのマッチ箱には，図49の中の図を1つずつ描いておく．ロボットはいつも後手だ．「2」と書かれたパターンは，2手めにHERが出会うかもしれない2通りの状況を表している．初手としては中央か端という選択肢があるが，端の選択肢が左端しか考えられていないのは，右端は明らかに左端と（鏡像ではあるものの）同じ手だからである．「4」と書かれたパターンには，HERが4手め（あるいはHERにとっての2回め）に直面しうる11種類の配置が描かれている．「6」と書かれたパターンは，HERが6手め（つまり最後）に出会う11通りの配置である．（このパターンの中には，作業を容易にするために鏡像も含めてある．これを除けば箱は19個で足りる．）

それぞれの箱の中には，パターンに描かれたそれぞれの矢印の色に対応する色のビーズを1つ入れておく．これでロボットの準備は整った．合法な手はどれも矢印で描かれている．したがってロボットは可能な手はすべて打てるし，打てるところにしか打たない．このロボットには戦略はない．実際，このロボットはマヌケだ．

教育の手順は次のとおり．まず1手めを人間が好きなように打つ．盤面の配置を見て，対応するマッチ箱を取り上げる．マッチ箱をよく振って，目を閉じて，引出しを開けて，ビーズを1つ取り出す．引出しを閉めて，箱を置いて，ビーズを箱の上に置く．目を開けて，ビーズの色に注目し，対応する色の矢印を見つけ，それに従って駒を動かす．次はふたたび人間の手番だ．この手順を勝負がつくまで繰り返す．ロボットが勝ったら，すべてのビーズを箱に戻して再度対戦する．ロボットが負けたら，罰として最後の手を表しているビーズだけを没収する．それ以外のビーズは箱に戻して，対戦を続けよう．もし取り上げた箱が空だったら（これはめったにないことだが），次に打てる手がすべて致命的であることを意味しており，その時点で機械は降参となる．この場合，直前の手のビーズを没収する．

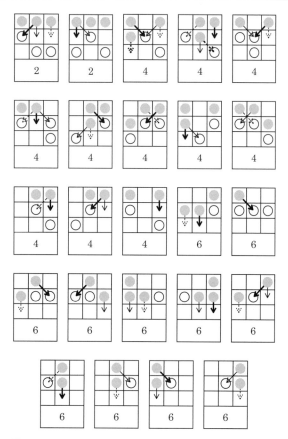

図49 HER のマッチ箱に描くラベル（4種類の異なる矢印は4つの異なる色を表している）．

最初の50回の対戦をグラフにできるように，勝ちと負けを記録しておこう．典型的な50回の対戦の結果を図50に示した．36回の対戦のあと（そのうちロボットの負けは11回），ロボットは学習して完璧な手を打つようになった．この賞罰システムは，完全な打ち手になるまでの学習に必要な時間を最少にするよう設計されているの

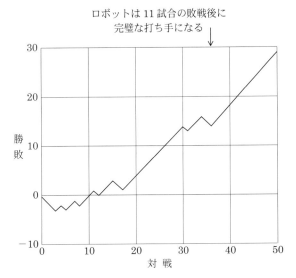

図50 HER の最初の50戦の学習曲線(右下がりは負け,右上がりは勝ち).

だが,学習時間は機械が対戦する相手の技能によって異なる.対戦相手がより優れているほど,機械はより速く学習する.

ロボットは別の方法で設計することもできる.たとえば,25回対戦する競技で機械が勝つ回数を最大にしたいという目的だったとすると,機械が負けたときに罰を与えるのに加えて,勝ったときにはそれぞれの箱に然るべき色のビーズを1つ追加するというご褒美を与えることにするのが最適なのかもしれない.悪手はそれほど速やかには取り除かれなくなるだろうが,悪手を打ちにくくなるだろう.興味深い研究課題として,賞罰の規則は違うが,対戦の開始時には同じように無能な2つめのロボット HIM (Hexapawn Instructable Matchboxes, ヘキサポーン教授可能マッチ箱) を設計してみるとよい.どちらの機械も,先手でも後手でも受け持てるように機能を拡張しておくとよい.そうすれば HIM と HER の間で交互に

先手を受け持って競技ができ，50回の対戦のうちどちらの機械がより多く勝ちを収めるか確かめることができる．

同様のロボットを，ほかのゲーム向けに作ることも簡単である．ニュージャージー州ウィッパニーのベル研究所で研究部門長であるスチュアート・C・ハイトは，NIMBLE（Nim Box Logic Engine，ニム箱論理エンジン）という名のマッチ箱学習機械を作った．これは3つの山に駒が3つずつあるニムを打つ機械である．このロボットは先手でも後手でも受け持つことができて，それぞれの対戦後にご褒美か罰をもらう．NIMBLE は，わずか18個のマッチ箱しか必要とせず，30対戦したあとにはほとんど完璧に試合をこなす．ニムというゲームの解析については，本全集第1巻の15章を参照のこと．

盤面の大きさを小さくすることで，多くのおなじみのゲームの複雑さは，マッチ箱ロボットで扱えるくらいの規模にまで縮小することができる．たとえば碁は，大きさ 2×2 のチェス盤の交点で行えばよい．チェッカーに対する，自明ではない最小の盤面を図 51a に示した．これを打つことを学習するマッチ箱機械を作るのは，難しくないだろう．作ることに気乗りがしない読者でも，このゲームの解析は楽しめるだろう．どちらかの側が必勝戦略をもつだろうか，それとも2人の完璧な打ち手は引き分けるのだろうか．〔解答 p. 138〕

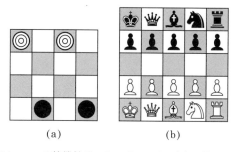

図 51 マッチ箱機械は，ミニチェッカー(a)に対しては作れるが，ミニチェス(b)に対しては作れない．

チェスの盤面を可能な限り縮小して，合法な動きがすべて可能なままにしたものを図 51b に示すが，この盤面の複雑さは，依然としてマッチ箱機械の能力をはるかに上回るものである．実際のところ，先手と後手とどちらが有利であるのか（いずれかが有利であるとすれば）を決定するのも無理だった．このミニチェスは，単純化されたチェスの学習機械をプログラミングしてみたいコンピュータの熟練者や，休憩時間中に，早指しでこっそりゲームを楽しみたいチェスプレーヤーすべてにお薦めしたい．

| 追記
| (1969)

マッチ箱学習機械を実験した多くの読者が，それについて親切にも手紙を寄越してくれた．ユタ州ソルトレイクシティーのウェストミンスターカレッジの L・R・タナーは，学園祭の出し物に HER を活用した．この機械は，ご褒美だけで学習するように設計されていたので，客はいつでも勝つ可能性（少しずつ減っていくものの）があり，そして HER が熟練するにつれて，勝者への景品は価値が上がっていった．

幾人かの読者は，互いに戦えるように2つのマッチ箱機械を作った．トロントのジョン・チャンバースは，自分の作った2台1組を THEM（Twoway Hexapawn Educable Machines, 双方向ヘキサポーン教育可能機械）と名付けた．シカゴのフィリップ・ロジャース小学校の理科の先生ケネス・W・ウィズゾワティが送ってくれた報告書によれば，彼の受け持ちの7年生の生徒アンドレア・ウェイランドは，2台の機械で，2台のうち一方が毎回勝つようになるまで互いに対戦させたということだ．オハイオ州ウォータービルのジョン・ハウスは，自分の2台めの機械を RAT（Relentless Auto-learning Tyrant, 無慈悲自動学習暴君）と称し，18回の対戦の後，RAT は，HER がそれ以降の試合にずっと勝ち続けることを容認するに至ったと報告してくれた．

モントリオールのトランス・カナダ航空のオペレーションズ・リサーチ部門長であるペーター・J・サンディフォードは，自分の機械をマーク I，マーク II と命名した．予想どおり，18回の対戦のあと，マーク I はいつでも必ず勝てる方法を学び，マーク II は可能な限り試合を長引かせる戦い方を学んだ．そこでサンディフォードは，よからぬ計画を思い付いた．彼は地元の高校の数学クラブから，このゲームについて何も知らない男子生徒と女子生徒を1人ずつ連れてきて，ヘキサポーンの規則の説明書を読ませた上で対戦させた．「各対戦者は，それぞれの部屋に独りにして，自分の手を審判に示してもらうようにしました」とサンディフォードは書いている．「審判は，競技者に知られないように，ゼリービーンズを使ったマッチ箱コン

ピュータと記録係がいる第3の部屋に手を伝えました．2人の競技者は，どちらも相手と遠隔で対戦していると思っていたけれど，実はそれぞれ，コンピュータを相手に対戦していたというわけです．彼らは交互に黒手番と白手番で対戦を繰り返しました．間に入った私たちは，大変なドキドキとわくわくする気持ちを顔に出さないようにしながら，コンピュータを操作し，対戦を進めて，そして点数をつけていきました」

2人の高校生は，自分自身の手と相手の手について実況するように言われていた．たとえばこんな具合だ：

「取られないようにするのが一番の安全策だ．ほとんど確実に勝てる」

「彼は私のを取ったけど，私も彼のを取ったわ．もし私の予想どおりなら，彼は私のポーンを取るはずだけれど，その次の手で妨害してやるわ」

「私はバカかしら！」

「いい手だ！ ヘトヘトだ」

「彼が真剣に考えているとは思えないわ．彼はこれ以上，不注意な失敗はできないわね」

「良い対戦だ．彼女はいま，僕の打ち方に気づきつつある」

「彼が考えるようになって，もっと厳しい競争になりそうだわ」

「とても意外な手ね……．自分が前に進むと私が勝つということが，彼にはわからないのかしら？」

「相手はうまく打ったね．ただ，こちらが先にコツをつかんだんだと思うよ」

生徒たちは，自分達が対戦していた機械とあとになって対面させられたが，サンディフォードによれば，彼らは，自分たちが本当の人間を相手に対戦していたのではなかったということが，なかなか信じられなかったということだ．

MITのリチャード・L・サイツはIBM 1620向けにFORTRANプログラムを書き，ヘキサポーンの4×4版，つまり1行めに4つの白いポーン，4行めに4つの黒いポーンから始め

るオクタポーンを学習するようにした．彼の報告によると，先手には，角のポーンを最初に動かす必勝法があるということだ．先手必勝の手を見つけた時点では，彼のプログラムはまだ中央のポーンを最初に動かす手は探索していなかったそうだ．

ニュージャージー州メープルウッドのジュディ・ゴンバーグは，自分で作ったマッチ箱機械と対戦したあと，自分のほうが機械よりも早くヘキサポーンを学習したと知らせてくれたが，その理由は「機械が負けるたびに，私がキャンディーを取り出してご褒美に食べてしまった」からだそうだ．

メリーランド州アメリカ軍アバディーン性能試験場の弾道学研究所のコンピュータ研究室にいるロバート・A・エリスは，デジタルコンピュータ用に自分で書いたプログラムについて教えてくれた．それは，チック・タック・トーを学習する機械にマッチ箱学習技法を適用するものだ．この機械は最初，無作為に手を選ぶというバカな対戦をし，人間と対戦するとあっけなく惨敗する．その後この機械は，自分自身と2000回対戦する（要する時間は2,3分）ことを許され，その過程で学習する．それを経ると，人間の対戦相手に対して一流の戦略で手を打ってくる．

コンピュータがいつの日か上級者級のチェスを打つだろうというボトヴィニクの意見を私が擁護したことに対して，チェスの競技者たちから，苦情の手紙を山ほど受け取った．あるグランドマスターは私に，ボトヴィニクはたんにふざけて言っただけだと断言した．興味のある読者は，ボトヴィニクのスピーチ[*4]の英訳[*5]を読んで，自分で判断してもらいたい．ボトヴィニクは最後を次のように結んでいる：「機械で動作するチェスプレーヤーが，国際グランドマスターの称号を与えられる時が来るだろう．……そして，2つの世界選手権を掲げる必要が出てくるだろう．人間用とロボット用とだ．後者の選手権は，当

[*4] 原文は次の文献に掲載されている：*Komsomolskaya Pravda*, January 3, 1961.
[*5] 英訳は次の文献に掲載されている：*The Best in Chess*, edited by I. A. Horowitz and Jack Straley Battell (Dutton, 1965), pp. 63–69.

然ながら，機械どうしの戦いではなく，それぞれの機械の製作者とプログラム操作者どうしの対戦となるだろう」

まさにそうした競技会を扱った優れた SF 小説がフリッツ・ライバーの「64 駒の狂屋敷」*6 である．一方でロード・ダンセイニは，コンピュータを相手に対戦するチェスについての印象的な描写を 2 度行っている．彼の短篇『3 人の船乗りのギャンビット』*7 では，機械は魔法の水晶玉だ．『最後の革命』（彼の 1951 年の小説で，コンピュータの革命を扱っている．しかしどういうわけかアメリカでは未だかつて出版されていない*8）では，機械は学習するコンピュータだ．語り手が最初にコンピュータと対戦したときの第 2 章は，これまでに描かれたチェスの顛末の記述の中で，間違いなく最も滑稽なものの 1 つだ．

コンピュータがいつの日か，上級者級のチェスの指し手になるだろうという示唆に対して，チェスの達人たちが敵意ある反応をするのは容易に理解できる．それについては，すでにポール・アーマーによる，人工知能に対する人々の態度の詳しい調査がある*9．チェスプレーヤーの反応が特に興味深い．コンピュータが，高品質な音楽や詩を書いたり，素晴らしい絵を描いたりするという考えに異を唱えるのはよいが，チェスは，桁外れに複雑なところを除けば，チック・タック・トーと本質的な違いはない．これを上手に指すことを学習するのは，まさにコンピュータが最も得意であろうと予想できる類(たぐい)のことなのである．

上級者級のチェッカーを打つ機械のほうがチェスよりも先にできるだろうということには疑いの余地がない．チェッカーは

---

*6 雑誌 *If* (May 1962) が初出．ライバーの *A Pail of Air* (Ballantine, 1964)〔邦訳：『バケツ一杯の空気』フリッツ・ライバー著．山下諭一訳．サンリオ，1980 年〕に転載．
*7 *The Last Book of Wonder* に収録．
*8 〔訳注〕いまは出版されている：*The Last Revolutions*, Lord Dunsany, Talos, 2015.
*9 Paul Armer, Rand report (pp. 2114-2, June 1962) on *Attitudes Toward Intelligent Machines*.

いまや，あまりにも徹底的に研究されてきたので，チャンピオンどうしの戦いはほぼ必ず引き分けに終わる．こうした試合に面白みを出すために，最初の3手をランダムに打つこともよくある．リチャード・ベルマンは，「チェスとチェッカーの最適手決定に対する動的計画法の応用について」という論文[10]で，「チェッカーは，10年以内に完全に決定可能なゲームになると予言しても大丈夫そうに見える」と書いている．

もちろん，チェスは複雑さの度合いが違う．人間が1手めを打つと，相手のコンピュータが時間をかけて猛烈な計算をしたあとに「負けました」と出力するという（使い古されたジョークの現代版のような）時代がくるまでには，まだ相当の時間がかかるのではないかと考えられている．1958年，信頼できる複数の数学者たちは，10年以内にはコンピュータが上級者級のチェスを打っているだろうと予測していたが，これはひどく楽観的すぎたことが判明した．チグラン・ペトロシアンは，チェスの世界チャンピオンになったとき，今後15年から20年以内にコンピュータが上級者級のチェスを打つということに対して疑念を呈している[11]．

ヘキサポーンのチェスは，高さを3行に保ったまま盤面を横に広げていくことで容易に拡張できる．ジョン・R・ブラウンは，論文[12]で，このゲームに対する完全な解析を与えている．列の数を n とすると，このゲームで先手が勝つのは，n の最後の桁が $1, 4, 5, 7, 8$ のときで，それ以外の場合は後手が勝つ．

解答 ● 大きさ 4×4 の盤面でのチェッカーは，双方が最善を尽くせば，引き分けに終わる．図 52 に示したとおり，黒には次の3

---

[10] "On the Application of Dynamic Programming to the Determination of Optimal Play in Chess and Checkers," Richard Bellman, *Proceedings of the National Academy of Sciences*, vol. 53 (February 1965), pp. 244-247.

[11] *The New York Times* (May 24, 1963)

[12] "Extendapawn – An Inductive Analysis," John R. Brown, *Mathematics Magazine*, vol. 38, November 1965, pp. 286-299.

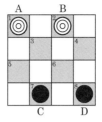

図52 チェッカーは，双方が合理的に打てば引き分けになる．

つの選択肢がある：（1）C5，（2）C6，（3）D6．

　最初の選択肢は，白がA3と受ければ即座に黒が負けという結果になる．2つめの選択肢は，白がどんな手で応戦しても引き分けになる．3つめの選択肢は，黒にとっては最強だ．白がA3かB3と打ってくれれば勝利につながる．しかし白がB4に打てば，勝負は引き分けに終わる．

　大きさ3×3の盤面に単純化した碁については，マッチ箱学習機械にちょうどよいと言及したわけだが，アメリカ囲碁協会の副会長であるジェイ・エリアスバーグが私に断言したところによれば，先手が最初に盤面の中央に置き，そのあと合理的に打てば，必ず勝てるということだ．

　大きさ4×4の盤面上のチェッカーは自明だが，盤面を5×5に拡張すると，その結果は興味深く，しかも驚きである．アメリカ合衆国農務省の化学者ロバート・L・カズウェルは，このミニゲームについて，以前から自分で考えついていたと書き寄越してくれた．ゲームは，3つの白いチェッカーが1行めに並んでいて，3つの黒いチェッカーが5行めに並んでいるところから始まる．黒が先手であることも含めて，標準的なルールをすべてそのまま用いる．このゲームは両方が合理的に打てば引き分けだろうと思うかもしれないが，「2つの角」，つまりキングが戻ったり進んだりできるところがないことから，引き分けはありそうにない．カズウェルが発見したところによると，一

方が確実に勝てるというだけではなく，負ける方がうまく立ち回ると，最後の勝ち様は壮観なものにもなる．楽しみを台無しにするのはやめて，ゲームを解析し，どちらが必勝なのかを判断するのは，読者にお任せしよう．

後記
(1991〜)

私のヘキサポーンは，2回市場に出回った．1969年，IBMが実現した盤面では，盤面のルーレットで4つの色の中の1つを選び，原始的な「学習機械」への賞罰を与えるのに，盤面上の然るべき位置にボタンを置くようになっていた．IBMはこれを「ヘキサポーン：あなたを負かすゲーム」という名前で，高校の科学や数学の授業用，そして一般向けに流通させた．1970年，ニューヨークのファーミングデールにある会社ガブリエラは，同様の製品を販売したが，彼らはこれをガブリエラ・コンピュータ・キットとよんでいた．広告がサイエンスニュース誌の1970年10月26日号に掲載されている．このゲームは，A・B・ボルトほかによるプロジェクトのハンドブック「自作コンピュータを作る」[*13]という本の第1章にも書かれている．

経験から学ぶコンピュータは，現在，人間の心を模倣する最も有望な手段を提供してくれる．機械学習に関する文献は，あまりにも膨大であるため，私は参考文献リストを作ろうとすらしなかった．われわれの脳はもちろん，桁外れに複雑な，並列処理で学習する機械であり，その動きは，未だにほんの少しわかってきたにすぎない．

本全集第15巻の13章と14章で，コンピュータのチェッカープログラムについて読むことができる．優れたもののいくつかは，1970年代から1980年代にかけて登場した．最も優れたものはチヌックであり，これはジョナサン・シェファーが作ったものだが，1989年のデビュー以来，ずっと進歩を続け

[*13] *We Build Our Own Computers*, A. B. Bolt, et. al, Cambridge University Press, 1966.

ている．

　コンピュータチェスは，私がこの章で書いて以来，飛躍的な進歩を続けてきた．IBM のディープ・ブルーは当時君臨していた世界チャンピオンのガルリ・カスパロフを 1997 年に打ち負かした（これについてのドキュメンタリー「ゲームオーバー：カスパロフ対機械」が 2003 年に作られた）．商業用プログラムは，いまや上級者レベルの手を打ち，ときにはグランドマスターを破ることもある．携帯電話のソフトウェアさえ，レベルの低い競技会で勝つことが知られている．最高クラスのプログラムは，経験から学ぶのではなく，その技能の多くは途方もない速度で長い手筋を探索することによっている．

　3×3 の盤面の碁が先手必勝であることの証明は，1972 年の論文の中でエドワード・ソープとウィリアム・ヴァルデンが発表している．私が知る限りでは，私の考案した 5×5 の盤面のミニチェスは，まだ解決されておらず，合理的に対戦したときに先手必勝なのか後手必勝なのか，あるいは引き分けに終わるのか，わかっていない．多くのチェスプログラムがあるので，誰かがこのゲームを問題としてプログラムに与えてやれば，解決することは可能だろう．

　別の興味深い形のミニチェスがチ・チ・ハッケンバーグという名の若い女性によって考案された．発明されたゲームは雑誌[*14]で詳しく紹介されているが，4×8 の盤面，つまり標準的なチェス盤の半分を使うものだ．

　最初に，8 個の白い駒がすべて，1 行めに通常の配置どおりに並べられる．2 行めには 5 個の白いポーンが並び，左から見て 2 列め，6 列め，7 列めの合計 3 つのポーンは置かない．13 個の黒の駒が，鏡像になるように反対側の 2 行に並べられ，盤面上に 6 箇所空きができる．新しいルールが 2 つある．白は初手にポーンを動かしてはいけない．そしてポーンは通常の動きに加えて，真後ろに 1 つ動いたり，斜め後ろの駒を取ったりす

[*14] *Eye*, November 1968, pp.93-94.

ることもできる．

　ハッケンバーグは，白の最良の初手は，キング側のビショップを g2 に動かすチェックメイトで脅しをかけることだと思うと言っている．しかし黒はこれに反撃を仕掛けられる．最初に連続してチェックを繰り返せば，白のクイーンの前のポーンをクイーン側のビショップの前のポーンで取れて，しかもこのとき途中で白のクイーンも取っている．これは白にとっては，あまりにもひどい大惨事に見えるので，ハッケンバーグの助言に従った初手は，結局，一番良い手ではない．それとも白は，チェックの連続が収まった後でも，生き残れる逆襲方法があるのだろうか．私が知る限りでは，チェスのこのミニチュア版も，徹底的に解析されてはいない．

〔日本語版補足〕

　チェッカーについては，2007 年に完全に解析が終わり，引き分けであることが判明した．(https://webdocs.cs.ualberta.ca/~chinook/project/ に詳しい解説がある．) チェスについては，1997 年に IBM のディープ・ブルーが当時のチェスの世界チャンピオン，ガルリ・カスパロフに勝って以降，人間よりも強くなったと言っていいだろう．コンピュータ将棋とコンピュータ碁は，2017 年現在ではトッププロと同レベルであり，人間の強さを凌駕しつつあるといえよう．こうした「強い AI」を開発するには，大量の過去の棋譜から学ぶ手法のほかに，自分自身と対戦を繰り返すなど，外部のデータによらない学習方法で強くなっていく「強化学習」，ランダムに手を打って，有利そうなところを優先的に探索する「モンテカルロ法」が代表的な手法として挙げられる．ガードナーが記事を執筆した 1960 年代当時，これだけの論争があったことは，いまとなっては想像が難しいが，その中で当時のガードナーが，現在の手法をかなり的確に予見していたことは，驚きである．

文献　"Can a Mechanical Chess-player Outplay Its Designer?" W. Ross Ashby in *British Journal for the Philosophy of Science* 3 (1952): 44-57.

"Game Playing Machines." Claude E. Shannon in *Journal of the*

Franklin Institute 260 (December 1955): 447-453.

"Computer vs. Chess-player," Alex Bernstein and Michael de V. Roberts in *Scientific American* (June 1958): 96-105.

"Chess-playing Programs and the Problem of Complexity." Allen Newell, J. C. Shaw, and H. A. Simon in *IBM Journal of Research and Development* 2 (October 1958): 320-335.

"Some Studies in Machine Learning, Using the Game of Checkers." A. L. Samuel in *IBM Journal of Research and Development* 3 (July 1959): 210-229.

"Machines That Play Games." John Maynard Smith and Donald Michie in *The New Scientist* 260 (November 9, 1961): 367-369.

"Computer Simulation of Human Thinking." Allen Newell and H. A. Simon in *Science* 134 (December 1961): 2011-2017.

Learning Machines. N. Nilsson. McGraw-Hill, 1965. 〔邦訳『学習機械——訓練によってパターン認識を学習するシステム』Nils J. Nilsson 著, 渡辺茂訳. コロナ社, 1967 年.〕

Behind Deep Blue: Building the Computer that Defeated the World Chess Champion. Feng-Hsiung Hsu. Princeton University Press, 2002.

●ヘキサポーンについて

"Extendapawn — An Inductive Analysis." John R. Brown in *Mathematics Magazine* (November-December 1965): 286-299.

"Can You Beat TIM?" Roy A. Gallant in *Nature and Science* 3 (April 18, 1966): 3-4.

"Hexapawn: A Beginning Project in Artificial Intelligence." Robert R. Wier in *Byte* 1 (November 1975): 36-40.

"Hexapawn." Carl Bevington in *SoftSide* (March 1982): 23-35.

●ミニ碁について

"A Computer Assisted Study of Go on $M \times N$ Boards." Edward Thorp and William E. Walden in *Information Sciences* 4 (January 1972): 1-33.

| 9 |

螺旋

> 螺旋(らせん)というのは浄化された円である．螺旋形において円は，巻きが解かれ，悪循環がやむ．自由になるのだ．私がこの考えに至ったのは小中学生のころであった．ヘーゲルのテーゼ・アンチテーゼ・ジンテーゼの繰り返しも，何のことはない，時間との関係においてはすべてのものが本質的に螺旋形をなしている，ということだと気がついた．回転に回転が続き，あらゆるジンテーゼは次の繰り返しにおけるテーゼとなり……．小さなガラス玉の中にある色つきの螺旋——これが，自分にとっての私自身の人生の見え方である．
> ——ウラジーミル・ナボコフ『記憶よ，語れ』

　農場で 2 人の子供が，太い丸太の上に長い板を載せて即席のシーソーを作った．2 人がぎったんばっこんしている間，板の上の各点によって作られる軌跡はどのような種類の曲線であろうか．動いているメリーゴーラウンドの円形の台座の上を，係の人が半径に沿って（台座に対して）一定の速度で歩いている．台座の下の地面に対する係の人の軌跡はどのような類型の曲線であろうか．3 頭の犬が，広い原っぱで，正 3 角形の頂点をなす位置にいる．合図があると，どの犬も，自分の右手にいる犬を直接目指して走り出す．どの犬も，自分が目指す犬の動きに応じてつねに方向を変えながら，3 頭とも同じ一定の速さで，3 角形の中央で出会うまで走り続ける．犬たちが走っていくのはどのような経路であろうか．

それぞれの問いに対する答えは，互いに種類が異なる螺旋である．これら3つの曲線をこれから順に説明し，同時に，ぐるぐると周辺を巡りながら，紙幅の許す限りレクリエーションの側面にできるだけ多くの光をあてることにする．

シーソーの板に沿ったあらゆる点のそれぞれの軌跡となる曲線は，どれも円の伸開線とよばれるものである．与えられた曲線に対しその伸開線を得るには，もとの曲線に糸をつなげ，糸をぴんと張りながら曲線に沿って「巻き」つける．このとき，ぴんと張った糸の上のどの定点の軌跡も，その曲線の伸開線となる．したがって，円筒形の柱に結ばれた山羊が，柱にロープをきつく巻くように引っ張りながらその柱の周辺を回るなら，山羊は円の伸開線である螺旋経路を通ることになる．

こうした螺旋を描くすっきりした方法の一例が，図53に図解されている．好きな大きさの円を段ボールから切り出し，1枚の紙の

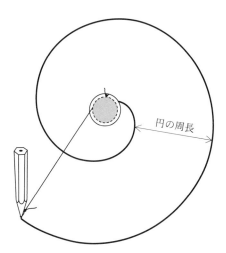

図53　円の伸開線を描く一手法．

中央にのりづけする．その上に，厚紙で作ったほんの少し大きい円をのりづけするが，その際，縁に溝をつけ，糸の一端に作った結び目をそこで保持する．糸は小さいほうの円に巻きつける．それから糸のもう一方の端に作った輪に収めた鉛筆の先を動かし，円に巻いてあった糸をほどいていけば，鉛筆の先の軌跡は，その円の伸開線となる．このとき隣り合った巻き線の間の距離は一定に保たれ，円周上の点の接線に沿って距離を測るなら，その大きさは，小さいほうの円の周長と同じになる．その円は，いま描いた螺旋に対する縮閉線とよばれる．

メリーゴーラウンドの台座を歩く人の（地面に対する）軌跡は，アルキメデスの螺旋とよばれる曲線である（アルキメデスがこの螺旋を最初に研究した．アルキメデスの論考『螺旋について』で主に扱われているのが，この螺旋である）．レコードの回転盤の上に厚紙で作った円板を載せて，その円板上にアルキメデスの螺旋を描くには，クレヨンを一定の速さで動かしながら，円板の中心から外へ向かって直線を引いてやればよい．レコード盤にある溝は，この種の螺旋の例として最もおなじみのものである．極座標でこの曲線を表すならば，曲線上のどの点においても，動径（円板の中心からの距離）は偏角（固定した1本の半径を基準とした角度）に同じ定数を乗じた大きさとなる．螺旋は，極座標だと非常に単純な方程式となるが，デカルト座標だと非常に複雑な方程式となる．

上で述べた方法よりもずっと正確にアルキメデスの螺旋を描くには，まず，図54に示した形に切った厚紙片を，円の伸開線を描いたときに使ったのと同様の円板にピン止めする．この厚紙片が回転すると，鉛筆の先は，厚紙片の一方の縁に沿って，中心から離れる方向に引っ張られる．容易に見てとれるように，このとき鉛筆が縁に沿って動く速さはつねに，厚紙片の角速度の大きさに比例する．

螺旋がひと巻きだけできた時点では，見た目で円の伸開線と区別することはできないが，もちろん，2つの曲線は決して正確には一

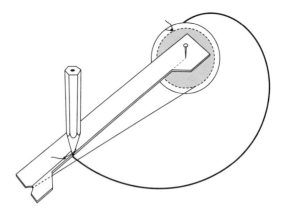

図54　アルキメデスの螺旋を描く道具.

致しない．アルキメデスの螺旋においても，隣り合った巻き線の間の距離は一定に保たれるが，今度の場合，その距離は，中心からの径に沿って測らなければならない．ふだん最もよく見かける螺旋は，アルキメデスの螺旋か円の伸開線である．きつく巻いたぜんまい，マットや紙を巻いたときの縁の形，宝石に施される装飾用の螺旋等々がその例である．そうした曲線は，数学的に正確なものであることはめったにないし，ふつうは，目にした例が実際のところ円の伸開線とアルキメデスの螺旋のうちのどちらにより近いかを決めるのは難しい．

いったんアルキメデスの螺旋を正確に描いておけば，あとはコンパスと定規だけで，任意の角を何個にでも等分することができ，特に3等分も可能である．角を3等分するには，その角の頂点を螺旋の極P（原点）に一致させ，角を作る2辺が螺旋と交差するようにする（図55参照）．コンパスの針先をPに置き，弧ABを描く．線分ACをふつうの手法で3等分する．そうやってACの間にとられた2点それぞれを通るように，2つの円弧を描き，螺旋との交点をそれぞれDとEとする．角の頂点からDとEに直線を引けば，角の3等分が完成する．読者におかれては，この作図が数学的に正し

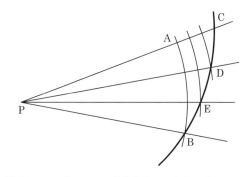

図55　アルキメデスの螺旋を使って角を3等分する．

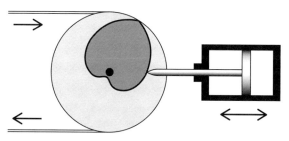

図56　回転運動を直線運動に変えるアルキメデスの螺旋．

いことを証明するのを楽しんでもらえればと思う．　　　〔解答 p. 156〕

　図56に描いた機構を機械の中に収め，回転する部品の一様な円運動を一様な直線的往復運動に変換するのに使うことがよくある（たとえばミシンは，このような機構を使って，ボビンが回転する際に糸を上下に往復運動させている）．このハート形の両側の曲線は，互いに鏡像どうしのアルキメデスの螺旋の弧である．

　犬たちが互いに追いかけあって正3角形の中心に向かっているときに通るのは，対数螺旋ないし等角螺旋という曲線である．この螺旋を定義する1つの方法は，どの動径とも同じ角をなす曲線であると述べることである．犬たちの代わりに数学的な点を用いるとす

と，各点の軌跡の長さは有限（正3角形の1辺の長さの3分の2）である一方，各点が極に到達するのは，何と，極のまわりを無限回回転したのちのことである．対数螺旋は，犬が3頭以上なら何頭の場合の経路としても現れるが，そのためには，犬たちが正多角形の頂点から出発すればよい．犬が2頭だけの場合は，その経路はもちろん直線であるし，犬の頭数が無限となる極限を考えれば，犬たちは円周上を走り続けることになる．こうして大雑把ながら指摘できるように，曲線と動径とのなす角を0度から90度の間で変化させたとき，等角螺旋の2つの極限は，直線と円である．

地球の表面上で対数螺旋に対応するのは等角航路（航程線），すなわち，地球の子午線とつねに一定の角度（直角は除く）で交差する経路である．たとえば，飛行機で北東に向かって飛び，そのまま方位磁針に従ってつねに正確に同じ向きを維持し続けたとすれば，飛行機は等角航路をたどり，北極点へ螺旋を描いて向かっていく．犬たちの経路の場合と同様，北極点までの経路の長さは有限であるが，飛行機は（点だとすれば）北極点の周りを無限回まわってから北極点にたどり着く．その経路を，北極点で地球に接する平面上にステレオ投影したものは，対数螺旋そのものとなる．

対数螺旋は，自然界の中で見出される螺旋としては，最もありふれたものである．目にしやすいものとしては，オウムガイやカタツムリの殻の渦巻き，ヒマワリやヒナギクをはじめとする多くの植物の種の配列，松かさの鱗片などが挙げられる．オニグモはよく見かける種類のクモであるが，張られた巣を見ると，その巻き糸は，巣の中心の周りに対数螺旋をなしている．ジャン・アンリ・ファーブルがクモの生活について書いた著書[1]に収められている補論では，等角螺旋について，その数学的性質と，自然界で見られるたくさんの美しい姿が論じられている．この螺旋が植物や動物において実現される事例や，この螺旋と黄金比やフィボナッチ数列との密接な

---

[1] *The Life of Spider.*

関係については,豊富な文献があり,中には一風変わったものもある.この分野での基本文献は,479ページからなり,豊富な挿絵のある『生命の曲線』[*2]という書名のテオドール・アンドレア・クックの著書である.ヘンリー・ホルト社から1914年に出版されたが,長らく絶版状態が続いている[*3].

対数螺旋を引くための道具は,厚紙から簡単に切り出すことができる(図57参照).角度aは,0度と180度の間の好きな大きさでよい.細長い部分の片方の辺がつねに螺旋の極に接するように保ちながら,線引き用の斜めの短辺に沿って短い線分を引いては少しずつずらしていくと,対数螺旋の弦の連なりができあがる.これはオニグモが巣を張るときとよく似た方法である.この道具ならたしかに,どの弦も動径と同じ角度をなす.もちろん,斜めの線引き部分を小さくすればするほど,対数螺旋は精確になる.この道具は,与えられた螺旋が対数螺旋かどうかを調べるのにも使える.

角度aが90度だとどうなるであろうか.その場合,螺旋は円に退化する.角度が74度39分(正確な値はあとほんの少しだけ大きい)だと,できあがる螺旋は,それ自身の伸開線となる.どの対数螺旋の伸開線も対数螺旋であるが,この角度の場合だけ,2つの対数螺旋が正確に一致するのである.

等角螺旋を最初に発見したのは,ルネ・デカルトである.17世紀のスイスの数学者ヤコブ・ベルヌーイは,この螺旋が,種々の変換(たとえば,伸開線への変換)を施してもふたたび現れてくる性質にすっかり魅せられ,自分の墓石にこの螺旋を彫り,そこに「*eadem mutata resurgo*(エアデム ムターター レスルゴ)(変化があっても私は同じものに甦る)」という言葉を添えてくれと頼んでいた.だが,当時の学のない石工が墓石に彫ることができた螺旋は,せいぜいアルキメデスの螺旋か円の伸開線かのどちらかを粗っぽく近似したものであった.いまでもその螺旋

[*2] *The Curves of Life.*
[*3] 〔訳注〕1979年にドーヴァー社から再版され,本書訳出時点では,新本も簡単に入手可能であった.

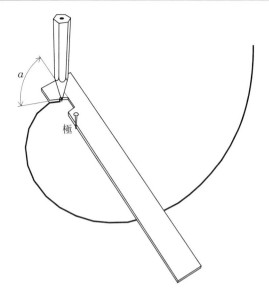

図 57　対数螺旋の描き方.

は，バーゼルにある，かの数学者の墓石に見ることができるが，明らかにそれは対数螺旋ではない．というのも，隣り合う巻き線どうしの間隔が，外側のほうにいっても大きくなっていないのである．本書の古い版で私は誤って，ラテン語の句「エアデム・ムタータ・レスルゴ」はヤコブ・ベルヌーイの墓石には彫られていないと述べていた．だが，ドイツのクラウス・トライツが，墓の写真の絵葉書を私に送ってくれた．たしかにその句が，碑文の下に彫られた螺旋を取り巻くように刻まれているのが見える．

　純粋に大きさという点でいえば，対数螺旋が最も印象的な姿を現すのは，渦巻銀河から何本も出ている渦状腕においてである．いったい対数螺旋がどうしてそこに現れるのかは謎であり，その謎は，渦状腕自体の正体に関する謎と密接に関わっている．わかっているのは，それらが星々とガスが光り輝く細長い領域であり，どういうわけか銀河の自転によって螺旋状に巻かれているということであ

る．銀河の全体は何十億個もの星が集まった星団であり，巨大な折り紙風車のように自転している．天の川の淡く白い輝きは，私たちのこの銀河系がもつ巨大な渦状腕のうちの2本を，側面のほうから見た姿である．観測結果によれば，これらの腕は，銀河の中心に近い部分のほうが，縁に近い部分よりもずっと早く回転している．このことからすれば，これらの腕は早々に巻き上がり，ついには消滅してしまうべきものであるが，実際には多くの銀河が渦巻き構造を保持しているという事実から，渦状腕は巻き上げられつつあるわけではまったくないことが示唆される．ある理論によれば腕の一方の辺では発光するガスが発生し，他方の辺ではそれが消滅していくため，銀河との関係でいえば腕の形は保たれるのだという[*4]．もっと最近のある理論によれば，螺旋構造は，回転する銀河の中にある星やガスや塵からなる密度波によるものだという．この理論を最初に提唱したのはフランク・シューとC・C・リンであり，1964年のことであった[*5]．ほかにも検討されている構造はあるであろう[*6]．

対応する3次元曲線である弦巻線(ヘリックス)の場合と同様，あらゆる螺旋形は非対称である．そのため，平面上では，どの螺旋も，互いの鏡像であること以外はまったく同一な2つの形に描くことができる．平面のどちらの面からも螺旋を眺めることができるなら，クモの巣の場合や（宇宙空間を十分に遠くまで旅することができるとしたときの）銀河の場合と同様に，その螺旋が「右手型か左手型か」は視点に依存する．しかし，螺旋の表裏をひっくり返したり，裏面から見るために回り込んだりしようがない場合には，どの螺旋も時計回りか反時計回りかのいずれかである．

[*4] 次の文献を参照．Jan H. Oort, "The Evolution of Galaxies," *Scientific American*, September 1956.
[*5] "On the Spiral Structure of Disk Galaxies," *Astrophysical Journal*, vol. 140, p. 646.
[*6] 〔訳注〕実際には「密度波」説が提唱されて以降，それが定説になっており，現在でも基本的にその状況は変わっていないようである．

「時計回り」という形容はもちろん曖昧であり，螺旋をたどるのが中心から外側へなのかそれとも内側へなのかを特定しておかないと決まらない．鉛筆と紙だけを使って行う，この曖昧性に基づいた愉快なひっかけ問題がある．友達にまず，紙の左半分に螺旋を描いてもらう．その際，中心から出発して鉛筆を外側に動かすようにさせる．その螺旋を手で覆い隠してから，友達に，紙の右半分に先ほどの螺旋の鏡像を描いてもらうが，今度は，大きい輪からはじめて中心に向かって渦巻いていくようにさせる．たいていの人はこのとき，手の回転方向を反対にしたくなるものなのだが，そうしてしまうと当然，2つめの螺旋も1つめとまさしく同じ手型になってしまうのである．

きつく巻いた螺旋を太い黒い線で厚紙に描き，それをレコードの回転盤に載せて回転させると，おなじみの錯視が現れる．巻き線は拡大していくか縮小していくかのどちらかに見え，そのどちらであるかは，螺旋の手型によって決まる．一層驚く心理的錯視を見せるには，この種の円板で，螺旋の手型が互いに反対になっているものを2枚用意すればよい．「拡大」する螺旋のほうを回転盤に載せて回転させておいて，螺旋の極を数分間直視する．そのあとすぐに誰かの顔をじっと見つめる．するとしばらくの間，顔がどんどん縮まっていくように見える．他方の螺旋を使うと反対の効果が生じる．すなわち，見つめた顔は外側に破裂していくように見える．類似の錯視なら，列車に乗っているときに誰もが経験したことがある．走っている列車の窓の外を長時間眺めたあとに，列車が止まると，景色がしばらくの間，進行方向と反対の方向に動いているように見える．この現象を眼球運動と眼筋疲労によって説明しようという試みもあったが，螺旋を使った先ほどの錯視からすると，その種の説明は除外される．その場合に示唆されるのは，こうした錯視は，目から来る信号を脳が解釈する際に生じるものだということである．

非対称という性質から，螺旋は，興味深い情報伝達問題を脚色するのに便利な図形となる．オズマ計画によって，私たちの銀河系

内のどこかにある惑星Xとの間で電波による連絡がとれるようになったと想像しよう．何十年もかけ，巧妙なパルス符号を利用することによって，惑星X上の知的住人と流暢に対話できるようにする．彼らは私たちとほとんど同じくらい進んだ文化をもっているが，惑星Xを取り巻く雲が太陽系の金星を取り巻く雲と同様に厚く濃いため，彼らには天文学に関する知識がない．彼らは星というものも見たことがない．惑星Xに，多数の主要な銀河に関して詳細な記述を送ったあと，彼らから以下の連絡が地球に届いた．

「貴方からの話によれば，渦巻銀河NGC 5194は，地球から見ると，外側に向けて時計回りに巻かれている渦状腕が2本あるとのことであった．『時計回り』の意味を明確にされたい」

言い換えれば，惑星Xの科学者たちは，地球の科学者たちから提供された情報に基づいてNGC 5194の図を記録する際，その描き方が正確で，鏡像のものでないことを確認したいのである．

私たちはどのようにしたら惑星Xに，渦状腕の巻いている向きを伝えることができるであろうか．腕が銀河の中心から外側へと回っていく際に腕は左から右に向かっている，と述べても役に立たない．なぜなら，惑星Xでの「左」と「右」の理解が私たちと同じであると確認する方法がないからである．もし「左」に対する曖昧さのない定義を私たちが伝えることができるなら，この問題ももちろん解決する．

この問題をより正確に述べるなら，パルス符号で送る言語によって「左」の意味を伝えるにはどのようにすればよいか，ということである．私たちは何を述べてもよいし，どのような種類の実験を行うように指示してもよい．ただし，条件が1つあり，私たちと彼らとが共通して観察できる非対称な対象や構造はないものとする．

この条件がないなら，何の問題もない．たとえば，惑星Xにロケットを飛ばして人間の絵を送ることにし，その絵に「上」「下」「左」「右」の標示をつけておけば，その絵によってただちに「左」の意味が伝わるであろう．あるいは，地球から，円偏光によって弦

巻状のねじれをあらかじめ与えておいた信号電波を送信することも考えられる．惑星 X の住人が，円偏光の向きが時計回りか反時計回りかを決定できるアンテナを建てておけば，「左」の共通理解が容易に確立できるであろう．しかしながら，こうした手法は，共通して観察される特定の非対称な対象や構造があってはならないとした条件に反するものである． 〔解答 p.156〕

解答 ● アルキメデスの螺旋を使って行う角の 3 等分がどうしてうまくいくのかを見てとるのは簡単である．螺旋との交点をとるために引いた 3 本の円弧は，動径に沿って，すなわち，3 等分しようとしている角の頂点 P からの距離で見て，3 つの等間隔の区分を作っている．螺旋がその等間隔ぶんの距離を外に向かって進むたびに，螺旋は，反時計回りの向きにも同じ角度ずつ進み，3 つの等しい偏角を作り出す．同じ手法を使えば，与えられた角を，望みの比をもつどのような個数の小さい角に分割することもできることは明らかである．それにはたんに，線分 AC をその望みの比に分割すればよい．それをもとに作図すれば，角 CPB もそれと同じ比に分割される．

● 私たちが使っている「時計回り」という言葉の意味を，パルス符号を使って惑星 X の住人に伝えることは，どのようにすれば可能であろうか．想定によれば，惑星 X は私たちの銀河系内のどこかにあるが，濃い雲に覆われていて，住人は星々を見ることが妨げられている．また，巧妙な符号によって，地球上と惑星 X 上の科学者どうしは，互いに流暢に対話するすべをすでに学んでいる．問題は，「左」と「右」の意味をどのようにして伝えるかである．

その驚くべき答えは，1956 年 12 月以前には「左」と「右」に対する曖昧でない定義を伝える方法はまったくなかった，というものである．物理学者のいう「パリティ保存則」によれば，非対称な物理過程はすべて反転可能である．すなわち，鏡像関係にある 2 つの形のうちのどちらも実現しうる．水晶や辰砂のような結晶は，偏光面を一方の向きのみにねじる性質があるが，そのような結晶は，左型と右型の両方ともが存在する．同じことは，やはり偏光面をねじる性質をもつ非対称な立体異性体についても真である．生命体の中で見出される有機化合物には，一方の手型しかもたないものもあるかもしれないが，そのことは，地球上での進化の偶然である．そのような化合物がほかの惑星でも同じ手型をもつ理由がないのは，惑星 X の住人の心臓が左半身の側にある理由がないのと同様である．

電磁気学の実験も役に立たない．たしかに実験結果は非対称性（たとえば，電流を取り巻く磁場の向きを決める「右ねじの法則」）を示すが，それをどちら向きとよぶかは，磁石のどちらの極を「北」を指す極（N極）とよぶことにするかの決めごと次第である．このとき，「北極」という言葉で何を意味しているかを惑星Xに伝えることができるとすれば問題は解決できるわけだが，残念ながら，それを伝えるのは，左と右に関する共通理解があらかじめなければ無理である．パルス符号を使って惑星Xに絵を送信することも簡単にできるが，左右に関する了解が一致していなければ，相手の装置がもとのものを反転させた形式で絵を再生していないと確信することは決してできない．

　ところが1956年12月のこと，パリティ保存則を破るはじめての実験が行われた[*7]．素粒子物理学でいう「弱い相互作用」は，N極-S極の決めごとに関係なく，一方の手型の現象のほうが多く実現する傾向があることがわかったのである．この種の実験方法の詳細を送ることが，この問題に対して現時点で知られている唯一の解決方法であり，これにより，曖昧さのない操作的定義を，左と右や，時計回りと反時計回りや，N極とS極など，手型の違いをもつあらゆる区別に対して与えることができる．

　付言しておくべきなのは，惑星Xが私たちとは別の銀河にあった場合には，この問題は解けないままである点である．相手方の銀河は，反物質（反転した電荷をもった粒子でできた物質）でできているかもしれない．そのような銀河においては，弱い相互作用の手型もおそらくは反転している．相手方の銀河にある物質の型を知らない（し，そこから来る光線も何の手がかりも与えてくれない）としたら，パリティ保存則を破る実験も，左と右の意味を伝えるためには価値がないことになる．

[*7] 次の文献を参照．Philip Morrison, "The Overthrow of Parity," *Scientific American*, April 1957.

後記
(1991〜)

友人たちのおかげで私の目を引いたもので，土地のようすに関する螺旋が2つある．古代ギリシャ神話に出てくる黄泉の国の川は，黄泉の国を7回取り巻く螺旋である．また，L・フランク・ボームの空想小説[*8]に出てくるピンクシティには街路が1本しかなく，その道は螺旋を描きながら，市の表玄関から街の中心部にある宮殿まで続いている．

文献

Spirals in Nature and Art. Theodore Andrea Cook. J. Murray, 1903.

The Common Sense of the Exact Sciences. William Kingdon Clifford. Dover, 1955. See pp. 152-164.

A Book of Curves. E. H. Lockwood. Cambridge University Press, 1961. 〔邦訳:『カーブ』ロックウッド著，松井政太郎訳．みすず書房，1964年．〕

"The Logarithmic Spiral." Eli Maor in *Mathematics Teacher* (April 1974): 321-327.

"Rotating Chemical Reactions." Arthur T. Winfree in *Scientific American* (June 1974): 82-95.

The New Ambidextrous Universe, 3rd rev. ed. Martin Gardner. Dover, 2005. 〔邦訳:『自然界における左と右』マーティン・ガードナー著，坪井ほか訳．紀伊國屋書店，1992年．ただしこれは，1990年に出版された版からの翻訳．〕

[*8] *Sky Island* (chapter 13).

|10|

回転と鏡映

　幾何学的図形が対称性をもっているといえるのは，その図形に何らかの「対称操作」を施しても不変の場合である．不変となる対称操作の個数が多い図形ほど，対称性が高いといえる．たとえば大文字のAは，その脇に引いた垂直の軸に鏡を置いて映したとき，不変[*1]である．Aは垂直対称であるという．大文字のBは，垂直対称ではないが，水平対称ではある．すなわち，Bの上方か下方に水平に保持した鏡に映しても不変である．文字Sは水平対称でも垂直対称でもないが，180度回転させても不変（2回対称）である．これら3つの対称性をすべてもつ文字としては，H, I, O, Xがある．文字XはHやIよりも対称性が高いが，それは，文字を構成する2つの線が垂直に交わっている場合，4分の1回転させても不変（4回対称）だからである．文字Oは，円の形をしている場合，あらゆる文字の中で最も対称性が高い．どのような回転や鏡映によっても不変である．

　地球では，中心に向かってすべてのものが引力で引っ張られるため，生命体にとって有効だったのは，強い垂直対称性をもちながら，

[*1] 〔訳注〕ここでは，たいていの教科書的な説明と違って，鏡を必ずしも対称軸には置かず，対称軸に平行な場所に置くものとして説明している．その場合には，鏡に映すと図形の位置は変わりうるので，ここでいう「不変」は，「形も大きさも向きも変わらない」という意味（したがって，平行移動だけで重ねられる）と理解しておく必要がある．

水平対称性や回転対称性は明らかに欠如した形態に進化することであった．人が自分たちで利用する物を作る際も，同様の様式に従ってきた．身の周りを見回したときに目に入ってくるのは，垂直の鏡に映しても基本的には変化しない無数の事物であろう．椅子，テーブル，ランプ，皿，自動車，飛行機，オフィスビル——リストにはきりがない．これほど垂直対称のものが溢れているため，写真が左右反転したことに気づくのは難しい．気づくとしたら，見慣れた景色の場合か，反転した印刷物や道路の間違った側を走っている車といったものが写っている場合だけである．その一方，ほとんどどのようなものでも，上下を反対にした写真は，逆さになっていることが瞬時にわかる．

同じことは絵画などの芸術にもあてはまる．それらを鏡に映しても，ほとんどないしまったく何も失われない一方，それらが完全に抽象的なものでもない限り，どのようなそそっかしい美術館長でも，それらを逆さにして展示することはない．もちろん，抽象画が誤って逆さになっていることはよくある．ニューヨーク・タイムズ紙（1958年10月5日付）は，不注意から，ピエト・モンドリアンの抽象画を反転印刷したものをさらに逆さにした形で載せたのだが，そのことに気づきえたのは，もとの絵を知っている人だけである．1961年のこと，ニューヨーク近代美術館でマティスの絵画『舟』が上下反対で展示されたが，最初に間違いが気づかれるまで，47日間そのままであった．

私たちは垂直対称性には非常によく慣れている一方，上下反対のものを見るのには全然慣れていないので，たいていの景色や絵画やその他のものについて，それらが逆さになったらどのように見えるかを思い描くのはきわめて難しい．風景画家たちが使う方法として知られているものだが，景色に現れている色を確かめる際，腰を曲げて股の間から風景を眺めるという，ややみっともない技法がある．上下反対の輪郭は見慣れていないので，見慣れた形態に結びつ

いて色がいわば汚染されてしまう，ということなしに色を見ることができるのである．作家ソローはこの方法で景色を見ることを好み，回想録『ウォールデン』の9章には，池をそのように眺めたときのことが書かれている．多数の哲学者や作家が，この上下あべこべの風景の見え姿のうちに象徴的な意味を見出しており，特にそれは，G・K・チェスタトンが好んだ主題の1つでもあった．チェスタトン最高の推理小説シリーズ（だと私が思うもの）の主人公は詩人画家ガブリエル・ゲイル（短編集『詩人と狂人たち』）であるが，ゲイルはときおり逆立ちをすることで「風景の本当の姿を見る」ことができる．「花々のような星々，丘の連なりのような雲の連なり，そして，すべての人々が神の慈悲にすがる姿」もそこに見えるという．

心の中で事物の上下を反対にして想像するのが無理だからこそ驚きが生じるものとしては，巧妙に描かれた絵画で，180度回転させたときにまるで異なるものに変わってしまう種類のものがある．19世紀の政治風刺画家たちは好んでこの仕掛けを使った．読者が有名人の絵を逆さに見ると，豚やロバなど何か侮辱的なものになるのである．この仕掛けは20世紀の現代ではあまり流行らなくなってきたものの，目にしなくなったわけではなく，たとえば，ライフ誌1950年9月18日号に載ったイタリアの見事なポスターでは，上下を反対にして見るとガリバルディの顔がスターリンになっていた．子供向けの雑誌にもそうした逆さ絵が載ったことがあるし，広告の仕掛けにも使われた．ライフ誌1953年11月23日号の裏表紙には，実のなったトウモロコシをまじまじと見ているアメリカ先住民が描かれていた．気づかなかった読者がおそらく何千人もいたであろうが，この絵を逆さにすると，開いたトウモロコシの缶詰を目にして舌なめずりしている男の顔に変わるのであった．

逆さ絵を集めた本で私が知っているのは4冊だけである．ピーター・ニューウェルは，子供向け絵本の人気作家で1924年に没したが，その著書のうち2冊は，各ページがいろいろな場面の絵になっていて，逆さにすると面白い変換が起きるようになっているも

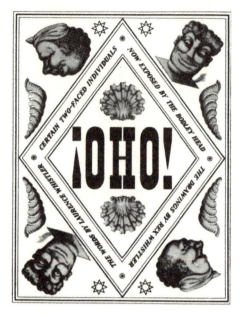

図 58　ウィスラーの逆さ本の標題紙に載っている逆さ顔.

のであった*2. 1946 年にロンドンの出版社が発行したある本は, 見て驚く逆さ顔の絵を 15 枚集めたものであり, 描いたのは, レックス・ウィスラーという 1944 年没のイギリスの壁画家である. その本には *¡OHO!* という, 対称性に富んだ題名がついている（同書の標題紙を複製したのが図 58 である）.

　上下どちらからも見られるように描く技法は, グスタフ・フェルベーク*3 という漫画家によって 1903 年, 1904 年に信じられない

---

*2　*Topsys and Turvys* (1893) と *Topsys and Turvys Number 2* (1894).
*3　〔訳注〕フェルベークはオランダ人（長崎生まれ）だが, アメリカ時代の活躍でよく知られ, おそらくそれゆえに, ファミリーネームの Verbeek は, 英語読みに由来すると思われる「ヴァービーク」と表記されることも多い. 本全集では, こうした表記の揺れにいちいち訳注はつけていないが, 本例は差異が大きいのであえて注記するものである.

高みに到達した.毎週のこと,フェルベークが描いた6枚の絵からなる漫画が,ニューヨーク・ヘラルド紙の日曜「おもしろ新聞」に載ったのである.読者は6枚の絵を順番に見ながら,それぞれの絵の下のキャプションを読み,その後,ページを上下反対にして話の続きを読むが,その際は,新たな一式のキャプションに目を通しながら,先と同じ6枚の絵を反対の順番に見ていくのだ(図59参照[*4]).

フェルベークがこの芸当をするとき,いつも登場させたのが主人公の2人,ラヴキンズちゃんとマッファルーじいさんであった.2人は,逆さにすると互いに他方になった.フェルベークがいったいどのようにして正気のまま毎週毎週これを成し遂げたのかは,人

[*4]〔訳注〕漫画のキャプションの訳は次のとおり.

ラヴキンズちゃんとマッファルーじいさんのさかさ物語「おさかな」
 1. カヌーにはラブキンズとマッファルーがとった巨大なさかながのっています.
 2. ラヴキンズはさかなを岸におろし,マッファルーはカヌーをこぎ出して,もう一匹とれないか見にいきます.
 3. 運わるく針にかかったのがメカジキだったのでさあ大変.じいさんは勇ましくたたかいます.メカジキは水中にとびこむと……
 4. またあがってきて,こんどはするどい自分の口先のつるぎでカヌーの底に穴をあけます.マッファルーは沈みそうなボートを一番近い岸につけようとします.
 5. ようやく岸の少し草のはえたところに着きそうになったとき,別のさかながおそってきて,尾をはげしくぶつけてきます.
 6. カヌーがしずんでいくときには海まで荒れてきたところでしたが,マッファルーはぶじに岸にとびうつり,ラヴキンズのところへもどっていきます.
 7. ラヴキンズも,それまでの大変なようすをずっと見ていたのでマッファルーのほうへかけよりますが,そのとき,怪鳥ロックとよばれる大きな鳥たちが自分のほうに向かっていることには気づいていません.
 8. そのロックのむれの中で一番大きい鳥が,ラヴキンズのスカートをくちばしではさみます.
 9. それからその鳥はラヴキンズをツメでつかみなおし,とびさります.
 10. 下にいたマッファルーからも,ラヴキンズがロックにつかまってしまったのが見えます.「これでは何もできないか……」とマッファルーはなげきます.そのとき,さっきのさかなが目に入りました.
 11. はらぺこのロックにとっては,さかなよりもほしいものはないですから,その大きな鳥も,ほしくてたまらない食べ物をうばおうと下のほうにおりてきます.
 12. ラヴキンズは落とされてそのままにされたので,ロックがさかなをむしゃむしゃ食べているうちにラヴキンズとマッファルーじいさんは森の中ににげこんで,ようやく家にぶじに帰っていきました.

図 59　グスタフ・フェルベークによる上下反対漫画の典型例.

知を超えている．フェルベークの漫画を25話集めた本[*5]が，G・W・ディリンガムによって1905年に出版された．同書は大変な希少本[*6]である．

90度回転が芸術に使われることはかなり少ないが，おそらくその理由は，結果がどうなるかを心の中で思い浮かべるのが比較的簡単だからである．だが，うまくやれば，効果的なものもできる．一例は，17世紀のスイスの画家マテウス・メーリアンによる風景画で，その絵を反時計回りに90度回すと男性の横顔になる．図60にあるウサギ−アヒルは，最もよく知られた90度絵の例である．心理学者たちは長年，これを用いたさまざまな種類のテストを実施している．数年前にハーバードの哲学者モートン・ホワイトは，ウサギ−アヒル図を雑誌記事に載せ，2人の歴史家がまったく同じ一連の歴史的事実を精査しても，それらの事実を本質的に異なった仕方で見ることがありうるという事実を象徴するのに使っていた．

図60　時計回りに90度回すとアヒルがウサギになる．

私たちの事物の見方は，生涯にわたって条件づけが行われていくために，上下の反対に関しては驚くべき錯視がさまざまに存在する．天文学者なら誰でも知っているが，月面の写真を眺めるとき，人にはどうしても，日光はクレーターを上から照らしていて，下か

[*5] *The Upside-Downs of Little Lady Lovekins and Old Man Muffaroo.*
[*6] 〔訳注〕このシリーズの漫画を何らかの形で（25話以上）集めた復刻版であれば，（文献欄に掲げられている1冊も含め）何種類も出版されているので，その限りでは「希少本」ではない．

ら照らしているのではないように見えてしまう．私たちは，下から事物が照らされているようすにはまるでなじみがないために，クレーターの写っている月の写真を逆さに見ると，凹んでいたクレーターが突然，月面上に出っ張っている円形のメサ地形に見えるようになる．これと同じ一般形をもつ面白い錯視の選りすぐりの1つを，図61に示している．パイのうちの欠けた部分は，絵を上下反対にすると見つかる．この錯視を説明する際にきっと拠り所となるのも，私たちはほとんどつねにパイ皿を上から眺めていて，下から眺めることはほとんどない，という事実である．

図61　欠けた部分はどこへ行ったのか．

　逆さ顔を描くことが何とか可能なのは，もちろん，私たちの目が，頭の先とあごの先のちょうど真ん中からさほどずれたところにないためである．学校で生徒たちはよく，歴史の教科書を上下反対にしては，有名人物たちの額に鼻と口を鉛筆で書き込んで楽しんでいる．

　同じことを実際の顔で，まゆ墨と口紅を使って行ったとしたら，そのできあがりはより一層不気味な感じになる．この遊びは，パーティ向けの流行りの余興として，19世紀末によく行われていた．次に引用する説明は『今夜は何をしましょうか』という題名の古い本からとってきたものである．

　　斬られた首を見せるとつねに大変な騒ぎになるから，気の弱い者には突然見せるべきではない．……大きなテーブルを用意し，十分に長いテーブルクロスをかけて布をテーブルのどちら

側も床までつけ，テーブルの下部を完全に隠すようにして部屋の真ん中に置く．……比較的長めで，柔らかい絹のような質の髪をした少年に，斬られた首の役になってもらい，テーブルの下に仰向けになって隠れさせるが，顔のうちの鼻柱より上の部分だけは出しておく．ほかの部分はすべてテーブルクロスの下である．

　次に少年の髪をていねいに櫛でならして頬ひげに見立て，顔は……頬と額の部分に色を塗っていく．偽物の眉と鼻と口と口髭は，水彩の黒か墨汁ではっきりと描き，本物の眉毛は，小麦粉を少しつけて覆う．顔全体も白粉をつけ，死人のように白くする．

　このだまし顔をより怖く見せるには，この見世物を行う部屋全体の明かりを暗めにしておくとよい．それにより，斬られた首の「化粧」のいろいろな小さな欠陥をだいぶ隠すことになる．

付言するまでもないが，怖さが増すのは，「斬られた首」が突然目を開け，まばたきし，左右をにらみつけ，あご (額) にしわを作るときである．

物理学者ロバート・W・ウッド (『鳥たちと花々との見分け方』[*7] というユーモアあふれる詩集の作者でもある) が，斬られた首の面白い変種を発明した．顔の見せ方が上下反対なのは従来どおりだが，その変種では，従来は見せていた額と目と鼻のほうは覆い，口とあごだけを見せる．そのあごに目と鼻を描くと，そこに生まれるのは，気味の悪い，頭の小さな生き物で，よく動く巨大な口をもっている．この曲芸が気に入っていた人物に，ポール・ウィンチェルという，1960年代になってテレビで活躍した腹話術師がいる．ウィンチェルは，頭の上に小さな身体をかたどったものをかぶってオズワルドとよぶ登場人物に仕立て，それをテレビカメラの技術でスクリーンに逆さに映して，オズワルドがちゃんと立っているように見せて演じた．

[*7] *How to Tell the Birds from the Flowers*

1961年には,オズワルドに変身できるキットが子供向けに売り出され,その一式の中には,かぶるための身体の部分や,特殊な鏡で,自分の顔が上下反対に見えるものまで入っていた.

ある種の言葉は,2回対称性をもった仕方で印刷したり,さらには手書きで記したりすることもできる.たとえば,サンディエゴ動物学会が発行する雑誌の名前は "ZOONOOZ" であり,上下反対にして読んでも同じである.この種の文で私が見たことがあるうちで最も長いのは,倒立の練習をしている選手にも同じに読めるようにプール脇の看板に書いたという設定の "NOW NO SWIMS ON MON (現在月曜水泳禁止)" (図 62 参照) という文である.

上下を反対にしても同じになる数を作るのは簡単である.多くの人が気づいたことだが,(本章のもとになったコラムが雑誌に載った前年の年号である) 1961 はそのような数である.このような2回対称になったのは 1881 年以来のことであり,次は 6009 年まで待たねばならず,西暦1年から数えれば 23 回めのことである.このような年は,(ジョン・ポメロイの計算によれば) 西暦1年から 10000 年の間に全部で 38 回あり,そのうちで最も間が空くのが,1961 年と 6009 年

図 62 逆さからも読める看板.

の間である．J・F・バウアーズが，ある雑誌[*8]の 1961 年 12 月向けの記事で説明しているうまい計算法での計算結果によれば，西暦 1 年から 1000000 年までの間にはきっちり数えて 198 回の逆さ年がある．風刺雑誌MAD(マッド)の 1961 年 1 月号[*9] は，上下どちらから見ても同じに見える表紙になっており，その中央にはこの年の数字が置かれ，この年は狂(マッド)った年になるだろうとの予言が添えられている．

　数によっては，たとえば 7734 は（4 を書くときに上の部分が開くようにすれば）逆さにしたときに単語[*10] になるし，鏡に映したときに単語になるものもある．こうしたちょっと変わった可能性を心に留めておいたうえで，読者におかれては，以下の簡単な問題に楽しんで取り組んでみてほしい．

（1）　オリヴァー・リー（Oliver Lee）は 44 歳でメインストリート（Main Street）312 に住んでいるが，市当局に自分の車のナンバーは 337-31770 にしてほしいと願い出た．なぜだろうか．

（2）　図 63 に示した足し算が正しいことを示せ．

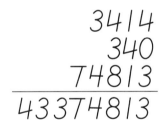

図 63　この足し算は正しいか．

（3）　下に掲げた数字のうち 6 つを丸で囲んでそれらの合計がちょうど 21 になるようにせよ．

[*8] *Mathematical Gazette.*
[*9] 〔訳注〕実際には 3 月号．
[*10] 〔訳注〕hELL（地獄）．

$$\begin{array}{ccc} 1 & 1 & 1 \\ 3 & 3 & 3 \\ 5 & 5 & 5 \\ 9 & 9 & 9 \end{array}$$

（4） バスケットにたまごが7個以上入っている．たまごはどれも白か茶色である．x を白いたまごの個数とし，y を茶色の個数とする．x と y の和を数字で記したものを逆さにすると，x と y の積になる．バスケットにあるたまごの個数はいくつだろうか．

〔解答 p. 171〕

解答 （1） 337-31770 という数を上下反対にして見ると "Ollie Lee（オリー・リー．「オリー」はオリヴァーの愛称）" になる．

（2） この足し算を鏡に映してみよ[*11]．

（3） 数表を上下反対から見て，3つの6と3つの1を丸で囲むと合計は21になる．

（4） バスケットには，白いたまごが9個と茶色いたまごが9個ある．和の18を逆さにすると81になって，積となる．バスケットに7個以上入っていると指定していなかったとすれば，白3個と茶色3個も別解となる．

後記
(1991〜)

左と右を伝達する問題，パリティの破れの問題，左右という観点から見た宇宙や現代科学に関するその他の興味深い問題に関する詳細の話については，拙著[*12]を参照されたい．同書には，回転と鏡映について扱った本章の話題に関連する豊富な資料も含まれている．

近年になって，単語や句を筆記デザインするときに，回転と鏡映の両方または一方に関して不変になるようにする技芸が，スコット・キム，ダグラス・ホフスタッターらによって，信じられない高みにまで達した．それはまるでマジックであって，それらの言葉を回転させるなり鏡に映すなりすると，もとと同じままだったり，あるいは，まるで違ったものになったりするのである．本全集第15巻17章や，文献欄に掲げたキムやホフスタッターの本を参照されたい．文献欄には，OMNI誌が行ったこの種の筆記芸術コンテストの入賞作品も含めておいた．

文献

Topsys & Turvys. Peter Newell. Century, 1893, Tuttle, 1991. 〔邦訳：『さかさまさかさ』ピーター・ニューウェル著，高山宏訳．亜紀書房，2015年．〕

Topsys & Turvys Number 2. Peter Newell. Century, 1894, Tuttle, 1989.

---

*11 〔訳注〕NINE+ONE+EIgHT=EIgHTEEN．
*12 *The New Ambidextrous Universe*. 書誌情報は文献欄参照．

¡OHO! Rex Whistler. John Lane, 1946.

The Incredible Upside-Downs of Gustave Verbeek. George M. Naimark (ed). The Rajah Press, 1963.

The Turn About, Think About, Look About Book. Beau Gardner. Lothrop, Lee & Shepard, 1980.

Inversions. Scott Kim. Byte Books, 1981.

Ambigrammi. Douglas Hofstadter. Hopefulmonster, 1987.

"Games," Scot Morris in *Omni* (March 1989): 120-121.

The New Ambidextrous Universe, 3rd rev. ed. Martin Gardner. Dover, 2005.〔邦訳:『自然界における左と右』マーティン・ガードナー著,坪井ほか訳.紀伊國屋書店,1992年.ただしこれは,1990年に出版された版からの翻訳.〕

The Upside-Downs of Little Lady Lovekins and Old Man Muffaroo. Harold Jacobs（個人出版）, 2006. シリーズの漫画64話がすべて収められている.

●日本語文献

『「原寸版」初期アメリカ新聞コミック傑作選 1903-1944』柴田元幸監訳.創元社,2013年.『さかさま世界』という題で,グスタフ・フェルベーク（同書では「グスタフ・ヴァービーク」という表記）の漫画が収録されている.

|11|

ペグソリテア

「ソリテアとよばれるゲームに私は大変魅了されています」偉大なドイツの数学者ゴットフリート・フォン・ライプニッツは，1716年の手紙にそう書いている.「私はこれを逆に考えました．つまり，ペグを空いた場所にジャンプさせて飛び越されたペグを盤面から取り除くという，もともとのゲームの規則に沿って形を作る代わりに，ペグに飛び越された空の穴を別のペグで埋めていって，もとの盤面を再構築する方がよいと考えました．このようにすれば，与えられた形を可能ならば形成するという課題に取り組めばよいということになります．それが可能なのは，もちろんその形が崩していける場合です．しかし一体どうしてそんなことをとあなたは問うかもしれません．それに対する私の答えはこうです：発明の技法を完全なものにするためです．私たちは，理性の行使によって見つかるものであれば，あらゆるものに対してそれを構築する手段をもたなければならないのです」

ライプニッツの最後の2つの文はいまひとつはっきりしない．論理的な構造や数学的な構造をもつものであれば，すべて解析する意義があるということかもしれない.

意義があるかどうかはともかく，盤面上で駒を使って遊ぶパズルゲームの類で，これほどまでの長い間，ずっと人気のあるものはソリテアのほかにない．起源は知られていないが，パリのバスティー

ユ監獄の囚人による発明だとされることもある.19世紀後半にフランスで広く遊ばれていたことは,当時,このゲームについて書かれたフランスの文献が多くあることから明らかである.本書の読者であれば,ほとんどすべての人が,このパズルに一度ならず頭を悩ませたことがあるに違いない.現在アメリカでは,ソリテアのさまざまなバージョンがいろいろな名前で売られている.ペグを穴から穴に動かすものもあれば,円形の窪みに乗せたビー玉を使うものもある[*1].ビー玉を使ったもののほうが操作しやすい.このパズルは,コインでもマメでも小さなポーカーチップでも,図64に示した盤面に乗せられるなら,どんな駒を使っても遊ぶことができる.

33個の穴があるこの盤面は,イギリスやアメリカやロシアで,

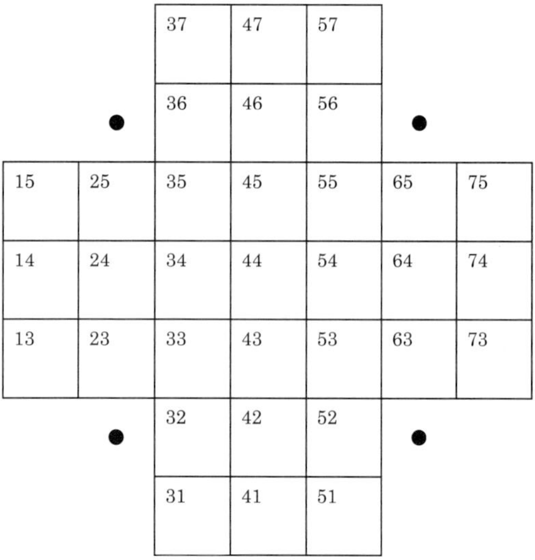

		37	47	57		
	●	36	46	56	●	
15	25	35	45	55	65	75
14	24	34	44	54	64	74
13	23	33	43	53	63	73
	●	32	42	52	●	
		31	41	51		

図64 ソリテアの盤面.

---

*1 〔訳注〕このパズルは,穴に尖った棒(ペグ)をさして遊ぶものがあることからペグソリテアといわれることが多い.実際には窪みにビー玉などを置いたもののほうが多いようだが,この邦訳では以下「ペグ」とよび,盤面上のペグの置き場所を「穴」とよぶ.

最も一般的なソリテアの形である．フランスの盤面ではさらに4箇所，図中に点で示したところにも穴がある．どちらの盤面も西ヨーロッパのほかの地域にもある．フランス版のほうが見かける機会が少ないが，その理由はおそらく，フランス版では最初に中央のペグを除いて盤面全体で始めると，最後にペグ1つにまで減らせないからであろう．ここで伝統的な方法で穴にラベルをつけてある．各数字の10の位は左から右に数えた列番号で，1の位は下から上に数えた行番号である．

標準的な問題（通常，パズルの製造業者が出題する唯一の問題である）は，中央の穴を除いたすべての場所にペグが置かれた状態で始める．パズルの目的は，一連のジャンプで1つのペグを残して，それ以外のすべてを取り除くことだ．エレガントな解は，最後のペグを中央の穴に残すものである．1回の「ジャンプ」とは，あるペグで隣のペグを飛び越して，その隣の穴に着地させることだ．飛び越されたペグは盤面から取り除かれる．この点はチェッカーのジャンプの場合と同じだが，チェッカーと違って，飛ぶ方向は上下左右である．斜めのジャンプは許されていない．

ペグの動きはジャンプだけと決まっている．ある時点で，それ以上ジャンプができなくなったら，手詰まり(ステイルメイト)でゲームは終了だ．1つのペグで連続したジャンプを繰り返せる限り繰り返してもよい．ただし，必ずしもそうしなければならないわけではない．1つのペグの連続したジャンプを「1手」と数える．このパズルを解くには明らかに31回のジャンプが必要だが，そのうちのいくつかを連続ジャンプにできれば，手数は減らすことができる．

パズルの解のうち，最後のペグを中央の穴に残す方法が何通りあるのかはわかっていないが，多くの解が知られている[*2]．しかし，

---

*2 〔訳注〕2009年にDurango Billにより，40861647040079968通りであることが示された（http://arxiv.org/abs/0903.3696v4）．訳者の1人（上原）もスーパーコンピュータで追試して同じ値を得た．なお2016年の最新のスーパーコンピュータを使うと，すべての解を生成して数え上げるのにわずか90秒程度しかかからなかった．

こうした解に話を進める前に，ソリテアに慣れていない読者は，図65に示した6つの単純な図形をぜひとも試してもらいたい．どの問題も，最後のペグは中央の穴に残さなければならない．たとえばラテン十字は次の5手で簡単に解ける：45-25, 43-45, 55-35, 25-45, 46-44.

こうした古典的な問題を解いた読者は，図66に示したパズル3題に挑戦したくなるかもしれない．これはどれも，中央を空けて残りをすべて埋めた盤面から始めて，盤面上の残りのペグが図に示した形になるまで手を進めるという問題だ．最初の問題はやさしいが，残りの2つは違う．風車のパターンは手詰まりの図形になっていることに注意しよう．わずか6手で手詰まりにすることも可能だ．どうすればよいか，見つけることができるだろうか．　〔解答 p.186〕

ソリテアの上級者は，いろいろな趣向を凝らして風変わりな課題を自らに課している．たとえばアーネスト・バーゴルトは著書[*3]で，卓越した問題群の中に，さまざまな興味深い制約を持ち込んでいる．(どの問題も盤面全体を埋めた状態から始めるが，空けておく穴は中央とは限らない.) 彼の問題「待ち構える玉」は，ペグ（できればほかのペグと色を違えておくとよい）を1つだけゲームの最後まで動かさず，最後にこのペグを使って残りをすべて取り除くというものだ．「死に玉」は，あるペグをゲームの間中ずっと触らずに置いておいて，最後にこれを取り除くというものだ．また「一掃」は，ゲームの最後を長い一連のジャンプで終わらせるものだ．バーゴルトは，8つのペグを一掃する例をたくさん与えた．彼によれば，角の37を空けた状態から始めて，9つのペグを一掃して終わらせることが可能だ．

盤面上に32個のペグを置き，それを減らしていって1つにするには，最短で何手かかるだろうか．これは，長い間16が最少手数だろうと考えられてきたが，1963年にオレゴン州ポートランドのハリー・O・デイヴィスが15手の解を見つけ出した．これは最

[*3] *The Game of Solitaire*, Ernest Bergholt, 1920.

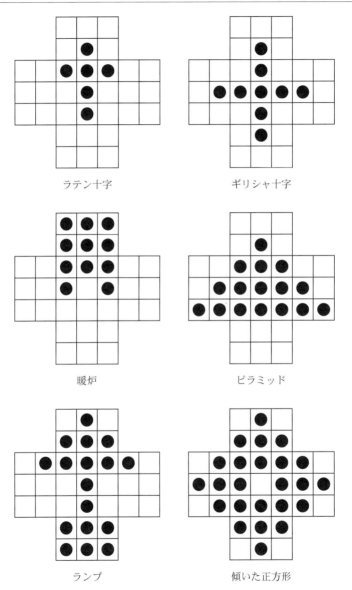

図 65　最後のペグを中央に残す古典的な問題.

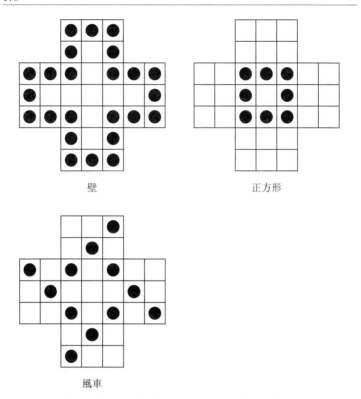

図 66　盤面上に与えられたパターンを残すパズル.

初に空いている穴が 55 か 52（あるいは回転や裏返しで同じ位置になる穴）である．デイヴィスの解で最初に 55 が空いていて，最後のペグの位置も 55 になる手順は次のとおり：57-55, 54-56, 52-54, 73-53, 43-63, 37-57-55-53, 35-55, 15-35, 23-43-45-25, 13-15-35, 31-33, 36-56-54-52-32, 75-73-53, 65-63-43-23-25-45, 51-31-33-35-55．最初に空ける穴が 52 だとすれば，デイヴィスが見つけたもう 1 つの 15 手の解では，最後のペグは 55 の穴に残る．

デイヴィスは，最初の空きが 54 や 57（やそれらに対称な位置）であったときの 16 手の解と，ここで挙げた以外のすべての位置（中央

と,46や47とそれらに対称な位置)に対する17手の解も見つけた.

最初の穴と最後に残す場所の組合せは全部で21通りある(もちろん回転や裏返しで一致するものは除く).次の表にデイヴィスが見つけた最短の解の手数の一覧を挙げる.

空いた位置	最後のペグの位置	移動の手数
13	13	16
13	43	16
13	46	17
13	73	16
14	14	18
14	41	17
14	44	18
14	74	18
23	23	16
23	53	15
23	56	16
24	24	19
24	51	17
24	54	17
33	33	15
33	63	16
34	31	16
34	34	16
34	64	17
44	14	17
44	44	18

この表に示されたように,ゲームの開始時の穴が中央の44にあり,最後のペグが同じ場所に残るようにするには,18手が必要である.ヘンリー・アーネスト・デュードニーは,著書[*4]の中で19手の解を与えて,「この手数を減らせるとは思えない」と記している.しかしバーゴルトは著書の中で次の18手の解を与えている:46-44,

---

[*4] *Amusements in Mathematics*, Henry Ernest Dudeney, Problem No. 227.

65-45, 57-55, 54-56, 52-54, 73-53, 43-63, 75-73-53, 35-55, 15-35, 23-43-63-65-45-25, 37-57-55-53, 31-33, 34-32, 51-31-33, 13-15-35, 36-34-32-52-54-34, 24-44. （デュードニーの解が最初に発表されたのは1908年4月であるが，バーゴルトの，より短い解が最初に発表されたのは1912年5月である[*5]．）

バーゴルトは「あえて断言しよう．この記録が破られることはない」と書いている．（この18という数が実際最小であることがその後ケンブリッジ大学のJ・D・ビースレイによって証明されている．）バーゴルトの解の最後から2つめの一連のジャンプを仮に中断しなければ，17手の解が達成できる．これは14にペグが残る解で，36に置かれていたペグを使った，6回のジャンプによる一掃で終わる「待ち構える王」の様相を呈していることに注意しよう．

中央から始めて中央で終わる古典的な問題に対するほかの解は，手数が最少でなくても，しばしば際立った対称性をもつことがある．次の例を考えてみよう．

「暖炉」（ボストンのジェイムズ・ダウによる）：42-44, 23-43, 35-33, 43-23, 63-43, 55-53, 43-63, 51-53, 14-34-54-52, 31-51-53, 74-54-52, 13-33, 73-53, 32-34, 52-54, 15-35, 75-55. この時点でペグは図65に示した暖炉の形になるので，そこで与えた方法に従えばパズルを解くことができる．この解は，同じように暖炉の形ができる解法で，やはりボストンのジョセフィーヌ・G・リチャードソンが与えたものよりも手数が3だけ短くなっている．リチャードソンの解法はリン・ロールバウが編纂した小冊子[*6]に掲載されている．以下の2つの解法は，この小冊子からのものである．

「6回ジャンプの連鎖」：46-44, 65-45, 57-55, 37-57, 54-56, 57-55, 52-54, 73-53, 75-73, 43-63, 73-53, 23-43, 31-33, 51-31, 34-32, 31-33, 36-34, 15-35, 13-15, 45-25, 15-35. パターンはここで，左右

[*5] それぞれ，*The Strand Magazine*, April 1908 と *The Queen*, May 11, 1912.
[*6] *Puzzle Craft*, Lynn Rohrbough, Co-operative Recreation Service of Delaware, Ohio, 1930.

対称な形になる.そこで6回ジャンプの連鎖 (43-63-65-45-25-23-43) をしてパターンをT字型にまで減らせば,あとは簡単に44-64, 42-44, 34-54, 64-44 と解くことができる.

「あっちこっち」：46-44, 65-45, 57-55, 45-65, 25-45, 44-46, 47-45, 37-35, 45-25. このパターンは左右対称である.ここからの16手は鏡映対称なペアからなり,右手と左手とで同時に行うことができる.実際のやり方を次の表に示した.解の最後の手順は次のとおり：43-63, 33-31-51-53, 63-43, 42-44.

左手	右手
15-35	75-55
34-36	54-56
14-34	74-54
33-35	53-55
36-34	56-54
31-33	51-53
34-32	54-52
13-33	73-53

ソリテアの背後にある数学的理論については,わずかなことしか知られていない.実際,レクリエーション数学における大きな未解決問題の1つとして,与えられたソリテアの配置を解析して,別に与えられた配置に遷移できるかどうかを判定する方法を見つけよ,というものがある[*7]. この方面で大きな進展をもたらしたのが,ニューヨーク州ブルックリンのニュー・ユトレヒト高校の数学教師マニス・キャロッシュである.彼は,さまざまな優れた定理を

[*7] 〔訳注〕この問題は 1990 年に上原隆平・岩田茂樹によってある種の決着がつけられた.具体的には,与えられた配置からペグを1つにできるかどうかを判定する問題でさえ,一般には NP 完全問題であり,計算機でも手に負えない計算量を要する判定方法しかないことがわかっている.詳細は以下の文献を参照："Generalized Hi-Q is NP-Complete." R. Uehara and S. Iwata in *The Transactions of the IEICE*, Vol. E73, pp. 270–273, 1990.

証明しており*8, それらを組み合わせて得られる有用なテクニックを使えば, 一定範囲のソリテアの問題が解をもたないことが示せる. キャロッシュの解析は, それよりも前にあったM・H・ハーマリーの解析を単純化して拡張したものである. ハーマリーの解析はフランスの数学者エドゥアール・リュカが編集したレクリエーション数学に関する論文誌*9の第1巻に掲載されている.

キャロッシュの方法は, 最初の配置に対して一連の変換操作を適用し, 望みの最後の配置に変換できるかどうかを調べるというものである. もしこれが可能なら, 2つの配置は「同値」であるという. 2つの配置が同値でなければ, 一方から他方にペグのジャンプで遷移することは不可能である (ライプニッツが勧めているように後向きに考えても同様である). もし2つの配置が同値であれば, ソリテアの規則で解けるかもしれないし, 解けないかもしれない. 別の言い方をすれば, この方法は, どのような種類の盤面を用いるどのようなソリテア問題に対しても, その問題が解けるかどうかについて, 十分条件ではないものの, 必要条件を与えているわけだ.

キャロッシュの変換は, 垂直方向か水平方向に連続して並ぶ3つの穴に対して適用される. こうした3つの穴のうち, ペグが置かれているところは取り除き, 穴が空いているところはペグを置く. したがって, 3つの穴すべてが埋まっていれば, すべてのペグを取り除くことができる. すべての穴が空いていれば, すべてを埋めることができる. もし2つのペグが置かれていれば, この2つを取り除いて, それまで空いていた穴に1つを置いてよい. 1つしかペグがなければ, それを取り除いて, それまで空いていた2つの穴にペグを置くことができる.

この方法を, 中央が空いている配置から始める古典的な問題に適用してみよう. すぐにわかるように, 横に3つのペグが並んだ部分を取り除いて, 45と43の位置に2つのペグが残るようにできる.

---

*8 *The Mathematics Student Journal*, March 1962.
*9 *Récréations Mathématiques*.

そこでこの 2 つを 3 つ組 43, 44, 45 の両端だと思って，この 2 つを取り除いて，代わりに 44 にペグを置くことができる．したがって，盤面全体にペグを置いて中央の 44 だけを空けた配置は，盤面全体が空で 44 だけにペグを置いた配置と同値であることがわかる．つまり，この問題は不可能とは言えない．（そしてもちろんすでに知っているとおり，この問題は解をもつ．）同様の方法で，盤面上のどこか好きな穴だけを空けた配置を初期配置として，キャロッシュの方法で盤面を変形していって，同じ位置にペグを 1 つだけ残せることが簡単に確認できる．そしてどれも，実際に解をもつ．

では中央だけ空けたところから始めて，最後のペグを 45 に残すことは可能だろうか．いや，それはできない．キャロッシュの方法で最後のペグを 45 に残す方法は存在しない．これを証明するにあたって，盤面全体から始める必要はない．穴 44 にペグが 1 つある配置（このペグは，最後の 1 つにできることがすでにわかっている）から始めて，この配置が，ペグが 1 つだけ置かれたほかの配置にどのように変換されるかを考えてみよう．つまりこんな具合だ．44 にあるペグを取り去って，54 と 64 にペグを置ける（44, 54, 64 は一列に並んでいるため）．54 と 64 に置かれたペグを取り除いて，代わりにペグを 74 に置ける．つまり位置 44 に 1 つだけ置かれたペグは，位置 74 に 1 つだけ置かれたペグと「同値」である．これは，こんな具合にまとめられる：1 つのペグは，水平方向か垂直方向に 2 つの穴を飛び越して行き着ける別の 1 つのペグと同値である．穴 44 が 14, 47, 74, 41 とだけ同値であることは簡単にわかる．中央の穴を空けた状態からゲームを始めると，最後のペグを残すことができるのは，これらの位置だけである．実際にやってみれば，このことが裏付けられる．ペグを最後に中央に残すジャンプでは，どの場合でもペグを逆向きにジャンプさせることができ，そうすると同値な穴に置かれることとなる．したがって，この 5 箇所は実際のパズルでたどり着くことができるのである．しかし，ほかのところには残せない．

キャロッシュの方法を適用すると，どんな配置からでも，1 つの

ペグが残るか，2つのペグが斜めに並んで残るか，ペグが1つも残らないかのいずれかの配置に遷移することができる．最後の場合はもちろん，実際のパズルの中では到達することができない．この場合，パズルの最後は，ペグが0個の配置と同値なもの，たとえば3つのペグが一列に並んでいたり，2つのペグが間に2つの穴を挟んで並んでいたりするといった配置で終わる．どんな配置も（キャロッシュの方法による変換で）自分自身の「反転」と同値であることが示せる．ここでいう反転とは，穴をペグで置き換えて，ペグを穴で置き換えたものだ．たとえば盤面全体の中で2つの斜めに並んだ穴，たとえば37と46だけが空いた配置は，盤面全体が空で，この2つの位置にだけペグを置いた配置と同値だ．この2つのペグだけから，ペグ1つに変換する方法は存在しないので，37と45だけを空けた配置から始めて，ペグを1つだけにすることは不可能であるとわかる．

　新しいソリテアの問題を考案しようとする人は，キャロッシュの方法のおかげで，解けない問題に対する解を探して何時間も無駄にしなくて済む．もちろん，その問題が不可能とは言えないと示されたところで，解があるかどうかを見つけるという作業は残っている．解は存在することもあるし，存在しないこともある．こうした解探しにおいては，ライプニッツの逆向きに探すという方法が，ある大きな利点をもつ．ペグに番号をつけておいて，それを順番に使っていけば，それぞれの探索の記録をとっておく必要がなくなるのだ．もし探索がうまくいった場合には，この番号を使えば，実際のパズルの解法の列を簡単に復元することができるというわけだ．

　1960年，オハイオ州ウィロビーのエンジニア，ノーブル・D・カールソンが面白い問題を提案した．正方形のソリテア盤で，角を1つ空けてあとは埋めた状態から始めて，ペグを1つにまで減らせる最小の盤面の大きさはいくつかという問題だ．キャロッシュの方法を使うとすぐに，これは1辺の長さが3の倍数のときを除いて不可能であることがわかる．しかし3×3の盤面は，解がないことが

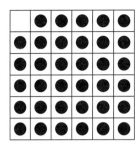

図 67　6 × 6 問題.

示せる．ここから，6 × 6 の盤面が最も有力な候補である（図 67）．この問題の解は，それがあるとすれば，最初に空けた穴に最後にペグが残るか，あるいはこれと同値な 3 つの穴のどこかに残るはずだ．（最初に空けておく左上の穴の位置を 1 として，そこから左から右へ番号をつけておこう．すると同値な位置は 4 と 19 と 22 だ．）

これは解けるだろうか．解ける．カールソン自身が，29 手で 22 の位置にペグを残す解を見つけた．そこで，ここでの課題は，1 を空けたところから始めて，最後に 1 にペグを残すという問題への解だ． 〔解答 p. 187〕

| **解答** | ●最初の5つの問題に対しては，私がサイエンティフィック・アメリカン誌に掲載したものよりも短い解を読者が寄越してくれた．本書では，この短い解を，解を寄せてくれた読者の名前とともに載せておこう．

○ギリシャ十字に対する6手解：54-74, 34-54, 42-44-64, 46-44, 74-54-34, 24-44. （R・L・ポチョック，H・O・デイヴィス）

○暖炉に対する8手解：45-25, 37-35, 34-36, 57-37-35, 25-45, 46-44-64, 56-54, 64-44. （W・レオ・ジョンソン，H・O・デイヴィス，R・L・ポチョック）

○ピラミッドに対する8手解：54-74, 45-65, 44-42, 34-32-52-54, 13-33, 73-75-55-53, 63-43-23-25-45, 46-44. （H・O・デイヴィス）

○ランプに対する10手解：36-34, 56-54, 51-53-33-35-55, 65-45, 41-43, 31-33-53-55-35, 47-45, 44-46, 25-45, 46-44. （ヒュー・W・トンプソン，H・O・デイヴィス）

○傾いた正方形に対する8手解：55-75, 35-55, 42-44, 63-43-45-65, 33-35-37-57-55-53-51-31-33-13-15-35, 75-55, 74-54-56-36-34, 24-44. （H・O・デイヴィス）11回もの連続ジャンプがすばらしい．

○壁：46-44, 43-45, 41-43, 64-44-42, 24-44, 45-43-41. これで問題が解ける．このまま操作を続ければ，中央の3×3の正方形の角に4つのペグだけを残すのは簡単なことである．

○正方形：46-44, 25-45, 37-35, 34-36, 57-37-35, 45-25, 43-45, 64-44, 56-54, 44-64, 23-43, 31-33, 43-23, 63-43, 51-53, 43-63, 41-43. このあとの操作は明らかであろう：15-35, 14-34, 13-33と左側で行い，対応する右側で75-55, 74-54, 73-53と移動する．これでパズルが解ける．さらに4回ジャンプすれば，傾いた正方形の角の位置（36, 65, 52, 23）にペグを置くことができる．これは，その前の配置 |

を知らなければ，構成するのがとても難しいパターンである．

○ 風車：42-44, 23-43, 44-42, 24-44, 36-34, 44-24, 46-44, 65-45, 44-46, 64-44, 52-54, 44-64．これで4回転対称なパターンになる．次のジャンプで締めくくろう：31-33, 51-31, 15-35, 13-15, 57-55, 37-57, 73-53, 75-73．最後の配置は手詰まりだ．

最初の配置で中央だけが穴のとき，最短の手詰まりには，次の6手でたどり着ける：46-44, 43-45, 41-43, 24-44, 54-34, 74-54．次に短い手詰まりに至る手数は10手である．

● イギリスのファーンバラにあるロイヤル・エアクラフト・エスタブリッシュメントで人工衛星の軌道計算をしているロビン・マーソンは，6×6の正方形の盤面上の問題を解くためには少なくとも16手が必要である（連続したジャンプは1手と数える）ことの単純な証明を送ってきてくれた．最初の移動は3-1かこれと対称で同値な手である．これでそれぞれの角の穴にペグが置かれる．角のペグは飛び越えられる対象にならないので，それぞれの角のペグは自分が動かなければならない（これは1の穴も含む．この角に最後のジャンプで飛び込むためには，その前にそこを空けておく必要があるからだ）．この4手を最初の1手に加えると合計5手になる．次に角の穴で挟まれた周辺部のペグを考えよう．それぞれの辺で，2つのペグは飛び越されることがないため，これら2つを取り去るためには，少なくともそのうち1つは自分で動く必要がある．これは左側と右側と下側について，少なくとも2つのペグが隣り合うペアの相手を取り除くため，自分で動き出す必要があることを示している．上側については（最初の1手が3-1だとすると）1つのペグで足りる．これで7手になり，合計は12手になる．次に16個の内部のペグを考えよう．4つのブロック（たとえば8, 9, 14, 15）を考えると，少なくともどれか1つを最初に動かさなければ取り除かれることはない．したがって，この内部から少なくとも

4つのペグが最初に動き出して，内部の4つのブロックを消しにかかる必要がある．これも足すと全部で16手になる．マーソンの見つけた最短解は18であった．彼は，このギャップは縮められないのではないかと思っていた．

驚いたことに，ある読者（カリフォルニア州サンタバーバラのジョン・ハリス）が，究極の解を見出した．エレガントな16手の解だ：13-1, 9-7, 21-9, 33-21, 25-13-15-27, 31-33-21-19, 29-27, 16-28, 24-22, 18-16, 6-18, 36-24-12, 3-15-17, 35-33-21-23, 4-16-18-6-4, 1-3-5-17-29-27-25-13-1．最後の移動が「8ペグを一掃する解」になっていることに注意しよう．図 68 の1つめは，この最後の1手の直前のパターンを示している．1964年にはH・O・デイヴィスが6×6の正方形盤面上のどこを空けて始めても16手でできることを見出した．

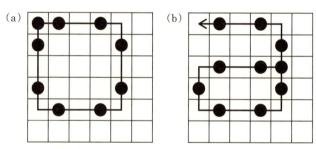

図 68　（a）8ペグの一掃解；（b）9ペグの一掃解．

最後にできる最長のジャンプの連鎖は9回である．これはペンシルベニア州トワンダのドナルド・ヴァンダープールによるもので，18手の解の最後に現れる：13-1, 9-7, 1-13, 21-9, 3-15, 19-21-9, 31-19, 13-25, 5-3-15, 16-4, 28-16, 30-28, 18-30, 6-18, 36-24-12-10, 33-21-9-11, 35-33-31-19, 17-15-13-25-27-29-17-5-3-1．最後の一掃の直前のパターンを図 68 の2つめに示した．

ヴァンダープールは，長方形の盤面の角に穴が空いた初期盤面についても研究した．彼は，以下の場合以外，こうした盤面

がすべて解をもつことを証明した．

（1） $n \times 1$ の盤面（ただし 3×1 を除く）
（2） $n \times 2$ の盤面
（3） 3×3 の正方形
（4） 3×5 の長方形

追記[*10] (1969) ソリテアで到達できる局面の調べ方の理論に関して，過去に数多くの議論があったことを読者から指摘されたが，どの調べ方もだいたい同じようなものであった．より重要な文献については文献欄に並べておいたが，その中には，ケンブリッジ大学の数学者グループ（J・H・コンウェイ，R・L・ハッチングス，J・M・ボードマン）が得た結果をJ・D・ビースレイがまとめた報告書も含まれる．ビースレイの論文が出て以降も，彼とコンウェイは理論をさらに先に進めたが，この拡張については，まだ発表されていない．ニューヨーク州シラキュースのジェネラル・エレクトロニクス研究所の数学者シェルドン・B・エイカーズ・ジュニアは独自の判定手順を送ってくれた．これはキャロッシュの方法と同等なものであるが，与えられたソリテアの配置に1つの数を割り当てて，「同値」な配置は同じ数になるようにする方法である．

ニュージャージー州プリンストンにあるRCA宇宙電子プロダクト部の物理学者ギャリー・D・ゴードンは，彼が15年くらい前に行った，注目すべき発見について教えてくれた．それは，どんな形の盤面のどんなソリテアの解でも，空きが1つの状態から始まり，最後がはじめの空きと同じ位置にあるペグ1つで終わるものならば，逆転可能であるというものだ．つまり，あるジャンプ列は，逆順にすれば，同じ問題の新しい解になるということである．これをライプニッツの方法と混同してはいけない．彼の方法は，盤面が空の状態から始めて，逆向きに

[*10] 〔訳注〕原著では解答と追記の順序が逆になっていたが，解答を読んでいないとわからない記述が追記にあったため，本書では順序を入れ換えた．

考えるというものであった．これは最初の位置は同じで，ジャンプの順序だけ逆転させるのである．したがって，6×6 の盤面上でカリフォルニア州サンタバーバラのジョン・ハリスが考えた 16 手の解を考えると，これを逆転させた解は 13-1 から始まって，それから 25-13, 27-25 と，最後の 8 つを一掃するジャンプを逆順にたどっていく．その結果，31 手の別の解が得られる．デイヴィスは，空きが 1 つだけの盤面なら，最初と最後の位置が同じでない場合についても，逆転解が使えることを指摘している．つまり穴 a から始まって，最後に穴 b だけにペグが残る場合，この動きの逆転は，自動的に穴 b から始めてペグを穴 a だけに残す問題への解を与えてくれる．

ペグソリテアの問題と同じ構造の問題が，標準的なチェッカー盤で行うチェッカージャンプの問題として与えられることがある．この手のパズルのうち，最も古くて，よく知られたものの 1 つは，24 個のチェッカーを，盤面の周辺部の幅 2 つぶんのところにある 24 個の黒いマスに置いて始めるものだ．このチェッカーをジャンプで 1 つにまで減らすことができるだろうか．ハリー・ラングマンは，この問題を 1954 年に雑誌[*11]で取り上げ，さらに自著[*12]でも 1962 年に取り上げている．より初期の議論としては 1938 年の文献[*13]があり，この問題は少なくとも 1900 年にまで遡る．参考文献に示した 1941 年の論文の中で B・M・スチュワートが示したように，これと同等の問題をペグソリテアの盤面上に並べて，解があるかどうかをチェックすることは簡単である．そして実際，解はない．しかし，2 つの角に置かれたチェッカーを取り除くと，多くの解をもつ．

コンウェイは，標準的なソリテアで，中央の穴が空いたところから始めて，わずか 4 手で解のない配置に持ち込めることを知らせてくれた：中央にペグをジャンプし，中央を飛び越えて，中央にジャンプし，中央を飛び越える．最初と最後の手は

[*11] *Scripta Mathematica*, September 1954, pp. 206-208.
[*12] *Play Mathematics* (Hafner, 1962), pp. 203-206.
[*13] *Games Digest*, October 1938

同じ方向への移動だ．これは解のない盤面に持ち込む最少手数で，4 手でできる方法はほかに存在しない．5 手でよいなら，解をもたない配置が 2 種類できる．

バーゴルトは，自身のソリテアに関する本の中で，標準的な盤面で角を空けた配置から始めて，9 回の一掃ジャンプで終えることができると主張した．彼は解を書かなかった．私が知る限り，この難問の解を最初に再発見したのは，ハリー・O・デイヴィスであった．1967 年の論文の中でエレガントな 18 手の解を与えている．この文献の中でデイヴィスは，標準的な盤面では，最初の穴の位置によらず，最後に 9 回よりも長い連続ジャンプで終えることはできないことも示している．

デイヴィスは，この章では何度も名前が挙げられているが，最初にペグソリテアに興味を持ったのは，それについて私が取り上げた 1962 年のコラムを読んだときである．それ以来，彼は新たな発見を数多く成し遂げて，解の存在テストの拡張，最少手数の解の求め方とその最少性の証明技法の開発，新たな問題の考案と解法，さらにはソリテアの 3 次元拡張版（彼のいうところの「ソリデア」）まで，かなりの厚さの本にまとめられるくらいの分量の結果を出している．しかしこれまでのところ，彼の出版した文献は参考文献に挙げた 1 つだけだ．近年，彼はオハイオ州リマのウェード・E・フィルポットと共同で研究している．フィルポットは，伝統的な直交型と，等長（3 角）盤面でのペグソリテアの理論において重要な研究を成し遂げた人物だ．（等長型のペグソリテアについては，本全集第 6 巻 2 章を参照のこと．）

後記
(1991〜)
ペグソリテアの問題，理論，歴史，盤面のバリエーションに及ぶ内容を収めた決定的な文献がジョン・ビースレイによって書かれた．これは 1985 年にオックスフォード大学出版局から，デイヴィド・シングマスターが編集するレクリエーション数学に関する本のシリーズの 1 冊として出版された．

| 文献

●初期の問題を扱った文献

Recherches sur le jeu du solitaire. J. Busschopp. Bruges, 1879.

Dominoes and Solitaire. Berkeley (pseudonym of W. H. Peel). London: G. Bell, 1890; New York: Frederick A. Stokes, 1890.

Le Jeu de solitaire. Paul Redon. Paris, 日付無し.

Mathematische Unterhaltungen und Spiele. W. Ahrens. Berlin: Druck und Verlag von B. G. Teubner, 1910. 本全集第1巻8章参照.

The Game of Solitaire. Ernest Bergholt. London: George Routledge, 1920; New York: Dutton, 1921.

"Solitaire." T. R. Dawson in *Fairy Chess Review* 5 (June 1943): 42-43. あとに続く巻にもドウソン，T・H・ウィルコックスほかのソリテアの問題が出題されている.

"33-Solitaire: New Limits, Small and Large." Harry O. Davis in *Mathematical Gazette* 51 (May 1967): 91-100.

"Square Solitare and Variations." Donald C. Cross in *Journal of Recreational Mathematics* 1 (April 1968): 121-123.

●初期の理論を扱った文献

"Beiträge zur Theorie des Solitär-Spiels." M. Reiss in *Crelles Journal* (Berlin) 54 (1857): 344-379.

Popular Scientific Recreations (1881年のフランス語版からの翻訳). Gaston Tissandier. London: Ward, Lock and Bowden, 1882. See pp. 735-739.

"Le Jeu du solitaire." A. M. H. Hermary in *Récréations Mathématiques*, edited by Édouard Lucas. Paris: Blanchard, 1960. Reprint of 1882 edition. See Volume 1, pp. 87-141.

"Das Solitärspiel." G. Kowalewski in *Alte und neue mathematische Spiele.* Leipzig: Teubner, 1930.

"Solitaire on a Checkerboard." B. M. Stewart in *American Mathematical Monthly* 48 (April 1941): 228-233.

"Peg Solitaire." Mannis Charosh in *Mathematics Student Journal* 9 (March 1962): 1-3.

"Some Notes on Solitaire." J. D. Beasley in *Eureka* 25 (October 1962): 13-28.

Theory of Numbers, 2nd ed. B. M. Stewart.Macmillan, 1964. See Chapter 2.

"Jumping Pegs." Martin Gardner in *College Mathematics Journal* 20 (June 1989): 78-79.

●問題と理論の両方を扱った文献

The Ins and Outs of Peg Solitaire. John D. Beasley. Oxford University Press, 1985.

Winning Ways. Elwyn Berlekamp, John Conway, and Richard Guy. A K Peters, 2004. Volume 2 (pp. 695-734) and Volume 4 (pp. 803-841). 4巻にはビースレイの証明が手際よく書かれている．〔訳注：本書は4冊組であり，2017年現在，最初の2巻ぶんの邦訳が発行されている：『数学ゲーム必勝法 (1, 2)』小林欣吾，佐藤創他訳．共立出版，2016年．本書の旧版（Academic Press, 1982）は2冊組であり，この2冊めの後半部分だけの邦訳も発行されている：『「数学」じかけのパズル＆ゲーム』小谷善行，滝沢清，高島直昭，芦ヶ原伸之訳．HBJ出版局，1992年．上記のビースレイの証明はこの旧版の後半の邦訳にも掲載されている．〕

"A Fresh Look at Peg Solitaire." George Bell in *Mathematics Magazine* 80 (February 2007): 16-28.

"Diagonal Peg Solitaire." George Bell in *Integers: Electronic Journal of Combinatorial Number Theory* 7 (2007). ベルはペグソリテアで盤面上の斜めジャンプも許したものを考えた．最初の穴を中央にして，最後のペグを中央に残す「セントラルゲーム」を含めて，最少手をいくつか見つけている．彼はペグソリテアを解くコンピュータのアルゴリズムについても言及している．

12

フラットランド

　風刺文学は，ときに空想小説の形をとることがある．そこでは，人間の習慣や制度が，人間でない生き物や，特殊な道徳規範や物理法則を備えた社会や世界を描くことで戯画化される．注目に値する試みとして，平面上を動く 2 次元生物の社会に基づいた風刺文学が 2 つある．どちらの試みも，文学的な傑作とまでは言えないが，数学的な視点からいうと，ともに興味深く楽しい作品である．

　『フラットランド』（最初に出版されたのは 1884 年だが，いまは幸いなことにドーバーのペーパーバック版が入手可能である）は，2 つのうち最初に出たもので，こちらのほうがよく知られている．これはエドウィン・アボット・アボットが書いた作品だ．彼は英語と聖書の著名な専門家で，ヴィクトリア朝時代の学校の校長であり，多くの学術書を書いた．初版の標題紙では，この本の著者は「正方形」ということになっている．本作の語り手は文字どおり正方形である．彼は眼が 1 つで，4 隅のうちの 1 つにある．（彼が足もないのにどうやってフラットランドの表面を動き回るのかとか，腕もないのにどうやってこの本を書いたのかとかいったことは，説明されないままになっている．）

　アボットのフラットランドの地面は，地図のようになっていて，その上をフラットランド人が滑って移動している．彼らは発光する辺をもっている．垂直軸に沿って，つまり 3 つめの次元に，微小な高さもある．しかし，自分たち自身の高さにはまったく気づいてお

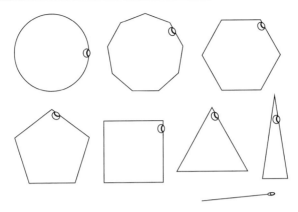

図69　1つ眼のフラットランド人．社会階層の順．

らず，それを認識する能力もない．社会は強固な階層社会だ．最下層は女性である．女性はたんなる線分で，一方の端に眼がついており，まるで針のようだ．女性の眼からは目に見える光が出ているが，反対側には何もないため，彼女はたんに背中を向けるだけで自分自身を見えなくすることができる．フラットランドの男性がうっかり女性の尖った尻にぶつかると，その衝突は致命的なものになりかねない．こうした災難を避けるため，女性は自分の尻を絶え間なく振ることによって，自分自身をつねに見えるようにしておくことが法律で義務づけられている．高い階層の男性と結婚した女性の場合，それは「リズミカル」で「調和のとれたうねり」である．低い階層の女性はそれを真似ようとするが，うまくいくことはめったになく，「たんなる単調な振動で，振り子の動きのよう」になってしまう．

　フラットランドの兵士と職人は2等辺3角形で，底辺が極端に短く，頂角が鋭い．正3角形が中間層をなす．専門職の男性は正方形や正5角形だ．上位層は6角形から始まり，辺の数が増えれば増えるほど，社会階層も上位に属し，それは円と見分けがつかなくなるまで続く．円は階層の最上位に位置し，フラットランドの行政官や

聖職者である.

　語り手の正方形は夢の中でラインランド，つまり1次元の世界を訪問し，そこで王様に2次元空間が実在することを説得しようとして失敗してしまう．その後，正方形に，スペースランドから訪問者が現れる．それは球で，正方形をフラットランドの少し上に持ち上げて，正方形が自分の5角形の家の内部を見下ろせるようにして，3次元空間の謎を伝授する．正方形はフラットランドに戻り，3次元空間の福音を説こうと試みるが，狂人扱いされてしまう．彼はその思想のために逮捕され，物語の最後には刑務所に入れられてしまう．

　球がフラットランドに入るときは，ゆっくり平面と交わっていき，その平面上の断面の面積が最大になるところで止まる．この断面は円で，半径が球の半径と等しいことはすぐにわかる．では球の代わりに立方体がフラットランドに入ったとしよう．辺の長さが1の立方体が平面と交差するときの断面で，面積が最大になるのはどんな形だろうか．もちろん，立方体は好きな角度で平面と交わることができるものとする．

〔解答 p.206〕

　アボットの小説よりも，はるかに野心的な2次元小説（全181ページの実に本格的な小説だ）は，チャールズ・ハワード・ヒントンによる『フラットランドのエピソード』で，1907年にロンドンで出版された．ヒントンの父親はジェイムズ・ヒントンという腕の良いロンドンの耳の外科医で，作家ジョージ・エリオットの友人であり，『痛みの謎』を始めとする一般向けの本の著者である．若き日のチャールズはオックスフォード大学で数学を学び，マリー・ブール（論理学で著名なジョージ・ブールの5人の娘の1人）と結婚し，アメリカに移住した．彼はプリンストン大学とミネソタ大学で数学を教えた．1907年に亡くなったときはアメリカ特許局の審査官であった．

　ニューヨーク・サン紙に長い死亡記事（1907年5月5日の8面）を書いたのは「紫色の牛」という詩で有名なジレット・バージェスで

ある．バージェスは友人であるヒントンがアメフトの試合を観戦したときに，見知らぬ人がヒントンの襟にあった菊の飾りピンを奪い取ろうとしたときのことを書いている．ヒントンは男を掴み上げると，近くのフェンス越しに放り投げてしまった．1897年には，ヒントンは自ら発明した自動ピッチングマシンで世間の話題になった．（詳しくは，週刊ハーパーズの1897年3月20日41号の301–302ページ参照．）この機械は爆薬の力でボールを発射し，スピードもカーブの具合も好きなように調整できるものであった．プリンストン大学のチームはこの機械を使ってしばらく練習していたが，何度か事故があってからは，バッターたちは恐れてこの機械と向き合わなくなった．

　ヒントンは，4次元に関する本や解説記事の著者として特に有名である．彼は4次元空間構造のモデルを構築する方法（3次元の断面）を考案し，ラベルと色つきの何百もの小さい立方体を使って，最も重要な2冊の本『4次元』と『思考の新しい時代』で詳しく論じた．こうした立方体を使って何年も継続して仕事をしたヒントンは，4次元で考えるすべを実際に学んだ．彼は，この方法を18歳だった義理の妹，アリシア・ブールに教えた．彼女は正規の数学教育は受けていなかったが，すぐに4次元幾何を把握する非凡な力を開花させ，後年，この分野でいくつも重要な発見をした．（彼女の並外れた経歴については，コクセターの『正多胞体』[*1]の258–259ページを参照のこと．）ヒントンの息子セバスチャンの妻はカーメリタ・チェイス・ヒントンであるが，バーモント州のプットニースクールの創始者で，元校長である．

　ヒントンは自分なりのフラットランド（アストリアと名付けていた）を構成するにあたり，アボットよりも巧妙な設定をした．彼が創造した生物は，平面の表面を自由に動き回るのではなく，巨大な円の縁の上にいわば直立している．いろいろな大きさのコインをテーブ

[*1] *Regular Polytopes*, H. S. M. Coxeter, Macmillan, 1948.

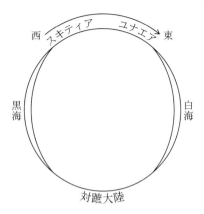

図 70　チャールズ・ヒントンの 2 次元惑星アストリア.

ルの上に置いて滑らせてみれば，平たい太陽の周りを，平たい円形の惑星が軌道に乗って回るようすを容易に想像できるだろう．重力は私たちの空間と同じように働くが，平面上の重力はもちろん距離の逆数に比例しており，距離の 2 乗の逆数ではない点だけが異なる．

　惑星アストリアは図 70 に示したとおりである．それが回転している方角（図中矢印で示した）は東，逆は西とよばれる．北と南はなく，あとは上と下があるだけである．アストリア人の体は複雑な構造をしているが，ヒントンは解剖学的詳細を避けて，彼らを直角三角形で図式的に表現した（図 71）．アボットのフラットランドと同様，アストリア人は眼が 1 つしかない．（どちらの著者も，1 次元の網膜を備えた 1 対の眼をもつことにして，2 次元の視覚を取り入れるという案は考えなかったようだ．）　アボットのフラットランド人とは違って，彼らには腕や脚がある．互いにすれ違うためには，2 人のアストリア人はもちろん互いに上を乗り越えるか下をくぐるかしなければならず，綱渡りをする 2 人の曲芸師のようである．アストリア人は，男性はすべて東向きで生まれ，女性はすべて西向きで生まれる．彼ら

図 71　アストリア人の日常生活のようす.

は，死ぬまでこの方向を変えることはない．なぜならもちろん，明らかにアストリア人には「裏返って」自身の鏡像になる方法がないからである．アストリア人が背後を見るには，後ろに反り返るか，逆立ちするか，鏡を使う．鏡を使う方法が一番手っ取り早い．この理由から，アストリア人の家やビルには，随所に鏡が置かれている．父親が息子にキスをするには，息子を逆さまに抱き上げなければならない．

　アストリアで人が住んでいる地域は，もともと，東の文化的なユナエアと，西の野蛮なスキティアに分けられていた．スキティア人は戦争では非常に有利であった．スキティアの男性戦士は，ユナエア人を背後から襲うことができたのだが，ユナエア人がこれに反撃するには，ぶざまな方法で後ろ向きに攻撃しなければならなかった．その結果，スキティア人は，ユナエア人を白海に面した狭い領域にまで追い込んでしまったのだ．

　ユナエア人が絶滅から救われたのは，科学の進歩のおかげだ．天文学者が，日蝕やその他の現象を観察し，惑星が丸いことを確信したのだ．そして白海の潮汐の研究から，対蹠大陸の存在を導き出す

ことができた．ユナエア人の選抜隊は，白海を航海で乗り越え，新たな大陸上を100年かけて行軍した．その経路上にあった木はすべて乗り越えるか切り倒すかしなければならなかった．その苦しい試練を乗り切った子孫たちは，新しい船を建造して今度は黒海を渡った．スキティア人は不意をつかれて，すぐに形勢は逆転した．いまや背後から襲うことができるのは，ユナエア人であった．世界政府が樹立されて，平和の時代が始まった．これはすべて，この小説の舞台づくりのための，背景となる歴史だ．

この本のメロドラマ調の，2次元的で薄っぺらな筋書きを読者に紹介しよう．それは，初期の社会主義的な空想小説にありがちなストーリーで，利他主義的に計画された社会という名のもとで富裕階級を攻撃するものだ．かなり平板な恋愛物語が，富と権力を持つ国務大臣の美しい娘であるローラ・カートライトと，プロレタリア階級で彼女への求婚者であり（平板な言い方をすれば）ハンサムなハロルド・ウォールとの間で巻き起こる．話の中核にあるのは破滅への不吉な兆候だ．別の惑星アルダエナが近づいてくることにより，アストリアの軌道がきわめて偏心的な楕円に変わり，そのために将来，生命を維持するには暑すぎる気候と寒すぎる気候とが交互に来るようになるというものだ．政府は巨大シェルター計画を始めたが，それは地下深くに部屋を掘り，そこに上流階級が生き残るための貯蔵品を蓄えるというものだ．

おそるべき宿命はローラの叔父のヒュー・ミラーの数学的定理によって回避される．彼は独身を貫く偏屈な老人で，孤独山に住んでいた．ミラー（ややヒントンを彷彿とさせる）はその惑星でただ1人，3つめの次元を信じていた．彼は，すべての物質は3つめの次元の方向に少し厚みがあり，そして彼が「すぐ脇にあるもの」とよぶ，滑らかな面の上を滑っているのだと確信していた．彼は仮説を研究し，3次元形態を感じとる能力を覚醒する．そしてついに，自分が肉体的には2次元の体を動かしながら，本当は3次元人であることを理解するに至った．

ミラーは「存在そのものが，すぐ脇にあるものの両側に沿って深遠に，果てしなく広がっている」とアストリアの長たちに雄弁に語った．「これを実感するのだ．そうすれば今後二度と，新たに得られた神秘的な感覚なしに蒼穹を見つめることはできなくなるだろう．この果てしない深みのどれほど奥まで視線を投げかけても，視線は誰も知らない方向へ深遠に広がる存在の脇を滑るだけなのだ．

　「そしてこのことを知れば，古くからある，天の神秘を感じる力がいくらか私たちにもたらされる．もはや星座が終わりのない同じことの繰り返しで夜空を満たすだけのものではなくなり，古い時代に夢見られていたような存在が，突然見事に理解できる可能性があるのだ．それはただ……見えるものすべてのすぐ脇にあるものを知ることができさえすればよいのである」

　もし仮に，なんらかの物理的な手段で「すぐ脇にあるもの」の表面を触ったり掴んだりできれば，アストリアの軌道を変えて，迫り来る惑星の影響から逃れられるかもしれない．そうした方法はない．しかし本当の自分が3次元なのだから，そうした力を備えているかもしれない．老人は，こんにちで言うサイコキネシスに全力を挙げることを提案した．つまり物体の動きに影響を与える思考の力だ．この計画は成功した．すべての人の協力で寄せ集まったサイコキネシスは，アストリアの軌道を変え，大災害をなんとか回避した．科学は3次元空間の新しい知識を獲得し，大きく飛躍し始めたのだ．

　2次元での物理学や，平たい世界で実現できる単純な機械装置の種類に思いを巡らすことは楽しい．ヒントンがほかのところ（『平たい世界』の中のエッセイ）で指摘していたのだが，アストリアの家では，2つ以上の開口部が同時に開いてはならない．玄関が開いている間は，窓や裏口のドアは閉まっていなければ，家が崩壊してしまう．

　チューブやパイプといったものはどんなものも不可能である．通り道を塞がずに辺をつないでおくことはできないからだ．ロープは結ぶことはできない．（すでに厳密に証明されているとおり，線分は3次元

空間でないと結べず,球の表面は4次元空間でないと結べず,超球の表面は5次元空間でないと結べず,といった具合だ.) フック,レバー,連結器,トング,振り子は使えるし,くさびや斜面も同様だ.車軸のある車輪は論外だ.素朴な歯車による変速機は可能かもしれないが,曲線の縁で各歯車を部分的に包む必要があるだろう.船を漕ぐ方法は考案できそうだ.飛行機は鳥のように翼を羽ばたかせて飛ぶ必要があるだろう.平たい魚は,然るべき形のヒレがあれば,水の中を漕ぎ進むのにほとんど苦労しないだろう.酒はビンに入れておけるし,グラスに注ぐこともできるが,間違いなく平板な味だろう.重い物体は,円の上に沿って転がせば,3次元物体を円柱の上に転がして運ぶのと同じように運べる.

このアストリア式の物体の動かし方で,魅力的で悩ましい問題を最近送ってくれたのは,マサチューセッツ州ビレキカの読者アラン・B・カルハマーだ.図72のアストリアの平たい車は,30フィートの長さがあり,3つの円を使って直線軌道上に沿って動いている.円どうしは,いつでも互いに,ちょうど中心間が10フィートの間隔を保っている.図示した状況になったらすかさず,後方に乗っているアストリア人は後ろの円を取り上げて,前方に乗っている仲間に渡し,仲間が図の破線で描かれた部分にその円を押し込むとしよう.平たい車は3つの円の上を前へ進み,円が軌道上を転がって,ふたたび図示した状況になるまでそれが続く.後ろに来た円はすでに書いたとおり即座に前に移動され,この手順は必要に応じて繰り返される.

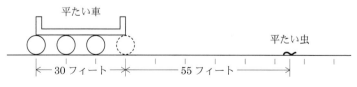

図72 平たい虫の上を通りすぎる円の個数はいくつか.

平たい車はページの右側に向けて動き続けるとしよう．破線で描かれた円が軌道に接している点から，ちょうど 55 フィート前方に，平たい虫がいる．この虫が動かないと仮定すると，この虫の上を通過する円の個数はいくつだろうか．

　読者には，まずは頭の中だけで，この問題を素早く解いてみてもらいたい．次に紙と鉛筆を用意して，自分の答えを確かめてみよう．最後にそれを本章の終わりに載っている答えと照らし合わせてみよう．もう少し宿題が欲しい読者には，これを等間隔に並んだ n 個の円に一般化してもらいたい．驚いたことに，円の大きさを知る必要はない． 〔解答 p. 206〕

| 追記
(1969) | フラットランドの説明の中で，私はどんなトンネルも不可能だと書いたが，これは厳密には正しくない．ミネソタ州ノース・セント・ポールのグレゴリー・ロバートが書き寄越してくれたのだが，フラットランドのトンネルの屋根は，ひと並びのドアで支えられていればよく，それぞれのドアのヒンジは上についている．フラットランド人がこうしたトンネルを歩いて通り抜けるときには，ドアを1度に1つだけ開けることにして，屋根がほかのドアで終始支えられているようにすればよい．すべてのドアが一斉に開かないように防止する装置をつける必要があるかもしれない．

フレッチャー・デュレルの本『数学アドベンチャー』[*2]の12章「4次元：効率的な映像」では，シンランドという，ヒントンのフラットランドに似た地域の住人に関する面白い考察がある．この住人は両眼視ができ，それは額とあごについた2つの眼で行われる．シンランド人は，長い首のおかげで，頭を後ろに傾けて逆さにし，自分の背後を見ることができる．男性と女性のシンランド人がすれ違わなければならないときは，男性が地面にひれ伏して，女性がその上を歩いて乗り越えていくというのが決まりだ．

平面上での生活のこうした力学的な困難に加えて，平面的なネットワークのトポロジー的な制約という観点から，脳のデザインにおける問題についても，言及しておかなければならない．ご存じのとおり，動物の脳は途方もない複雑さをもつ3次元空間内の神経繊維のネットワークであり，自己交差なしに平面上で実現するのは，とうてい不可能である．しかし，この困難は見た目ほどやっかいなものではない．自己交差のあるネットワークで，電気信号が交差点でいわば曲がらずに直進するものを考えてみればよい．

ブールの妻と5人の娘たちや，非凡な子孫の詳細について

[*2] *Mathematical Adventures*, Fletcher Durell, Boston: Bruce Humpqhries, 1938.

は，ノーマン・グリッジマンが雑誌に書いた記事を参照されたい[*3]．グリッジマンの記述によれば，ブールの妻メアリーは，夫の死から60年の間，「多くの分野で継続的にブール法について書き続け，広め続けた．そこには神学や倫理学も含まれており，代数的記号論や0と1の役割の秘技にほとんど取り憑かれたようになった．1909年にはついに，『代数の哲学と楽しみ』という題名の本を世に送り出し，その中で「未知との正しい関係を身に着けたい人々」に対し，ブールの原理に基づく独自の代数を開発するよう強く勧めている」．

ハワード・エヴェレスト・ヒントンは，チャールズ・ヒントンと，ブールの長女メアリーの孫であるが，イギリスの有名な昆虫学者である．チャールズのほかの2人の孫，ウィリアム・ヒントンとその妹で物理学者のジョウンの逸話がタイム誌に載っている[*4]．どちらも共産主義中国の熱狂的な支持者になった．ブールの2番めの娘マーガレットの息子は，ジェフリー・テイラーで，ケンブリッジ大学の数学者だ．3番めの娘アリシアの逸話については，すでに簡単に紹介したとおりだ．4番めの娘ルーシーは，ロンドンの王立自由病院で化学の教授になった．末娘のエセル・リリアンは，ポーランドから亡命した科学者ウィルフレッド・ヴォイニッチと結婚した．彼女が若いころに書いた小説『うるさい人』は，イタリアの政治的革命についての激しい反カトリック小説だ．この小説はロシアで空前のベストセラーの1つとなり，最近になって中国でもベストセラーとなった．第1次世界大戦の後，ヴォイニッチ家はロンドンからマンハッタンに移り住み，1960年，エセルはそこで96年の生涯を終えた．グリッジマンによれば，「いまのロシア人がしきりに驚くのは，西欧人の間で，イギリスの偉大な小説家E・L・ヴォイニッチがほとんど知られていないことである」．

[*3] "In Praise of Boole," Norman Gridgeman, *The New Scientist*, No. 420, December 3, 1964, pp. 655-657.
[*4] *Time*, August 9, 1954, p. 21.

解答

● 立方体の断面の面積を最大にする問題の解答は図 73 に示したとおりだ．影のついた断面は長方形で，面積は $\sqrt{2}$ つまり 1.41… だ．（この問題はもともと C・スタンリー・オギルヴィが出題したもので，解答を与えたのはアラン・R・ハイドだ[*5]．）立方体を切断して，断面を正 6 角形にすることもできるが，このときの面積は，わずか 1.29… にすぎない．

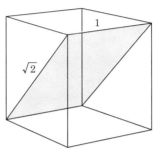

図 73　立方体問題の解答．

● 平たい車の問題に対する解答は，ただ 1 つの円しか平たい虫の上を通過しないというものだ．n 個の円が等間隔に並んでいるとき，n が偶数なら，平たい虫の上を通過する円は，平たい虫が軌道のどこにいようが（円がちょうど置かれる地点に平たい虫がいる場合を除いて）$n/2$ である．n が奇数のとき，状況はもう少し複雑である．まず，先頭の円の前の軌道を，2 つの隣り合った円の間隔と同じ長さの線分に分割しておかなければならない．先頭の円がまさに乗ろうとしている線分から始めて，1 つおきに線分を調べ，どこかの線分に虫が乗っていれば，この虫の上を通過する円の個数は $(n+1)/2$ である．他方の線分に虫が乗っていれば，この虫の上を通過する円は $(n-1)/2$ 個である．ここでも，虫は，円がちょうど置かれる位置にはいないと仮定している．数学者なら，こうした「境界条件」は無視すると言うところだろう．

[*5] *American Mathematical Monthly*, vol. 63, p. 578, 1956.

この問題を解いた読者なら気づいただろうが，平たい車は，その下を転がる円の対地速度と比べて，2倍の速さで移動している．つまり，円が距離 x を移動するごとに，平たい車は距離 $2x$ を移動している．これと同じ原理はエレベーターのドアにも見ることができる．ある種のエレベーターのドアは，半分が残り半分の2倍の速度でスライドし，その結果，2倍の距離を移動する．

後記
(1991〜)

フラットランドの研究は大きく飛躍し，1979年，カナダのコンピュータ科学者 A・K・デュードニーは，平面的な世界における科学技術に関する研究論文を発表した[*6]．デュードニーの研究と本については，本全集第15巻1章で取り上げる．

文献

"A Plane World." Charles Howard Hinton in *Scientific Romances*. Allen & Unwin, 1888, Volume 1, pp. 135-159.〔邦訳:「平面世界」ヒントン著，宮川雅訳．『新編バベルの図書館 第3巻』（国書刊行会，2013年）所収.〕

A New Era of Thought. Charles Howard Hinton. Swan Sonnenschein, 1888.

The Fourth Dimension. Charles Howard Hinton. Swan Sonnenschein, 1904; Allen & Unwin, 1934.

An Episode of Flatland. Charles Howard Hinton. Swan Sonnenschein, 1907.

Flatland. Edwin Abbott（Banesh Hoffmann による導入部つき）. Dover, 1952. これ以外にも，良い導入部のついた版が以下から出ている：the Oxford edition（Rosemary Jann による導入部つき），the American Library/Signet edition（A. K. Dewdney による導入部つき），and the Princeton edition（Thomas F. Banchoff による導入部つき）. Cambridge と MAA（Mathematical Association of America）からは William

---

[*6] "The Planiverse: Computer Contact with a Two-Dimensional World," A. K. Dewdney, Simon & Schuster, 1984.〔邦訳：『プラニバース——二次元生物との遭遇』A・K・デュードニー著，野崎昭弘・市川洋介訳．工作舎，1989年.〕

F. Lindgren と Thomas F. Banchoff による注釈つきの版も出ている．〔邦訳：『フラットランド』エドウィン・アボット・アボット著，冨永星訳．日経 BP 社，2009 年．〕

Sphereland. Dionys Burger. Crowell, 1965. オランダの物理学者による，アボットのフラットランドの続編の翻訳．ストーリーの語り手は「A・6 角形」で，アボットの「正方形」の孫．

Speculations on the Fourth Dimension: Selected Writings of Charles H. Hinton. Rudy Rucker, ed. Dover, 1980.

The Planiverse: Computer Contact with a Two-Dimensional World. A. K. Dewdney. Poseidon Press, 1984.

Flatterland. Ian Stewart. Perseus, 2001. 〔邦訳：『2 次元より平らな世界——ヴィッキー・ライン嬢の幾何学世界遍歴』イアン・スチュアート著，青木薫訳．早川書房，2003 年．〕

The Annotated Flatland. Edwin Abbott with Introduction and Notes by Ian Stewart. Perseus, 2002.

Flatland: The Movie. Flat World Productions, 2007.

13

シカゴマジック集会

　毎夏，たいていは7月，架空アメリカマジシャン組合に属する数千人の会員たちが，アメリカ中西部のホテルに年次集会のために集まる．今年の開催地は，シャーマンホテルという，シカゴの高架鉄道「ループ」の北西の角にあるホテルであった．3日3晩の間，そのホテルのロビーのいたるところで，変幻きわまりなく，カードがリフルシャッフルされ，コインがチャリンと音を立て，切断したロープを元通りにし，鳩が羽ばたき，鳥かごが一瞬のうちに消え，1人2人と女性が宙に浮くことさえあった．

　私がこの特別集会に参加したのは，1つには，マジックが私の主たる趣味だからであるが，もう1つは，サイエンティフィック・アメリカン誌のコラムで取り上げる風変りなネタを見つけるためであった．プロの数学者たちの中にはアマチュア・マジシャンもたくさんいるし，マジシャンの中には数学に熱烈な関心を寄せる人もたくさんいる．その結果生まれたのが数学奇術であり，間違いなくそれは，レクリエーション数学のあらゆる分野の中でも最も多彩な分野である．

　中二階では，20人くらいのマジック商がブースを設置し，自分たちの商品を売っていた．私が足を止めたブースでは，グレート・ジャスパー（という芸名でマジックを演じるシカゴのマジック商）が，サイズの大きい「コロコロリング」を演じているところだった．30

図74　コロコロリング．

個の鉄製の輪が図74に示した奇妙な仕方で鎖状につながっている．このコロコロリングを操作するには，最初に鎖の一番上の輪を左手でもつ．一番上の輪のすぐ下には，2つの輪がある．右手の親指と人差し指で右側の輪のうしろの部分を，図に示してあるとおりにつかむ．左手でもっていた輪を放すと，まるでその輪が，ほかの輪の間をコロコロと転がって鎖の下のほうまでいき，最終的に一番下の鎖につながって止まるように見える．

この現象をもう一度繰り返すには，いま一番上になっている輪は

そのまま右手でもっておく．そして左手の親指と人差し指で，一番上の輪につながっている2個の輪のうちの左のほうの前の部分をもつ．右手でもっていた一番上の輪を放すと，その輪は，先ほどの輪と同様に鎖の下のほうへコロコロと転がっていく．

「私のコラムの読者にもこのリングを作ることができると思うかい」と私は尋ねた．

「もちろんさ」とジャスパーはいった．「安物雑貨店でキーホルダー用の鉄製の輪が買える．それを30個用意すれば，親指の爪が丈夫なら，20分ほどでコロコロリングを1つ作ることができるさ．でも，ほかのマジック商の誰にも，オレがそういったということは内緒にしておいてくれよな」

ジャスパーは正しかった．コイル状になっているよくあるキーホルダー用の輪を使えば，申し分のないコロコロリングができあがる．親指の爪を傷めないようにするには，爪やすりを使って，コイルの端をこじ開ける．開けたときに爪やすりの刃を少しひねって止めておけば，中に別の輪を入れる間，輪を開いたままにしておける．最も混乱しにくいのは，一番上の輪から作りはじめ，その輪をどこかの出っ張りにひっかけておいて，図を見ながら，上から順々に輪をつけていくという手順である．できあがれば，リングは滑らかに，心地よいリズムで音を立てながらコロコロと動いていくが，もしそうならなければ，どこかで輪のはめ方を間違えたはずである．

ジャスパーと私がしゃべっているところに，ハートフォード大学の数学者フィッチ・チェイニーがやってきて，話に加わった．「つながり方に関するトリックに興味があるのなら……」と私のほうに話を向けた．「私が最近考案した新しいトリックは，あなたの読者の好みに合うかもしれない」

チェイニーはポケットから柔らかい長いロープを取り出した．ジャスパーと私がそれぞれロープの一端をもち，空いているほうの手の人差し指で，図75に示す形にロープを折り曲げた．チェイ

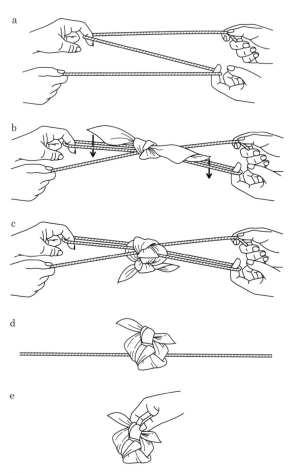

図75 フィッチ・チェイニーの「ロープ&ハンカチ」トリックを演じる手順.

ニーはシルクのハンカチを，b 図に描いたようにロープに巻き，ひとつ結びにしてきつく結んだ．それからハンカチの両端を，図中に矢で記したように，輪になっているところに上から押し込み，ロープの下で 2 回結んで本結びにした（c 図）．

「人差し指で保持している輪の部分から指を放してください」とチェイニーはいった．「それからロープに緩んだ箇所ができないように，ゆっくりとまっすぐに引っ張ってください」 ジャスパーと私がいわれたとおりにすると，d 図に示したような結果になった．チェイニーは，結んであるハンカチを 180 度回して，本結びが上に来るようにした．

「これは奇妙なことです」とチェイニーはいった．「先ほどこのハンカチがロープの周りにきつく結ばれたにもかかわらず，このロープはいま，布によって作られた閉曲線の外側にあるのです」 結ばれたハンカチの持ち手部分をチェイニーがつかんで持ち上げると，何と，e 図にあるとおり，そのままロープから外れたのである．説明図どおりに注意深く行うなら，このトリックはセルフワーキング[*1] である．

晩餐会の前の時間帯，ホテルのカクテルラウンジはマジシャンたちでごった返した．カウンターの近くで旧友の「ベット・ア・ニッケル」ことニックにばったりと会った．ラスベガスから来ているブラックジャックのディーラーで，最新のカードマジックの情報を集めるのが好きな人物である．5 セント硬貨（通称「ニッケル」）を賭けろ，という意味のそのあだ名の由来は，変わった主張を取り上げては 5 セントの賭けをもちかけるという本人の慣行にある．誰もがニックの賭けは「ひっかけ」だと知っているが，5 セントとられることを気にする者がいるだろうか．ニックのいたずらが聞けるだけで 5 セントの価値はあった．

[*1]〔訳注〕特別な道具や難しいテクニックを使わなくてもできるマジックのことを「セルフワーキング」マジックという．

「ニック，何か新しい賭けはあるかい」と私は尋ねた．「特に確率絡みの賭けはないかな」

ニックは10セント硬貨をぴしゃりと，カウンター上にあった自分のビールグラスのそばに置いた．「このコインをカウンターの上で数インチくらい持ち上げてから落とすと，表向きになる見込みが半分で，裏向きになる見込みが半分である．正しいかい」

「正しいとも」と私はいった．

「よし賭けよう」とニックはいった．「コインは縁で着地してそのまま立つだろうね」

「よし賭けよう」と私もいった．

ニックは，10セント硬貨を自分のビールに浸してからグラスの外側の面に押し付け，手を放した．硬貨は側面をまっすぐ滑り落ちてから縁で着地し，ビールによる付着力でグラスにへばりついたまま縁で立った．私はニックに5セント手渡した．みんなが笑った．

ニックは紙マッチを取り出して1本ちぎり，片側の面に鉛筆で印をつけた．「このマッチを落としたら，印をつけたほうが上になる見込みは五分五分で正しいかい」と聞くので私はうなずいた．「よし賭けよう」とニックは続けた．「マッチは縁で立つ．硬貨のときと同様にね」

「よし賭けた」と私もいった．

ニックはマッチを落とした．ただし，その前に，マッチを折り曲げてV字にしておいた．もちろんそれは縁で立ち，私はまた5セントとられた．

周りにいたうちの誰かがポケットから小さなプラスチック製のコマを取り出した．「マジック商たちが売っていたこういう『逆立ちゴマ』を見たことがあるかい．5セント賭けてもいいが，これを回したら，上下ひっくり返って，軸の先端に立って回る」

「その賭けには乗らない」とニックはいった．「自分も逆立ちゴマは買った．その賭けには乗らないけれど，これから僕がやることを教えてあげよう．あなたにはコマを時計回りに回してもらう．それ

で僕はあなたと5セントの賭けをする．コマがひっくり返ったあとにどちらの回転方向でコマが回るかを，いまの時点であなたに当てることはできない，とね」

コマをもっていた男は口をすぼめてつぶやいた．「どうだろう．最初はコマは時計回りに回る．それがひっくり返ったとき，回転はそれまで同様に維持されなければならない．回転が止まって反対向きに回りはじめるなどということは明らかに起きようがない．その代わり，軸の両端が反対の位置に来たら，上から見たときの回転方向も反対になるだろう．言い換えれば，コマがひっくり返ったあとは，コマは反時計回りに回るはずだ」

男はコマを勢いよく時計回りに回した．すぐに上下は反対になった．すると，辺りの誰もが大変驚いたことに，コマを上から見たときの回転方向は，引き続き時計回りだったのである（図76参照）．読者も逆立ちゴマ（多くの安物雑貨店やおもちゃ屋で売っている）を買ってみれば，本当にこうなることを見出すだろう．素粒子物理学者のような言い方をすれば，このコマは，ひっくり返るときに現実にパリティが入れ替わるのである．コマは，それ自身の反コマ，つまり鏡像になるのだ．

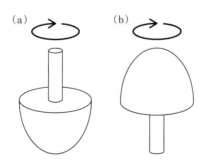

図76 時計回りの向きに回した「逆立ちゴマ」（a図）は，上下がひっくり返ったあとも引き続き時計回りに回る（b図）．

ショーを伴った晩餐会が終わると，集会の参加者たちは，三三五五ホテルの部屋に分かれて，人の近況について話したり，マジックのタネを交換しあったり，マジック談議に花を咲かせたりした．私が行き着いた部屋では，マセマジシャンたちがマジックを見せ合っていた．ウィニペグから来ていた友人のメル・ストーヴァーは，2進法をどのように利用したら，選ばれたカードを取り出すおなじみの方法に適用できるかを説明していた．

カードマジックの際によくやる方法だが，いよいよ選ばれたカードを取り出すというとき，観客にカードの束を渡し，観客の手で一番上のカードを一番下に移し，次のカードをテーブルに置き，次のカードを一番下に移し，次のカードをテーブルに置き，ということを繰り返してもらい，最後に観客の手元にカードを1枚だけ残す．すると，それが選ばれたカードになっている，という演出がある．いったいカードの束の中のどこにそのカードを最初に置いておけば，それが最後のカードになるのだろうか．その位置はもちろん，束に含まれるカードの枚数によってさまざまである．試しにやってみれば位置は決められるが，枚数が多いと実験も面倒である．だが，ストーヴァーの説明では，幸いなことに，2進法を使えば単純な答えが得られるのである．

やり方はこうである．カードの枚数を2進法で表現してから，頭の数字を数の一番うしろの位置に移せば，出来上がった2進数は，選ばれたカードをもとの束の上から何番めに置くべきかを示すことになる．たとえば，52枚一式全部を使う場合を想定しよう．52に対する2進表現は110100である．頭の数字を一番うしろに移動させると101001である．この新たな数は41であるから，選ばれたカードを置くべき位置は，カードの束の上から数えて41番めである．

束の一番上のカードを最後に残るカードにしたいとしたら，何枚の束にすればよいであろうか．一番上のカードの位置を表す2進数は1であるから，使える束の枚数は2進数で10, 100, 1000,

$10000, \cdots$（10 進表記なら，枚数は $2, 4, 8, 16, \cdots$）である．束の一番下のカードを残るカードにしたいなら，束の枚数の 2 進数は $11, 111, 1111, 11111, \cdots$（すなわち 10 進数なら $3, 7, 15, 31, \cdots$）である．

束の上から 2 番めのカードを残るカードにすることは可能であろうか．これはできない．実のところ，上から偶数番めの位置にあるカードはどれも，残るカードにすることはできない．選ばれたカードの位置は，2 進数で表したとき，一番うしろの数字が 1 でないといけない（なぜなら，頭の数字は必ず 1 なので，それを一番うしろに移すと，最後が 1 で終わる数になるからである）．最後が 1 で終わる 2 進数は，すべて奇数である．

ビクトル・アイゲンのトリックは本全集第 3 巻でも紹介したが，アイゲンはこの部屋でも立ち上がって，情報をうまく暗号化する驚くべき新カードマジックを披露してくれた．「最初に，私がこれからいったい何をしようとしているかをご説明したい」とアイゲンはいった．「誰かにご自身のカードデックをシャッフルしてもらい，そこからどれでもよいので 5 枚のカードを選んでもらう．その 5 枚から 1 枚を，その方にはさらに選んでもらう必要がある．残った 4 枚を，私は自分の好きなように並べ替える．その 4 枚のカードは，きちんとそろえて伏せてから，私の宿泊している部屋に，最初にカードを選んでもらった人にもっていってもらう．部屋には私の妻が待っていて，このマジックの助手を務める．カードをもっていった人はドアを 3 回ノックし，4 枚のカードを伏せたまま，ドアの下から部屋の中に押し入れる．2 人とも会話は交わさない．私の妻はカードを吟味し，選ばれたカードの名前を告げる」

私は頼んで，カードを選ぶ役をやらせてもらった．手順は，アイゲンの指示したとおりに正確に実行された．私は自分のデックからカードを 5 枚取り出し，その中からスペードの 6 を選んだ．アイゲンはどのカードにも触らなかった．カードに何か印をつけて追加情報を与える，といった可能性を排除したかったのである．し

かも，それだけではなかった．たいていのカードの背は，上下を反対にすると多少とも違いがある．そうした（マジシャンたちのいう）「天地あり」(ワン・ウエイ・バック)のカードを利用していたとしたら，一部のカードの天地を逆にすることで何らかのパターンに配列することができるので，多くの情報を伝えることが可能であった．カードを何らかの入れ物，たとえば封筒に入れて運んだなら，さらに多くの情報を暗号化することができた．たとえば，カードを封筒に入れるとき表向きか裏向きかで違いがつけられたし，封をするかしないかで違いをつけられたし，等々である．入れ物を使うか使わないかの選択だけでも情報は伝えられた．カードを奥さんのところへもっていく人物を選ぶ権限がアイゲンにあったなら，その選択も暗号の一部に使うことができた．選ぶ際，髪の色が濃い人物か薄い人物か，既婚か未婚か，あとのほうのイニシャルがAからMの人物かNからZの人物か，等々の違いがつけられた．もちろんその場合は，アイゲンの奥さんは，カードを運ぶ人物を何らかの仕方で観察する必要はある．だが，以上の可能性がすべて排除されるよう，アイゲンは手順をあらかじめ説明したわけだし，また，注意深く，カードにはいっさい触れないようにしたのであった．

4枚のカードをアイゲンの指示どおりの順番に並べてから部屋番号を聞き，私がさて出発しようというとき，メル・ストーヴァーが大きな声をあげた．「ちょっと待ちなよ．もしかしたらアイゲンは時刻を，そう，君を部屋に送り出す時刻を情報として送っているんじゃないか．話の長さを調整して君の出かけるのを遅らせて，時間帯が一定の区間に収まるようにして，それを暗号の一部にしているんだ」

アイゲンは首を横に振った．「時間帯は関係ないよ．お望みなら，しばらく待って，ガードナーが行きたいときに行かせたらいい」

私たちは15分ほど時間を遅らせることにし，その間，みなが畏敬の念をもって見入っている前で，シカゴのカードマジシャン，エド・マリオは，完璧なファローシャッフルを8回連続で行うことに

よって，52枚のトランプ一式の並び順がすっかり元どおりになるようすを演じてくれた．ファローシャッフル——イギリスではウィーヴとよばれる——は，ある種の完全なリフルシャッフルであり，26枚ずつのカードからなる右半分と左半分から1枚ずつ落として交互に混ぜる方法である．そのとき最初に落とすカードが，その前に下の半分だったところからの場合，アウトシャッフルとよばれる．最初のカードが上の半分からだった場合，インシャッフルである．アウトシャッフルを8回するか，インシャッフルを52回すると，デックのもとの順番は保たれたままになる．最高に技術の高いカードいかさま師とマジシャンだけが，こうしたシャッフルを手早く失敗せずに実行できる．近年，ファローシャッフルを2進法で解析する論文が，マジック雑誌と数学雑誌の両方に多数発表された．エド・マリオは，ファローシャッフルと，それに基づいた見事な数理カードマジックについての本を2冊出している．マリオのシャッフルやその他のマジックについてのもっと詳しい話は，本全集第6巻10章と第10巻19章で紹介している．

　マリオの実演のあとで，私は4枚のカードをアイゲンの部屋までもって行き，3回ノックし，カードを伏せてドアの下から押し込んだ．足音が聞こえた．カードが引っ張られて見えなくなった．少しの間があってから，アイゲン夫人の声がした．「あなたのカードはスペードの6です」

　いったいアイゲンはどのようにして奥さんにこの情報を伝えたのであろうか． 〔解答 p. 225〕

追記
(1969)

　コロコロリングの起源は，発明されたおよその時期さえ私には調べることができていない．言及している本の中には，1932年に出版されたイギリスの本*2 もあるが，コロコロリングは疑いなくもっと古くからある．リングは2色の輪で作られている場合もあり，(たとえば) 赤いほうの輪を落としたときには，そのまま赤い輪がコロコロと落ちて一番下に引っかかるようすが見える．マジシャンが演技を開始する時点で，別に用意した赤い輪1つを一方の手のひらに隠しておき，緑の輪を他方の手のひらに隠しておけば，それぞれの色の輪をコロコロと転がしては，一番下から落ちていく輪を手でつかんで取り外しているように見える現象を引き起こすことができる．

　ノースカロライナ州チャペルヒルの E・A・ブレヒトが，コロコロリングを作るためのうまい手順を見つけた．最初は 1-2-1-1 と単純に輪を連結する．この時点で上から2番めにある2つの輪の一方をつまんでもちあげれば 1-2-2 の連鎖ができあがるが，そのときにはどの輪のつながり方も適切になっている．これに2つの輪をつなげたものを足せば，1-2-2-1-1 の連鎖ができあがるが，これを先と同様に 1-2-2-2 の連鎖に整えると，やはりどの輪のつながり方も適切になっている．これにふたたび2つの輪をつなげたものを足す，という手順を，望みの回数だけ繰り返していく*3．

　逆立ちゴマの説明は，C・M・ブラームスの2本の論文*4 や，ジョン・B・ハートの論文*5 を参照されたい．

　2進法を使って，n 枚のカードのうちのどこに置けばよいかを決定する方法 (テーブルの上とカードの束の一番下とにカード

---

*2　R. M. Abraham's *Winter Nights Entertainments*.
*3　〔訳注〕最後だけ，2つの輪でなく1つの輪だけをつなげれば，コロコロリングが完成する．
*4　C. M. Braams, "The Symmetrical Spherical Top," Nature, vol. 170, No. 4314 (July 5, 1952); C. M. Braams, "The Tippe Top," American Journal of Physics, vol. 22 (1954), p. 568.
*5　John B. Hart, "Angular Momentum and Tippe Top," American Journal of Physics, vol. 27, no. 3 (March 1959), p. 189.

を交互に移していくという手順に従ったときに最後のカードになる位置がわかる方法）として私が紹介したものは，ネイサン・メンデルゾーンがアメリカ数学会月報の 1950 年 8・9 月号に発表したものである．それと等価の仕方で位置を計算する方法は，マジシャンの間ではかなり以前から知られていた．その方法では，n 未満の最大の 2 のベキ乗を n から引き，その結果を 2 倍するだけである．それで得られるカードの位置は，最初のカードをテーブルに置く場合のものである．最初のカードをカードの束の一番下に置く場合には，いまの結果に 1 を足す．（n 自身が 2 のベキ乗の場合には，カードの位置は，最初のカードが束の下なら束の一番上であるし，最初のカードがテーブルに置かれるなら束の一番下である．）

この算式を使ったトリックで，私が知っているうちで発表時期が最も早いのは，ボブ・ハマーの「グレート・ディスカバリー」であり，説明の載った印刷物が 1939 年にフィラデルフィア州のマジック店「カンターズ」から出版された．それ以来，この原理を用いた巧妙なカードトリックが何十と発表され，いまだに新しい文献が現れている．カードとギャンブルの第一人者ジョン・スカーニは，1950 年に『スカーニのカルテット』という小冊子を出し，この原理を使った 4 つのマジックを紹介している（その 4 つのマジックはのちにブルース・エリオットの本にも載った[*6]）．次に紹介するのは，スカーニの 4 つのマジックのうちの 1 つで，単純な操作により，この原理を巧みに隠せる方法の例になっている．

誰かにデックをシャッフルしてもらってから演者はそれを受け取る．カードを扇形に開いて，演者は表側を見ながら，これから選ばれるカードをあらかじめ当てると宣言する．閉じたときにデックの一番上に来るカードを覚え，紙片にそのカードの名称を書いて脇に置き，何と書いたかは誰にも見せないようにする．仮にそのカードはハートの 2 だったとしよう．

[*6] *The Best in Magic* [New York: Harper, 1956], pp. 116-120.

カードを伏せて左手にもつ．観客に 1 から 52 の間の数を選ぶようにお願いするが，マジックがより面白くなるには 10 より大きいほうが望ましい．観客が 23 といったとしよう．心の中でその数から最大の 2 のベキ乗，この場合なら 16 を引くので，7 となる．7 の 2 倍は 14 である．演者にとっての次の課題は，一番上にあるハートの 2 を，23 枚からなるカードの束のうちの 14 番めの位置に移すことである．これを以下のようにして行う．カードを 1 枚ずつデックの上から右の親指でずらして右手にとりながら，枚数を数えていく．これでカードの順番が逆になる．14 まで数えたところで，いったん止めて（忘れたふりをして）「あなたが言った数はいくつでしたっけ」と聞く．相手が 23 だったと告げたら，うなずいて「ああそうでした．23 ですね」といい，ふたたび数えはじめる．ただし今度は，カードをデックからとるとき，左の親指で右のほうに押しずらすようにして，どのカードも右手にもつ束の下に来るようにする．こうして 23 枚のカードを数え終わったとき，ハートの 2 はさりげなく上から 14 番めの位置に来ている．演者が数えるのをいったん止めて質問をするところで，数える作業は 2 つの部分に分かれるので，2 つの数え方の手順が同じでないことは誰からも気づかれにくい．23 枚になったカードの束を観客に手渡し，演者の指示に従って，最初のカードはテーブルに置き，次のカードは手にした束の一番下にもっていき，次はテーブルに，というようにして，1 枚のカードだけが残るまで続ける．そのカードはもちろん，演者が予言したカードとなる．

　マンハッタンで弁護士をしているサム・シュウォーツは，以下のような演じ方を 1962 年に発表した．もとのものより少しだけ単純にした形で紹介する．デックからカードの束を取り出すが，その枚数は 4, 8, 16, 32 のどれかにする．例として，ここでは 16 としよう．演者はうしろを向き，観客に好きな枚数（16 枚未満でなければならない）のカードを束にしてデックから取り除いてもらい，それをそのまま手にもっておいてもらうが，何枚とったかは演者には知らせない．n を，観客が手に

もっている枚数とする．演者は自分のもっている 16 枚の束を扇形に広げて表側を観客に見せ，一番上から数えて n 番めの位置にあるカードを覚えておいてもらう——が，もちろんその際，演者には n の値もカードの名称も知らせない．演者が開いていたカードをそろえ，観客のもっているカードの束をその上に置いてもらう．これで自動的に，選ばれたカードの位置が，$16+n$ 枚のカードの束の上から $2n$ 番めになるので，最初はカードをテーブルに置き，次は手にもった束の一番下に移す，ということを繰り返せば，選ばれたカードが最後に残るカードとなる．この操作をしてもらう前に，できあがったカードの束を観客にすぐに手渡してしまう代わりに，シュウォーツのやり方では，それを自分の背後にもっていき，選ばれたカードを望ましい位置に来るように調整するのだと述べる．実際にはシュウォーツは，背後でまったく何もしない．この動作を入れるのは，シュウォーツいわく「このマジックがセルフワーキングであるという事実を隠すため」だけである．

　ロナルド・ウォールは，ラトガーズ大学の化学者で，「ラヴェリ」と名乗って精妙な創作数理マジックを多数発表しているが，今回，私が許しを得て以下で紹介することにしたのは，ウォールの未発表のマジックであり，すぐ上で紹介したマジックに類似するものである．そのマジックをウォールが独立に編み出したのは，シュウォーツが上のトリックを編み出したのとほぼ同時期のことであった．枚数が 2^n，たとえば 32 からなるカードの束を観客がシャッフルしたあと，観客に 1 から 15 の数のうちのどれかを思い浮かべてもらい，マジシャンがうしろを向いている間に，その枚数のカードを観客自身のポケットにしまってもらう．演者は残ったカードを手にもち，1 枚ずつとってはその面を観客に見せてから，裏向きにテーブル上に順々に積んでいく．その際，先の観客には，自分の思い浮かべた数に対応するカードを覚えてもらう．すべてのカードを積み終えた（積んでいくことで，もちろんカードの順番を逆にした）あとで，そのカードの束を先とは別の観客に手渡し，その観客に

「アンダー・ダウン」の方法（最初にカードを底面に移し（アンダー）次にテーブルに置く（ダウン）というのを繰り返す方法）を説明して実行させると，最後は 1 枚のカード——選ばれたカード——が残る．

　本質的にはこれと同じマジックを別の仕方で行う方法を，ニューヨーク市のカードの名手ジョージ・ヒューベックも提案している．2^n 枚のカードの束をシャッフルする観客は，その束を，並んだ 2 つの山になるように分けていき，その際，分けるのを止めるのはいつでもよいが，最後はどちらの山も同じ枚数にするという条件は満たさないといけない．その観客は，できた 2 つの山のうちの一方か，自分の手元に残っているカードの束を選択する．テーブルの山のうちの一方を選んだ場合は，その一番上のカードを記憶してから，その山の上に手元のカードの束を載せる．こうして高くなったほうの山を手にとってもらうと，選ばれたカードは，アンダー・ダウンの方法で出現する．観客が手元のカードの束を選んだ場合には，観客は，その束の一番下のカードを見て覚え，その束をどちらか一方のカードの山の上に載せてまとめたカードの束を手にとってもらうと，選んだカードは，ダウン・アンダーの方法で見出される．

　この手のマジックにおける適切なカードの位置を決定する問題は，レクリエーション数学の世界ではヨセフス問題とよばれるもっと一般的な問題の特殊な場合である．この問題は，昔から多数のパズルの基礎になってきた．何人かの人が円形に並んでいる．そのうちの 1 人を除いて全員が処刑されることになっている．処刑の執行人は，円周上を 1 つの方向に回っていくように数えていくが，その際，n 人ごとに処刑を実行していき，1 人だけが残るまでそれを続ける．最後の 1 人には自由の身が与えられる．処刑を免れるためには，円周上のどこに立つべきであろうか．$n = 2$ の場合が，これまで見てきたカードマジックの状況である．ヨセフス問題の歴史と，そこから派生したさまざまな問題については，ラウス・ボールの本の該当箇所[*7]を参照されたい．

5枚のカードの問題についての文献で，私が把握しているうちで最も古いのは，ウォレス・リーの本[*8]であり，そこで説明されているフィッチ・チェイニーのマジックは，本章で述べたマジックに類似している．違いは，チェイニーの方法では，5枚のうちのどれを選ばれるカードにするかをマジシャンが決めてよいことになっている点である．第5のカードが観客によって選ばれる場合にどう暗号化するかという問題を最初に扱ったのは，マジシャンの「ラスダック」だと私は思っており，その初出は，本人の発行するあまり有名でない小さな雑誌の第3号（1957年6月）である．その雑誌[*9]の第4号と第5号（1957年9月と1958年2月）には，完璧ではないものの，このマジックを実行するための2つの方法が示されている（もちろん，世の中には「完璧」な方法などない）．さらに複数の案が，1961年にトム・ランサムによってカナダのマジック雑誌[*10]において提示され，以降も，多数のほかの方法が，ほかのマジック雑誌で紹介されている．

　チェイニーのマジックを分析している最近の2つの文献[*11]も参照されたい．

解答 ●暗号のために使う4枚のカードはどれも，それ自体は選ばれるカードにはなりえないので，暗号で表す必要があるのは48枚のカードだけである．マジシャンと助手の間で52枚のカードの順番を取り決めておけば，各カードに1から52のうちの

[*7] W. W. Rouse Ball and H. S. M. Coxeter, *Mathematical Recreations and Essays*, 13th edition (Dover, 1987), pp. 32-36.
[*8] Wallace Lee, *Math Miracles*, chapter 14.
[*9] *Cardiste*.
[*10] *Ibidem*, No. 24 (December 1961), p. 31.
[*11] 1つは，"Fitch Cheney's Five Card Trick," by Colm Mulcahy, in *Math Horizons*, February 2003, pp. 10-13 (reprinted in *The Edge of the Universe*, Mathematical Association of America, 2006). もう1つは，"Mystifying Card Trick," by Peter Winkler, in *Mathematical Puzzles* (A K Peters, 2003), pp. 29-30.〔邦訳：『とっておきの数学パズル』ピーター・ウィンクラー著，坂井公，岩沢宏和，小副川健訳．日本評論社，2011年，49-52ページ．〕

1つの数を，取り決めた順位に従って振りあてることができる．すると，暗号に使う 4 枚のカードは 4 つの数を表すことになり，それらを順位に従って並べたものを A, B, C, D というように表すことができる．この 4 枚のカードの並べるには 24 通りの異なった方法が可能であり，その数は 48 のちょうど半分である．残りの 48 枚のカード（そのうちの 1 枚を暗号で表さなければならない）は，振りあてられた数の順位に従って全体を半々に分け，一方は順位の低い 24 枚のカードと考え，他方は順位の高い 24 枚のカードと考える．仮に，選ばれたカードが「低い」ほうの 17 番めのカードだとしてみよう．17 という数は，4 枚のカードの並べ方によって伝達することができるが，もう 1 つ信号がないと，その 17 番めのカードが「低い」ほうなのか「高い」ほうなのかを指定することはできない．

したがって，残る問題は，この最後のイエスかノーかの信号をどのように伝達するかである．その伝達は，4 枚のカードの順番によってはなしえない．本問を出したときには，さまざまな方法を提示しては，それらをことごとく除外したが，そのとき除外されたのは，カードに印をつけること，カードを助手のところへもっていく人を選ぶこと，カードを運ぶのに入れ物を使うこと，カードが選ばれたあとに手順に違いをつけること，カードを助手のところへもっていく時刻を調整することなどである．

だが，ちょっとした抜け穴は残っていた．アイゲン夫人が待っていた部屋である．アイゲン夫妻は，中でつながっている 2 つの部屋をとっていた．ビクトル・アイゲンがホテルの部屋番号を告げたのは，カードが選ばれたあとのことだった．アイゲンは 4 枚のカードの配置によって 1 から 24 の位置を暗号化したうえで，最後の手がかり——順位が高いほうと低いほうのどちらに入っているか——の伝達を，2 つの部屋のうちの一方を選ぶことで成し遂げた．アイゲン夫人は，ノックが聞こえたほうのドアへ行っただけである．この情報があれば，4 枚のカードによる暗号と一緒にすることで，選ばれたカードを 1 つ

に絞るのに十分だったのである.

マンハッタン在住の読者ロバート・S・アースキン・ジュニアはこの状況をきれいに要約して次の4行詩を作った.

> ドアを二つか妻を二人か
> 隠し持つはずこの術者
> 誰かが運ぶカードだけでは
> 答え半分道半ば

後記 (1991〜) 　早い時期にコロコロリングについて言及している記事を,19世紀の雑誌の中[*12]で見つけた.「魔法の鎖」という題の短い記事で,コロコロリングの図が載っている.「ある変わった小物が,街で売りに出されているのをときおり見かける」と署名なしの書き手は述べている.「……また,簡単に作れるし,非常に注目すべき錯視に関するものなので,本誌の読者の興味も引くかもしれない」. もっと早い時期の文献もまだあるにちがいない. この風変わりな連鎖を発明したのが誰であったかは突き止めておいたほうがよいであろう.

文献

Mathemagic. Royal V. Heath. Simon and Schuster, 1933; Dover, 1953.

Math Miracles. Wallace Lee. Privately printed, 1950; revised edition, 1960.

Mathematics, Magic and Mystery. Martin Gardner. Dover, 1956. 〔邦訳:『数学マジック』マーチン・ガードナー著,金沢養訳. 白揚社, 1999年.〕

Mathematical Magic. William Simon. Scribner's, 1964.

Self-Working Card Tricks. Karl Fulves. Dover, 1976.

Magic Tricks, Card Shuffling, and Dynamic Computer Memories. Brent Morris. Mathematical Association of America,

---

[*12] *The English Mechanic and World of Science* (November 23, 1888, p. 251).

1998.

"Ten Amazing Magic Tricks." Martin Gardner. Chapter 31 of *Gardner's Workout.* A K Peters, 2001.

Magical Mathematics: The Mathematical Ideas That Animate Great Magic Tricks. Persi Diaconis, Ron Graham, and Martin Gardner. Princeton University Press, 2011. 〔邦訳:『数学で織りなすカードマジックのからくり』Persi Diaconis, Ron Graham 著,川辺治之訳.共立出版,2013 年.〕

Mathematical Card Magic: Fifty-Two New Effects. Colm Mulcahy. A K Peters/CRC Press, 2013.

●日本語文献

『セルフワーキング・マジック事典』松山光伸著.東京堂出版,1999 年.

|14|

割り切れるかどうかの判定法

　私が財布からいま取り出した1ドル札の記番号（の数字の部分）は61671142である．小学生でもすぐに，この数は2で割り切れるけれども5では割り切れない，といえるかもしれない．以降は，「割り切れる」という言葉は，余りなしに割り切れるという意味で使うことにすると——その記番号は3で割り切れるであろうか．4ではどうか．11ではどうか．大きな数を見て，それが1から12のそれぞれで割り切れるかどうかを素早く判定できる単純な規則をすべて知っている人は，大勢の数学者たちを含めて見渡してさえ，あまりいない．それらの規則は，小数点が発明される前であるルネッサンス期には広く知られていたのだが，それは，その時代には，大きな数どうしの分数を最も簡単な形に約分することが有用だったからである．こんにちでも，それらの規則は誰にとっても手軽である．数字のパズルに凝っている人にとっては，以下の規則は不可欠である．

- 2に対する判定法：ある数が2で割り切れるための必要十分条件は，最後の桁の数字が偶数であることである．
- 3に対する判定法：すべての桁の数字を足す．その結果が2桁以上の数になる場合は，同様の足し算を繰り返し，1桁になるまで続ける．こうして得た結果の数字は数字根とよばれる．数

字根が3の倍数の場合は，もとの数は3で割り切れる．3の倍数でない場合は，数字根が0ないし3ないし6より余っているぶんは，もとの数を3で割ったときの余りと同じである．たとえば，冒頭の1ドル札の記番号は数字根が1である．したがって，この数を3で割ったときには，余りが1となる．

- 4に対する判定法：ある数がきれいに4で割り切れるための必要十分条件は，最後の2桁で形成される数が4で割り切れることである（これを簡単に理解するには，100とそのすべての倍数が4できれいに割り切れるという事実に気をつければよい）．1ドル札の記番号の最後は42であった．42は4で割ると2余るので，もとの数も，4で割ると余りが2となる．

- 5に対する判定法：ある数が5で割り切れるための必要十分条件は，最後が0か5であることである．そうでない場合は，最後の桁の数が0ないし5より余っているぶんが，余りと等しい．

- 6に対する判定法：6の約数である2と3に対する判定法を実行する．ある数が6で割り切れるための必要十分条件は，偶数で，数字根が3で割り切れるものであることである．

- 8に対する判定法：ある数が8で割り切れるための必要十分条件は，最後の3桁で形成される数が8で割り切れることである（これは，1000の倍数がすべて8で割り切れるという事実から帰結する）．その3桁の数が割り切れない場合の余りは，もとの数を8で割ったときの余りと同じである．（この規則は，2のベキ乗すべてにあてはまる．ある数が2^nで割り切れるための必要十分条件は，最後のn桁で形成される数が2^nで割り切れることである．）

- 9に対する判定法：ある数が9で割り切れるための必要十分条件は，数字根が9であることである．そうでない場合は，数字根は，余りと等しい．お札の記番号の数字根は1だったので，9で割ったら余りは1である．

- 10に対する判定法：ある数が10で割り切れるための必要十分

条件は，最後が 0 であることである．その他の場合は，最後の桁の数字が余りと等しい．
- 11 に対する判定法：各桁の数を右から左にとっていき，交互に引き算と足し算を繰り返す．最終的な結果が 11 で割り切れる場合のみ，もとの数は 11 で割り切れる（0 は 11 で割り切れると考える）．お札の数に適用すると，$2-4+1-1+7-6+1-6 = -6$ となる．結果の数は 11 の倍数でないので，もとの数も 11 の倍数ではない．余りを求めるには，結果の数だけ考えればよい．その絶対値が 11 より小さくて正なら，それが余りである．絶対値が 11 より小さくて負なら 11 を足して余りを見出す．結果の数の絶対値が 11 より大きければ，11 の倍数を適当に足すか引くかして，絶対値が 11 より小さい数に置き換える．その小さい数が正であれば，それが求める余りである．その小さい数が負であれば，11 を足す．（ここでの例では，$-6+11 = 5$ である．この結果からわかるのは，お札の番号を 11 で割ると，余りは 5 だということである．）
- 12 に対する判定法：12 の約数である 3 と 4 に対する判定法を実行する．12 で割り切れるためには，その両方の判定法に合致していなければならない．

　読者は確実に気づいていることだが，上述の規則に 1 つだけ省略があった．7 は，中世の数秘術では神聖な数であったが，この数で割り切れるかはどのように判定するのであろうか．1 桁の数の中でこれだけは，まだ誰も単純な規則を見つけていない．7 の部分がこうして無秩序なところは，長らく数論研究者たちを魅了してきた．何十もの奇抜な 7 用の判定法が編み出されており，どれも見たところ相互に無関係であるが，どの手順を遂行するにも，残念ながら，まっとうな割り算の手順とほぼ同程度の時間がかかってしまう．

　そうした判定のうち最も古い部類に属するものを 1 つ紹介すれば，各桁の数を逆順，すなわち右から左へととっていき，それらに

順に 1, 3, 2, 6, 4, 5 を乗じていき，その先も，この掛け算の列を必要なだけ繰り返す．求めた積をすべて加える．もとの数が 7 で割り切れるための必要十分条件は，こうして求めた和が 7 の倍数であることである．その和が 7 の倍数でない場合は，7 の倍数より余っているぶんが，もとの数を 7 で割ったときの余りと等しい．次に示すのは，この方法をお札の番号に適用した場合である．

$$
\begin{array}{r}
2 \times 1 = 2 \\
4 \times 3 = 12 \\
1 \times 2 = 2 \\
1 \times 6 = 6 \\
7 \times 4 = 28 \\
6 \times 5 = 30 \\
1 \times 1 = 1 \\
6 \times 3 = 18 \\
\hline
99
\end{array}
$$

99 を 7 で割ると余るぶんが 1 だけある．これが，お札の番号を 7 で割ったときの余りである．この判定法の計算を早めるには，積から「7 の倍数を取っ払う」ようにすればよい．すなわち，12 の代わりに 5 と書き，28 の代わりに 0 と書き，等々とすればよい．すると，この場合の和は 99 の代わりに 22 になる．実のところ，この判定法自体が，もとの数から 7 の倍数を取っ払う方法にほかならない．この方法を導くもとになっているのは，10 のベキ乗それぞれに対し，「7 を法として合同」な数字を順に並べていくと周期的な数列 1, 3, 2, 6, 4, 5; 1, 3, 2, 6, 4, 5; … になるという事実である（数どうしが「7 を法として合同」であるとは，7 で割ったときの余りが同じものどうしであることをいう）．6, 4, 5 の代わりに，それらと 7 を法として合同な $-1, -3, -2$ を掛け算に用いることもできる．興味をもった読者が，このあたりのこと全般に関して明瞭に解説されたものを読みたければ，リチャード・クーラントとハーバート・ロビンズに

よる『数学とは何か』[*1] の中で数の合同性を扱っている章にあたるとよい．いったん基本的な着想を理解したならば，類似の判定法をどのような数に対して作るのも簡単である，という点は，ブレーズ・パスカルが 1654 年という昔にすでに説明しているとおりである．たとえば 13 に対する判定法を見つけるのに必要なのは，10 のベキ乗に対し，13 を法として合同な数を並べた周期的数列は $1, -3, -4, -1, 3, 4, \cdots$ である，という点に注意することだけである．この数列を判定法に適用する方法は，7 に対する判定法に適用した数列の場合とまったく同様である．

積を求めるのに使うこうした数列は，同じ手法を 3 や 9 や 11 の判定法に適用する場合，具体的にはどうなるだろうか．10 のベキ乗に対して合同な数を並べた数列は，3 を法としても 9 を法としても，$1, 1, 1, 1, \cdots$ であるので，そのことからただちに，先に述べた 3 と 9 に対する判定法が得られる．10 のベキ乗に対して 11 を法として合同な数を並べた数列は，$-1, +1, -1, +1, \cdots$ であり，そのことから先に述べた 11 に対する判定法が導かれる．読者はぜひ自分で見つけて楽しんでもらうとよいが，その他の数に対する同様の数列がわかれば，それぞれの数列が上述の判定規則とどのように連関するかを確かめたり，6 や 12 の場合には，上述のものとは別の規則を導いたりすることができる．

一風変わった 7 用の判定法で，D・S・スペンスが考案したものが，1956 年に数学雑誌[*2] に発表された（ただし，実はこの手法は 1861 年まで遡れる．L・E・ディクソンの本の該当箇所[*3] を参照せよ．そこでは，発案者はロシアの A・ズビコウスキーとされている）．最後の桁の数字を取り除いて短くしたものから，いま取り除いた数を 2 倍したものを引

[*1] *What Is Mathematics?* by Richard Courant and Herbert Robbins (1941).〔邦訳：『数学とは何か 原書第 2 版』R・クーラント，H・ロビンズ著，I・スチュアート改訂，森口繁一監訳，岩波書店，2001 年．〕
[*2] *The Mathematical Gazette* (October, 1956, p. 215).
[*3] L. E. Dickson, *History of The Theory of Numbers*, vol. 1, p. 339.

く，という操作を，結果が1桁の値になるまで続ける．もとの数が7で割り切れるための必要十分条件は，最後に残った数が0か±7であることである．この手順をお札の記番号の例に適用すれば，次のとおりである．

$$
\begin{array}{r}
61671142 \\
4 \\
\hline
6167110 \\
0 \\
\hline
616711 \\
2 \\
\hline
61669 \\
18 \\
\hline
6148 \\
16 \\
\hline
598 \\
16 \\
\hline
43 \\
6 \\
\hline
-2
\end{array}
$$

最後に残った数が7で割り切れないので，もとの数も7で割り切れない．この方式の欠点の1つは，余りがいくつかについての簡単な手がかりを何も与えてくれない点である．

7用の判定法のうち，最も効率的だと私には思え，とりわけ，非常に大きい数に適用したときには有効なものが，ニューヨークの神経精神病学者L・ヴォスバーグ・ライオンズによって作られている．それは，本章のもとのコラムで初公開された図77に示すとおりのものであり，この図の手順例では，任意の13桁の数に適用されている．この手法は，6桁の数に適用される場合には，非常に高速である．その場合には，逆3角形になるように，3桁の数，2桁の数，1桁の数を作っていくだけでよく，最後の1桁の数が余りである．

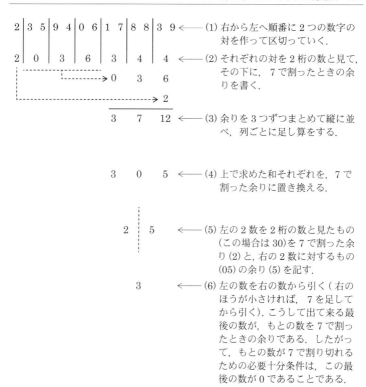

図77 7に対するライオンズ判定法.

この手法に取り組むうちにライオンズは，6桁の数を使った「暗算の達人」型の驚くべき芸当をたくさん発見してきた．次に紹介するのは，あるマジック雑誌[*4]で発表されたものである．

誰かに黒板に，7で割り切れない6桁の数を1つ，何でもよいから書いてもらう．ここではそれは431576だとしよう．演者は，その各桁の数字を1つずつ順番に素早く書き換えて，6つの新しい数を作り，どれも7の倍数にしてみせると宣言する．これを行うに

[*4] *Ibidem*, no.5, April 1956.

4	3	1	5	7	**A**
4	3	1	5	**B**	6
4	3	1	**C**	7	6
4	3	**D**	5	7	6
4	**E**	1	5	7	6
F	3	1	5	7	6

4	3	1	5	7	1
4	3	1	5	3	6
4	3	1	6	7	6
4	3	6	5	7	6
4	7	1	5	7	6
3	3	1	5	7	6

図 78　7 で割り切れる数に関する計算の妙技.

は，最初に（図 78 の左に示すように）もとの数を 6 回，正方形状に整列させて書くが，その際，各行に空白の箇所を 1 箇所ずつ，1 行めは最後の桁，2 行めは最後から 2 つめの桁，……という具合に残しておく（図では該当欄に A から F の名前をつけているが，これは説明の便宜のためだけであり，実際に演じるときには，この 6 箇所は空白にしておく）．この数が 7 で割り切れないことを事前に確認しておくことで，演者はその余りが 5 であることは確かめてある．すると明らかに，A 欄には，もとの 6 に代えて 1 を入れて然るべきであり，そうすることで一番上の数は 7 の倍数になる．

　残りの 5 つの空白も，いまや素早く埋めていくことができる．2 行めでは，B6 という 2 桁の数を考える．その上には 71 と書いており，それを 7 で割ったときの余りは 1 である．したがって，演者が B 欄に入れなければならないのも，B6 の余りが 1 となる数字である．これは，B 欄に 3 を書くことで成し遂げられる（頭の中で，6 から 1 を引けば 5 がすぐに得られるので，2 桁の 7 の倍数で 5 で終わるのは何かと自問する．答えとしてありうるのは，35 だけである）．C7 という数に対しても，同様の取り扱いである．その上には 53 と書いており，その余りは 4 であるので，C7 も同じ余りになるように C 欄に 6 を入れる．同様のことを残りの行も続けていく．最終結果は，図の右側に示してある．いまやどの行も 7 で割り切れる．7 で割り切れる

かどうかの判定の難しさを知っている数学者にとっては，この芸当に対する驚きはかなり大きい．もちろん，同様の早業でも，9で割り切れるものを見つけるというものなら，簡単に実行できる．

　割り切れるかどうかを判定する規則を知っていると，数に関する問題で，その規則なしではひどく難しいものが，ごく簡単に解ける場合がある．たとえば，9枚のトランプのカードがあり，エースから9までで構成されているとすると，それをランダムに並べて9桁の数を1つ作るとき，できた数が9で割り切れるものである確率はいくらか．1から9で構成された桁の数字の和は45であり，その数字根は9であるから，求める確率は1 (100% 確実) であるとただちにわかる．4枚のカードがあって，エースから4までであり，それをランダムに並べる．できた4桁の数が3で割り切れるものである確率はいくらか．3に対する規則を心の中で思い浮かべれば，その確率は0 (ありえない) だと即座にわかる．

　余興のマジックとして，最初に誰かに，エースから9までが1枚ずつのトランプのカードを渡す．演者がうしろを向いている間に，誰かにエース，2，3，4のカードを好きに並べて4桁の数を作ってもらう．演者は振り返らずに，その数は3で割り切れないと告げることができる．次に，5のカードを足して並べ直し，5桁の数を作ってもらう．演者は，うしろを向いたまま，その新たな数は3で割り切れると保証する．

　読者は，答えの欄を見る前に以下の数字パズルに取り組んで，自身の技量の判定を楽しむことができるであろう．どの問題も本章の話題と深く関係している．

（1）　10歳以上100歳未満の人に，その人の年齢を3つ並べて書いて6桁の数 (たとえば48歳なら484848) を作るように頼む．できあがる数は必ず7で割り切れることを証明せよ．

（2） 異なる7枚のトランプのカードで，エースから7までで構成されるものを，帽子の中で振り，1枚ずつ取り出して1列に並べる．その7桁の数が11で割り切れるものとなる確率はいくらか．

（3） 2で割ると余りが1となり，3で割ると余りが2となり，4で割ると余りが3となり，5で割ると余りが4となり，6で割ると余りが5となり，7で割ると余りが6となり，8で割ると余りが7となり，9で割ると余りが8となり，10で割ると余りが9となる数のうち最小のものを求めよ．

（4） ある子供が，自分用のおもちゃとして小さな木の立方体を n 個もっていて，どれも同じ大きさである．その小片を使ってできるだけ大きな立方体を作ろうとしているが，ある大立方体ができそうでいながら，あとちょうど1辺ぶんだけ小立方体が足りないことがわかった．n は6で割り切れることを証明せよ．

（5） 3の123456789乗を7で割ったときの余りはいくつか．

（6） 0を含まない異なった4つの数字で，どのように並べても7で割り切れる4桁の数が作れないものを求めよ． 〔解答 p. 239〕

以上の問題は，最初は難しいと思ったとしても，適切な仕方で取り組みさえすればさほど難しくないが，最後の1問だけは例外で，相当に力ずくの方法が要求されるほかないようである．いずれにせよ，6問すべてを解く読者は，初等的な数論に対するそれなりの演習を済ませたことになるであろう．

| 追記
| (1969)

　本章のもとになったコラムがきっかけで送られてきた読者からの手紙の量は膨大であった．多数の読者が，ズビコウスキーの方法がなぜうまくいくかや，どうしたらその方法を 7 以外の素数に適用することができるかや，どういう手順なら余りまで決定できるかの説明を送ってくれた．ライオンズの方法の説明もいくつか届いたが，たいていは非常に専門的で，私の理解力を超えていた．

　7 に対する別の判定法を提供してくれた読者も何十人かいた．以下で 1 つの手順だけ紹介するが，それは最も多くの手紙で言及されていたものである．それは古くからあるよく知られた方法であり，その基礎となっているのは，1001 という数（ちなみにこれは，もともとの『アラビアンナイト』の物語数[*5]でもある）が，3 つの連続する素数 7, 11, 13 の積であるという愉快な事実である．判定したい数をまず，右から 3 桁ずつに区分する．たとえば，61671142 は，61/671/142 と区分される．各区分を右から交互に足し引きし，いまの例では $142 - 671 + 61 = -148$ とする．こうしてできた数を 7, 11, 13 それぞれで割ったときの余りは，もとの数をそれぞれで割ったときの余りと同じである．

　7 やその他の数で割り切れるかどうかのその他の判定法を学ぶことに興味がある読者は，文献欄の最初に挙げたものにあたれば，古い文献の手ごろな目録が得られる．文献欄には，これに加えて，近年に書かれたもので，いまでも手にとりやすいものを掲げておいた．

| 解答

　（1）　ABABAB という形の数が必ずきれいに 7 で割り切れることを証明するには，そのような数は AB と 10101 との積であることに注意するだけでよい．10101 は 7 の倍数であるから，ABABAB という数も必ずそうである．

[*5]　〔訳注〕英語では『千一夜物語』に相当する呼び名はほとんど使われないので，豆知識としてこのコメントがつけられたと思われるが，「もともと」の物語数は 1001 もなかったというのが，現在の通説である．

（2） 1から7の数字をランダムに並べて1つの数を作ったとき，その数が11で割り切れるものになる確率は4/35である．11で割り切れるためには，数字の並び方が，1つおきに数字を足していった一方の和と，1つおきに数字を足していったもう一方の和との差が0か11の倍数となるようになっていなければならない．7つの数字すべての和は28である．容易にわかるように，28を2つに分けたときに差が適切になるのは，14 | 14と25 | 3の2つの場合しかない．このうち25 | 3という分け方は除外される．なぜなら，3つの異なった数字の和は，3で収まるほど小さくはなりえないからである．したがって，14 | 14という分け方だけ考える必要がある．ABABABAという数のBの場所に入れることのできる3つの数字の組み合わせは35通りある．その35通りのうち，4通り（167, 257, 347, 356）の場合だけ，和が14となる．したがって，できあがる数が11で割り切れるものになる確率は4/35である．

（3） 2から10の各整数で割ったときに，どの場合の余りも，割る数より1だけ小さくなる数のうち最小なのは2519である．面白いことに，「プロフェッサー・ホフマン」は，1893年の著書[*6]の中で，これを「難問」だといい，2ページ以上を割いて，割り切れるかどうかの判定規則を複雑に適用してこの問題を解いている．ホフマンは気づかなかったわけだが，どの割り算も，ぴったり割り切れるよりもちょうど1ずつ足りないのであるから，ここで必要なのは，2, 3, 4, 5, 6, 7, 8, 9, 10の最小公倍数が2520であることを求め，そこから1を引いて答えを出すことだけである．

（4） 小立方体が1辺ぶんだけ欠けている大立方体の問題は，（nを任意の整数としたとき）$n^3 - n$という形の数がつねに必ずきれいに6で割り切れることを証明する問題と等価である．以下がおそらく最も簡単な証明である．

$$n^3 - n = n(n^2 - 1) = n(n-1)(n+1)$$

[*6] *Puzzles Old and New* (1893).

最右辺の表現からわかるのは，$n^3 - n$ は，3つの連続した整数の積だということである．3つの連続した整数の任意の組においては，簡単にわかるように，整数のうち1つは必ず3でちょうど割り切れ，少なくとも1つは必ず偶数である（この2つの性質は，たとえば 17, 18, 19 の場合のように，同じ整数があわせもっている場合ももちろんある）．このように2も3も，3つの連続した整数の積の素因数なのだから，その積は必ず 2×3 すなわち6で割り切れる．

（5） 3の123456789乗を7で割ったときの余りは6である．これを簡単に求める鍵は，順に並べた3のベキ乗それぞれを7で割ったときの余りを列にしてみると，3, 2, 6, 4, 5, 1 という6つの数が永久に繰り返される点にある．123456789を6で割ると余りが3となるので，周期の中の3番めの数を見ればよい．それは6であり，本問の答えである．

数が何であっても，そのベキ乗を7で割ったときの余りの列は周期的となり，その周期は，7を法として合同な数どうしではすべて同じである．1 (mod 7) (7を法として1と合同) である数のベキ乗は，7で割ったときの余りがつねに1である．2 (mod 7) である数のベキ乗を7で割ったときの余りの列の周期は 2, 4, 1 である．3 (mod 7) である数のベキ乗に対する周期は，上で与えたものであり，4に対しては，4, 2, 1 であり，5に対しては，5, 4, 6, 2, 3, 1 であり，6に対しては，6, 1 であり，7に対しては，もちろん0である．

123456789の123456789乗を7で割ったときの余りは何か．123456789 は 1 (mod 7) であるから，求める余りは1だとただちにわかる．

（6） 第6問では，0を含まない異なった4つの数字で，どのように並べても7で割り切れる4桁の数が作れないものを問うていた．4つの数字による126通りの異なる組み合わせのうち，該当するのは3つだけで，答えは1238と1389と2469である．

文献

"Criteria of Divisibility by a Given Number." Leonard Eugene Dickson in *History of the Theory of Numbers*. Chelsea, 1952. Vol. 1, Chapter 12, pp. 337-346. (Originally published in 1919.)

"A General Rule for Divisibility Based on the Decimal Expansion of the Reciprocal of the Divisor." J. M. Elkin in *American Mathematical Monthly* 59 (May 1952): 316-318.

"A General Test for Divisibility." Kenneth A. Seymour in *Mathematics Teacher* 56 (March 1963): 151-154.

"Division by 7." J. Bronowski in *Mathematical Gazette* 47 (October 1963): 234-235.

"A Complete Set of Elementary Rules for Testing for Divisibility." Wendell M. Williams in *Mathematics Teacher* 56 (October 1963): 437-442.

"Repeating Decimals and Tests for Divisibility." Jack M. Elkin in *Mathematics Teacher* 57 (April 1964): 215-218.

"Division by 7 or 13." E. A. Maxwell in *Mathematical Gazette* 49 (February 1965): 84.

"Divisibility Patterns in Number Bases." Sister M. Barbara Stastny in *Mathematics Teacher* 58 (April 1965): 308-310.

"A General Test for Divisibility by Any Prime (Except 2 and 5)." Benjamin Bold in *Mathematics Teacher* 58 (April 1965): 311-312.

"Divisibility Test for 7." Henri Feiner in *Mathematics Teacher* 58 (May 1965): 429-432.

"Divisibility Tests of the Noncongruence Type." John Q. Jordan in *Mathematics Teacher* 58 (December 1965): 709-712.

"A General Divisibility Test." Robert Pruitt in *Mathematics Teacher* 59 (January 1966): 31-33.

"Divisibility by 7, 11, 13, and Greater Primes." R. L. Morton in *Mathematics Teacher* 61 (April 1968): 370-373.

"A Simple '7' Divisibility Rule." E. Rebecca Matthews in *Mathematics Teacher* 62 (October 1969): 461-464.

"Divisibility by Integers Ending in 1, 3, 7, or 9." Robert E. Kennedy in *Mathematics Teacher* 65 (February 1971): 137-138.

"Some Unusual Tests of Divisibility." Najib Yazbak in *Mathematics Teacher* 69 (December 1976): 667-668.

"A General Test of Divisibility." Lehis Smith in *Mathematics Teacher* 71 (November 1978): 668-669.

"A General Divisibility Test for Whole Numbers." Walter Szetela in *Mathematics Teacher* 73 (March 1980): 223-225.

"Divisibility." Allen Olsen in *Mathematics Teacher* 100 (August 2006): 46-52.

"Stupid Divisibility Tricks." Marc Renault in *Math Horizons* (November 2006): 18-21, 42.

15

パズル9題

問題1 7枚のカード

アメリカでよく使われる横 $8\frac{1}{2}$ インチで縦 $12\frac{1}{2}$ インチの規格用紙の面積は $106\frac{1}{4}$ 平方インチである.3インチ×5インチのカードを7枚合わせると,面積は105平方インチになる.明らかに,この7枚のカードでは規格用紙全体を完全に覆うことはできないが,では,7枚で覆うことのできる最大の面積はどのくらいだろうか.カードは平らに並べなければならず,折ったり切ったりしてはいけない.カードどうしは重なってもよく,カードの縁を規格用紙と平行にする必要はない.図79に,7枚のカードで $98\frac{3}{4}$ 平方インチの面積を覆える並べ方を示した.これは最大ではない.

このパズルは,老若男女を問わず楽しめるだろう.もし必要な材料が簡単に手に入らなくても,段ボールを $8\frac{1}{2}$ インチ× $12\frac{1}{2}$ インチに切り,3インチ×5インチの長方形の紙を別途7枚切り出せばよい.覆われずに残った領域を素早く計算できるように,規格用紙に1/2インチ単位の方眼を描いておくとよいだろう.

この問題は,ジャック・ハリバートンが最初に提案したものだ[*1].

〔解答 p.253〕

[*1] *Recreational Mathematics Magazine*, December 1961.

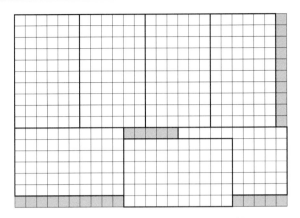

図79　7枚のカードで規格用紙をどのくらい覆えるか．

問題2　青なし彩色グラフ

6人のハリウッドスターたちが，次のようなとても特徴的なグループを作っていたとしよう．そのグループ内のどの2人の関係も，大の仲良しか，犬猿の仲かのどちらかである．ただし，どの3人を選んでも，全員が互いに大の仲良しという3人組はいない．このとき，誰もが犬猿の仲どうしであるという3人組が少なくとも1組は存在することを証明せよ．この問題はグラフ理論の魅力的な新分野「青なし彩色グラフ」[*2]への導入になっている．これについては，解答欄で説明しよう．　　　　　　　　　　　　　〔解答 p.254〕

---

*2　〔訳注〕原文では "blue-empty chromatic graph" である．この語は普及しなかったようで，現在のグラフ理論ではこうしたグラフの彩色問題はまとめて「ラムゼー理論」や「ラムゼー定理」とよぶ．

問題3 2連勝

ある数学者と，その妻と，10代の息子は，日頃からチェスを嗜んでいた．ある日，息子が父親に土曜日の夜のデートのためにと10ドルをねだったとき，父親はパイプを少しくゆらせて言った．

「じゃあ，こうしようじゃないか．今日は水曜日だ．おまえは，今晩1回，明晩もう1回，明後日の金曜日にさらに1回，チェスをする．お母さんと私とが，代わるがわる相手をしよう．おまえが2連勝したら，お金をあげよう」

「最初に誰と対戦するの．お父さん，それともお母さん？」

「そこは，おまえに任せよう」数学者の父は，目を輝かせながらそう言った．

息子は，母親のほうが父親よりも強いことを知っていた．2連勝する確率を最大にするには，「父-母-父」の順に対戦するのと，「母-父-母」の順に対戦するのと，どちらにすべきだろうか．

アルバータ大学の数学者レオ・モーザーは，初等確率論における，この面白い問題の考案者だ．もちろん，たんなる当てずっぽうではなく，きちんと証明つきで答えてもらいたい．　　〔解答 p.256〕

問題4 覆面算2題

たいていの覆面算では，単純な計算式の中にある数字のそれぞれに異なる文字が当てられている．図80に示した2つの少し変わっ

```
        E E O                    P P P
  ×         O O            ×       P P
      ─────────                 ─────────
      E O E O                  P P P P
      E O O                  P P P P
      ─────────              ─────────
    O O O O O                P P P P P
```

図80　非正統派の覆面算．

た覆面算は，こうした慣例から離れた非正統派であるが，どちらも論理的な推論で簡単に解け，しかもどちらも唯一解である．

図の左の掛け算の問題は，ハートフォード大学のフィッチ・チェイニーが新たに考案したもので，それぞれのEは偶数を表し，Oは奇数を表す．もちろん，どの偶数もEで表されているからといって，すべての偶数の値が同じであるという意味ではない．たとえば，あるEは2を表していても，ほかのEは4だったりするわけだ．ゼロは偶数と考える．読者には，この計算式を再現してもらいたい．

右の掛け算の問題では，それぞれのPは1桁の素数 (2, 3, 5, 7) を意味している．この魅惑的な問題は，およそ25年前にコーネル大学の化学者ジョセフ・エリス・トレヴァーが最初に考案したものだ．それ以来，この種の問題の古典となっている．　　〔解答 p.257〕

問題5　正方形分割

正方形の4分の1を，もとの正方形の1つの角から取り除き，残った図形を4つの合同（同じ面積で同じ形）な図形に分割できるだろうか．答えはイエスだ．図81の左に示した方法で行えばよい．同様に，正3角形の角から，その正3角形の4分の1を取り除いた図形も，図の中央に示したように，4つの合同な図形に分割できる．この2つは，数多くある幾何パズルの典型的なものだ．この種

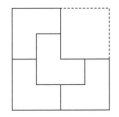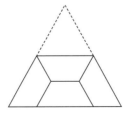

図81　分割パズル3題．

のパズルの目的は，与えられた図形を，特定の個数の合同な図形にきっちりと分割することだ．

では，図の右に示した正方形を5つの合同な図形に分割できるだろうか．できる．唯一解だ．図形は，複雑だろうが奇奇怪怪だろうが，形と大きさがすべて同一であれば，どんな形でもよい．非対称な図形は「裏返し」にしてもよい．つまり，鏡像は合同と考える．この問題は，しばらくは苛つくほど手に負えない状態が続いてから，解答が突如，稲妻のようにひらめくだろう． 〔解答 p.258〕

問題6 フロイズノブ町の交通網

ロバート・アボットは，『新しいカードゲーム』[*3]の著者であるが，奇妙な道路地図（図82）を考案し，次のような物語を付した．

「インディアナ州のフロイズノブ町には37台しか登録車がなかったため，町長は，自分のいとこで町のいたずら者であったヘンリー・ステーブルズを，道路交通監督者に任命しておいても問題ないだろうと考えた．しかし町長はすぐにその決断を後悔した．ある朝，町民が目を覚ますと，山ほどの道路標識が設置されており，たくさんの一方通行と，混乱必至の右折禁止や左折禁止が乱立していた．

こうした標識に，町民からは非難轟々であったが，それは警察署長（彼も町長のいとこであった）が驚くべき発見をするまでのことであった．外部から車でやって来て町を通り抜ける者は，苛立ちのあまり遅かれ早かれ交通違反となる方向転換をしてしまうのであった．警察署長は，郊外の国道で速度違反を取り締まるよりも，こうした違反行為から罰金を徴収するほうが，ずっと町に大金をもたらすということに気づいたのだった．

特に次の日が土曜日で，そのあたりで一番の金持ち農家のモーゼス・マカダムが，田舎の邸宅に行く途中，この町を通り抜けるこ

[*3] *Abbott's New Card Games*, Robert Abbott, Stein and Day, 1963.

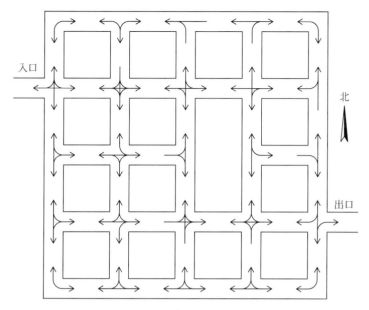

図82　フロイズノブ町の交通迷路.

とになったときは，もちろん町中の人が大喜びであった．彼らは，モーゼスから大金をせしめられると思った．交通違反を1つも起こさずに町を通り抜けるのは不可能だと信じていたからだ．しかしモーゼスは密かに，この道路標識を研究していた．土曜日の朝がやって来ると，彼は町中を驚かせた．なんと農場を出てから町を抜けて田舎の邸宅に行くまで，彼は交通違反をただの1つも起こさなかったのだ．

さて，モーゼスがとった経路を見つけられるだろうか．それぞれの交差点では，描かれた矢印のどれか1つに従わなければならない．つまり，ある方向に曲がるためには，その方向に矢印が描かれていなければならず，直進するときも，まっすぐに描かれた線に沿って進まなければならない．車を後退させて曲がってはならない．Uターンは許されない．交差点を出るときには，矢印の先端に

向けて脱出しなければならない．たとえば，農場を出て最初の交差点では，選択肢は2つしかない．北に行くか直進するかのどちらかだ．直進したときは，次の交差点で，さらにまっすぐ進むか南に曲がらなければならない．ここには北に向かうカーブが描かれてはいるが，北を指す矢印は描かれていないので，この交差点を北向きに出ることは禁止されている」　　　　　　　　　　　　〔解答 p. 258〕

問題7　リトルウッドの脚注

　ときおり，雑誌の表紙に，それと同じ雑誌の表紙の写真が使われることがある．その中にさらに小さい雑誌の表紙の写真が載っており，それは無限に繰り返されていると考えられる．この種の無限後退は，論理学や意味論において，よくある混乱の原因になっている．終わりのない階層は回避できることもあれば，そうでないこともある．イギリスの数学者J・E・リトルウッドは，この件について著書*4 の中で言及しているのだが，そこでは，自分のある論文の最後のところに書かれていた3つの脚注について語っている．この論文はフランスの論文誌に掲載されていて，脚注は，すべてフランス語で次のように書いてある．

1. 本論文を翻訳してくれたリーズ教授に深く感謝する．
2. すぐ前の脚注を翻訳してくれたリーズ教授に感謝する．
3. すぐ前の脚注を翻訳してくれたリーズ教授に感謝する．

　リトルウッドがフランス語をまったく知らなかったと仮定すると，この3つめの脚注で止めて，まったく同じ脚注の無限後退を避けたのには，どのような妥当な根拠があったのだろうか．　〔解答 p. 258〕

---

*4　*A Mathematician's Miscellany*, J. E. Littlewood. この本はいまでは *Littlewood's Miscellany* と改題され，ベラ・ボロバシュの導入つきで，Cambridge Press から1986年に発行されている．

問題8 小町算

まるでこれまで一度も解析されてこなかったかのように，パズルの本に何度も登場している古い計算の問題がある．それは，数字の 1, 2, 3, 4, 5, 6, 7, 8, 9 の間のどこでも好きなところに加減乗除の演算記号を入れて，その結果を 100 にせよという問題だ．数字の並び順を変えてはいけない．数百もの解答があるが，おそらく最も簡単に見つかるものは次の式だろう．

$$1 + 2 + 3 + 4 + 5 + 6 + 7 + (8 \times 9) = 100.$$

演算をプラスとマイナスに限定すると，より挑戦しがいのある問題になる．やはりこれも多くの解をもつが，たとえば次の解答がある．

$$1 + 2 + 34 - 5 + 67 - 8 + 9 = 100$$
$$12 + 3 - 4 + 5 + 67 + 8 + 9 = 100$$
$$123 - 4 - 5 - 6 - 7 + 8 - 9 = 100$$
$$123 + 4 - 5 + 67 - 89 = 100$$
$$123 + 45 - 67 + 8 - 9 = 100$$
$$123 - 45 - 67 + 89 = 100$$

「最後の解はきわめて簡素である」とイギリスのパズリスト，ヘンリー・アーネスト・デュードニーは著書[*5]の中で書いている．そしてまた「これを上回るものはないだろう」とも書いている．

この問題の知名度を考えると，これを逆順にした問題について，ほとんど考えられてこなかったらしいことには，驚きを禁じ得ない．つまりここでは，数字を降順に 9 から 1 まで並べ，できるだけ少ない数のプラスとマイナスを間に入れて，結果が 100 になる式を作ってほしい． 〔解答 p. 259〕

[*5] *Amusements in Mathematics*, Henry Ernest Dudeney, 問題 94 の解答.

問題9 交差する円柱

アルキメデスの偉大な業績のひとつとして,微積分の基本的な発想を先取りしていたことが挙げられる.図83に描かれた問題は,こんにちの数学者の多くが,微積分の知識なくしては解けないだろうと見なす古典的な問題の例である(実際,多くの微積分の教科書に載っている)が,アルキメデスの巧妙な方法で容易に解くことができる.2つの円柱が直角に交差している.それぞれの円柱の半径が単位長1であったとき,2つの円柱に共通する部分の立体の体積はいくらだろうか.

この問題をアルキメデスがどのようにして解いたのかという正確な記録は残っていない.しかし解答を得るのに,驚くほど単純な方法が存在する.実のところ,必要なのは円の面積を求める公式 ($\pi \times (半径)^2$) と,球の体積を求める公式 ($4\pi(半径)^3/3$) くらいにすぎない.アルキメデスの使った方法もこれだったのではないだろうか.いずれにせよこれは,問題に対するうまい方法を見つければ,しばしば微積分を避けられることを示す有名な例となった.

〔解答 p. 259〕

図83 アルキメデスの交差する円柱の問題.

解答

1. もしカードの縁を規格用紙の縁と平行に置かなければならないとすれば，最大 100 平方インチを覆うことができる．数多くあるカードの置き方のうちの 1 つを図 84 に示す．

スティーヴン・バーは，中央のカードを図 85 のように斜めにすれば，覆う領域を 100.059··· 平方インチにまで増やすことができることを最初に指摘してくれた．次にドナルド・ヴァンダープールが書き寄越してくれたのだが，カードをこれよりもさらに少し傾ければ（ただし覆われていない帯の中心を保つ），覆われている領域をさらに増やすことができる．覆う領域を最大にする角度を求めるには微積分が必要である．

ジェイムズ・A・ブロックは，覆う面積を小数点以下 5 桁めまで出すのであれば，角度は 6°12′ から 6°13′ まで変化させても変わらず 100.06583··· 平方インチであることを見出した．

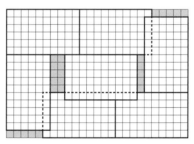

図 84 7 枚のカードで 100 平方インチを覆う配置．

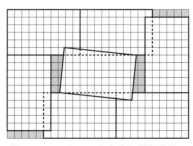

図 85 カードで，もう少し覆う配置．

この問題の来歴はジョセフ・S・マダチーが記事[*6]の中で触れている.彼は,R・ロビンソン・ローエによる,覆う面積が100.065834498…平方インチになる角度 6°12′37.8973″ の計算を与えている.

2. 6人組のうちのどの2人を選んでも,犬の仲良しか犬猿の仲のどちらかであって,どの3人を選んでも,全員が犬の仲良しどうしということはないのであった.問題は,このとき全員が犬猿の仲どうしである3人組の存在を証明することだ.

この問題はグラフ理論の技法を使えば簡単に解ける.6人を6つの点で表現し,すべての組の間を破線でつなぐ(図 86).この線は犬の仲良しか,犬猿の仲であることを示している.青線は仲良し,赤線は犬猿の仲を表すものとしよう.

点 A を考える.ここから出る5本の線のうち,少なくとも3本は同じ色でなければならない.以下の議論で,まず適当な3本が赤だとしよう(図では黒い実線で示した).もし3角形 BCE を作る辺がすべて青だとすると,全員が犬の仲良しの3人組ができてしまう.問題文より,そうした組は存在しない.した

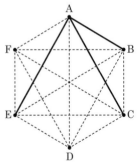

図 86 問題 2 のグラフによる解答.

[*6] *Mathematics on Vacation*, Joseph S. Madachy, Scribner's, 1966, pp. 133-135.

がって，この3角形のうち，少なくとも1本の辺は赤でなければならない．どの辺が赤かったとしても，はじめに選んだ辺にこの辺を加えることで，すべての辺が赤い3角形ができあがる．つまり，全員が犬猿の仲の3人組だ．そこで，最初の3本は赤ではなく，青だったとしよう．すると，3角形 ABC のどの辺を青にしても最初に選んだ3本の辺と合わせて青い3角形ができてしまうので，3角形 BCE の3つの辺はすべて赤でなければならない．まとめると，少なくとも1つの3角形では，すべての辺が青になるか，すべての辺が赤になる．この問題では，すべての辺が青い3角形は排除しているので，すべての辺が赤い3角形が存在しなければならない．

実際には，もっと強い結果を得ることもできる．すべての辺が青い3角形が存在しないのであれば，（もっと複雑な論証で）すべての辺が赤い3角形が少なくとも2つは存在することを示せる．グラフ理論では，この種の2色のグラフ，つまり青い3角形がないものを「青なし彩色グラフ」とよぶ．この問題のように，点の数が6つならば，赤い3角形の最少数は2である．

青なし彩色グラフで点の数が6より少なければ，赤い3角形を含まないグラフを描くのは簡単である．点の数が7になると，少なくとも赤い3角形が4つは存在する．8点の青なし彩色グラフでは，赤い3角形の最少数は8であり，9点では13である[*7].

[*7] この話題の詳細を知りたい読者は，以下の論文や本を参照されたい．"Combinatorial Relations and Chromatic Graphs." R. E. Greenwood and A. M. Gleason in *Canadian Journal of Mathematics* 7 (1955): 1-7. ／ "On Chromatic Graphs." Leopold Sauve in *American Mathematical Monthly* 68 (February 1961): 107-111. ／ "Blue-empty Chromatic Graphs." Gary Lorden in *American Mathematical Monthly* 69 (February 1962): 114-120. ／ "On Chromatic Bipartite Graphs." J. W. Moon and Leo Moser in *Mathematics Magazine* 35 (September 1962): 225-227. ／ "Disjoint Triangles in Chromatic Graphs." J. W. Moon in *Mathematics Magazine* 39 (November 1966): 259-261. ／ *Chromatic Graph Theory*. Gary Chartrand and Ping Zhang. Chapman and Hall/CRC, 2008.〔訳注：こうしたグラフ理論については，以下の本が代表的な教科書で，日本語訳もある．"*Graph Theory*." R. Diestel. Springer, 2012. 邦訳：『グラフ理論』R・ディーステル著，根上生也，太田克弘訳．丸善出版，2012年．〕

3. A は B よりもチェスが強いとしよう．あなたの目的が 2 連勝することだとして，A, B, A と対戦するのと，B, A, B と対戦するのとでは，どちらがよいだろうか．

あなたが A に勝つ確率を P_1，B に勝つ確率を P_2 とする．するとあなたが A に勝てない確率は $1 - P_1$ で，B に勝てない確率は $1 - P_2$ である．

仮に ABA の順序で対戦したとすると，このとき 2 連勝するには，次の 3 つの異なる場合が考えられる．

（1） 3 回の対戦ですべて勝つ場合．これが起こる確率は $P_1 \times P_2 \times P_1 = P_1^2 P_2$ である．
（2） 最初の 2 回だけ勝つ場合．この確率は $P_1 \times P_2 \times (1 - P_1) = P_1 P_2 - P_1^2 P_2$ である．
（3） 最後の 2 回だけ勝つ場合．この確率は $(1 - P_1) \times P_2 \times P_1 = P_1 P_2 - P_1^2 P_2$ である．

この 3 つの確率を足せば，$P_1 P_2 (2 - P_1)$ が得られる．これが ABA の順で対戦したときにあなたが 2 連勝する確率である．

順序が BAB のときは，同様の計算により，3 連勝する確率は $P_1 P_2^2$ で，最初に 2 連勝する確率が $P_1 P_2 - P_1 P_2^2$ で，後半 2 連勝する確率が $P_1 P_2 - P_1 P_2^2$ である．3 つの確率の和は $P_1 P_2 (2 - P_2)$ となる．これが BAB の順で対戦したときに 2 連勝する確率だ．

ここで，P_2 は B と対戦したときに勝つ確率で，これは A と対戦したときに勝つ確率 P_1 よりも大きいのであった．したがって，$P_1 P_2 (2 - P_1)$ は $P_1 P_2 (2 - P_2)$ よりも大きいはずである．言い換えると，2 連勝するには ABA の順で対戦したほうが有利であり，これはつまり，まず強い方と戦い，次に弱い方，そして強い方の順で戦うほうがよいという結論になる．

フレッド・ガルビン，ドナルド・マッカイバー，アキヴァ・スカイデル，アーネスト・W・スティックス・ジュニア，ジョー

ジ・P・ヨストは，次のような直感的な理由で同じ結論に達した多くの読者の中の最初の人たちである．2 連勝するには，息子が 2 回めの対戦で勝つことが不可欠であり，したがって 2 回めの対戦で弱いほうの相手と当たるほうが有利である．しかも，息子は少なくとも強いほうの相手に 1 回は勝たなければならないのだから，強いほうの相手と 2 回対戦するほうが有利である．つまり答えは ABA だ．ガルビンは，この問題が，出てくる確率の値がわからなくても解けるのであれば，どんな特別な場合を考えても正解が得られるはずだという点を指摘してくれた．極端な場合として，息子は必ず父親に勝てると考えよう．すると，2 連勝するには，息子は母親に 1 回勝つだけでよいことになり，母親と 2 回対戦するほうが，勝つチャンスが明らかに増えるというものだ．

4. フィッチ・チェイニーの覆面算は次の唯一解をもつ．

$$
\begin{array}{r}
285 \\
\times\ 39 \\
\hline
2565 \\
855 \\
\hline
11115
\end{array}
$$

ジョセフ・エリス・トレヴァーの覆面算の唯一解は次のものだ．

$$
\begin{array}{r}
775 \\
\times\ 33 \\
\hline
2325 \\
2325 \\
\hline
25575
\end{array}
$$

2 問のうち難しいほうのトレヴァーの問題は，まず最初に，素数の数字だけからなる 3 桁の数で，1 桁の素数を掛けると素数の数字だけからなる 4 桁の数になるものを探すという方法が，おそらく最もよい解き方だろう．これは次の 4 通りしかない．

$$775 \times 3 = 2325$$
$$555 \times 5 = 2775$$
$$755 \times 5 = 3775$$
$$325 \times 7 = 2275$$

この3桁の数はどれも，うまくいく乗数が1つしかない．したがって問題の中の乗数は，同じ数からなる2桁である．つまり調べなければならない場合は，4通りしかない．

5. 正方形を5つの合同な図形に分割するには，図87に示した方法しかない．この問題は自分には解けないとあきらめた読者は驚くだろうが，その驚きが大きいほど，解を示されて自分がいかにバカだったかと感じる気持ちも大きいことだろう．

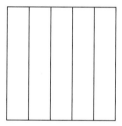

図87　問題5の解答．

6. 交通違反を起こさずにフロイズノブ町を車で走り抜けるには，行く先々の交差点を次のとおりに抜けて行けばよい：東-東-南-南-東-北-北-北-東-南-西-南-東-南-南-西-西-西-西-北-北-東-南-西-南-東-東-東-東-北-東．

7. 友人が翻訳してくれた論文で，なぜ脚注で無限後退を回避できたのか，J・E・リトルウッド本人の言を借りれば，「フランス語はほとんど知らないのだが，フランス語の文を自分で写すことはできるからね」．

8. 結果が 100 になる式を作るには，降順に並んだ数字の間に，プラスとマイナスの記号を 4 つ入れればよい．具体的には次のとおり：

$98 - 76 + 54 + 3 + 21 = 100.$

わずか 4 つの記号を使う解はほかには存在しない．昇順と降順のすべての解の完全な一覧表については，私の本[*8]を参照してもらいたい．

9. 半径が単位長の 2 つの円柱が直角に交わっている．2 つの円柱に共通する部分の体積はいくらだろうか．この問題は，以下のエレガントな方法を使えば，微積分を使わなくても簡単に解ける．

半径が単位長の球が，2 つの円柱の共通部分の内部にあるところを想像してみよう．この球の中心は，2 つの円柱の軸の交点にある．この球の中心と円柱の 2 つの軸を通る平面で，円柱と球を半分に切ったと仮定する．すると，2 つの円柱の共通部分の断面は正方形となる．そして球の断面はこの正方形に内接する円となる．

ここで，いまの平面を平行に少しずらした平面で，円柱と球を切ったところを考える（図 88）．すると，それぞれの円柱の断面は長方形であり，それらが交差している部分は，先と同様，両方の円柱の共通部分の断面をなす正方形となる．また，やはり先と同様，球の断面は，この正方形に内接する円になる．円柱の 2 本の軸と平行な平面では，いつでもこれが成り立つことを（想像力を少し働かせながら手書きの図でも描いて）見て取るのは，それほど難しいことではない．つまり，円柱の共通部分の断面は正方形になり，球の断面はそれに内接する円になる．

こうした断面をすべて集めて，本のページのように積み重ね

[*8] *Numerology of Dr. Matrix*, Martin Gardner, Simon and Schuster, 1967, pp. 64-65. 〔邦訳：『メイトリックス博士の驚異の数秘術』マーティン・ガードナー著，一松信訳．紀伊國屋書店，2011 年．〕

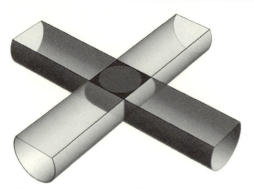

図 88　アルキメデスの円柱の断面図と内接球.

たところを考えよう．明らかに，球の体積は，こうした断面の円の合計であり，両方の円柱の共通部分の体積は，断面の正方形の合計である．したがって，球の体積と，円柱の共通部分の体積の比率は，円の面積と，それに外接する正方形の面積の比率と同じであると結論づけられる．簡単な計算で，後者の比率は $\pi/4$ であることがわかる．よって，求める体積を x とおくと，次の式が得られる．

$$\frac{4\pi r^3/3}{x} = \frac{\pi}{4}$$

円周率 π を約分すると，x の値は $16r^3/3$ となる．いまは半径を単位長と仮定しているので，2 つの円柱の共通部分の体積は $16/3$ である．アルキメデスが指摘しているように，これは球が内接する立方体（つまり各円柱の直径と同じ長さの辺をもつ立方体）の体積のちょうど $2/3$ である．

この解答は，17 世紀のイタリアの数学者であるボナヴェントゥーラ・カヴァリエリにちなむ，いわゆる「カヴァリエリの定理」を使っていると多くの読者に指摘された．フリーモント・レイズマンによれば，「この定理の最も単純な形は，2 つの立体が同じ高さをもち，底から測って同じ高さのときの断面積が同じであれば，同じ体積をもつというものである．しかしカ

ヴァリエリは，それを証明するために，微積分の考え方を少し先取りして，薄板を積み重ねて図形を構成し，その極限をとらなくてはならなかった」．アルキメデスは，この原理を知っていた．1906年に初めて見つかった，『方法論』とよばれるかつて失われていた書物（これは，アルキメデスが交差円柱の体積問題に対して答えを与えている当の本である）では，アルキメデスは，この原理をデモクリトスに帰しており，デモクリトスはこれをピラミッドや円錐の体積の公式を得るために使ったとしている．

何人かの読者は，問題を解くのに，カヴェリエリの定理を少し違った方法で適用していた．たとえばグランヴィル・パーキンズは，（両方の円柱の共通部分からなる立体の周りに）外接する立方体にこれを適用した．2つの円柱の中心軸と平行な（立方体の）2つの面を底と見なすと，立方体の中心を頂点とする2つの4角錐が構成できる．あとはこれらの底面に平行な薄板で順に切っていけば，問題は簡単に解ける．

単位長の半径をもち，互いに直交する3つの円柱に共通する立体の体積を求める問題に取り組みたいと思う読者のために，ここでは解答だけ示しておこう．$8(2-\sqrt{2})$ である．微積分による解答はS・I・ジョーンズが与えている[*9]．2つの円柱の場合に関する議論はJ・H・ブッチャートとレオ・モーザーの論文[*10]やリチャード・M・サットンの論文[*11] を参照してもらいたい．

イリノイ大学の幾何学研究室の学部生のグループが，この問題に触発されて，Mathematicaで図を描き出した．図83と図88は彼らの論文[*12]からのものである．

[*9] *Mathematical Nuts*, S. I. Jones, privately printed in Tennessee, 1932, p. 83 and 287.

[*10] "No Calculus Please," J. H. Butchart and Leo Moser, *Scripta Mathematica*, vol. 18, September 1952, pp. 221-236.

[*11] "The 'Steinmetz Problem' and School Arithmetic," Richard M. Sutton, *Mathematics Teacher*, vol. 50, October 1957, pp. 434-435.

[*12] "Intersecting Cylinders: From Archimedes and Zu Chongzhi to Steinmetz and Beyond: Project Report," Lingyi Kong, Luvsandondov Lkhamsuren, Abigail Turner, Aananya Uppal, A. J. Hildebrand (Faculty Mentor), Illinois Geometry Lab, www.math.illinois.edu/igl

| 後記
| (1991〜) ロバート・アボット(彼の作ったフロイズノブ町の迷路を問題6として出題した)が書いた『迷路狂』という驚くべき本[*13]には,どれもこれまで誰も出くわしたことのない迷路が20問掲載されている.私は同書の序文を喜んで書かせてもらった[*14].

[*13] *Mad Mazes*, Robert Abbott, Bob Adams, 1990.
[*14] 〔訳注〕本後記は,原著では7章の後記であったが,より適切と思われる位置に移動した.

16

エイトクイーンと
チェス盤の分割問題

> ペニパッカーの診察室にはまだリノリウムのにおいが
> 残っていた．清潔な，もの悲しい匂いだった．濃淡のま
> だらのチェス盤柄の床から立ちのぼってくるらしかっ
> た．この模様は少年の日のクライドを妙にいらだたしい
> 錯綜とした気持ちにしたものだったが，いま彼は交錯す
> る彼自身の二重の意識に当惑して立っていた．
> ——ジョン・アップダイク『鳩の羽』*1

　濃淡のまだらのチェス盤柄は，人によっては「妙にいらだたしい錯綜とした気持ち」になるのかもしれないが，レクリエーション数学者はチェス盤柄の床を見ると，これがパズルにならないかと，たちまち幸せな気分になってしまう．これほど徹底的にレクリエーション目的に利用されてきた幾何学模様は，ほかにないといっても間違いないだろう．ここではチェッカー，チェス，碁といった方眼を盤面として使うゲームについては言及しないが，この模様そのものの計量できる性質やトポロジー上の性質から生じる，数限りない実に多種多様なパズルたちをお見せしよう．

　まず，1957 年に私のコラム*2 に掲載され，いまではよく知られ

---

*1 〔訳注〕寺門泰彦訳『鳩の羽』（白水社，1979 年）所収の短篇「欲望の持続」より．ただし本文の記述に合わせて一部を改変した．
*2 〔訳注〕本全集第 3 巻 3 章参照．

ている問題をしばらく考えてみよう．8×8のチェス盤から，対角線の両端にある2つの角のマスを取り除いたとき，残った62個のマスを31個のドミノで完全に覆えるだろうか．それぞれのドミノは2つの隣接するマス，黒1つと白1つを覆うので，31個のドミノは31個の黒いマスと31個の白いマスを覆う．しかし対角線の両端にある角のマスは同じ色なので，これを取り除いた後の盤面では，一方の色のマスが32個，他方の色のマスが30個になり，明らかに31個のドミノで覆うことはできない．この不可能性の証明が典型例だが，チェス盤の色の塗り分けというものは，たんに審美的により満足のいく模様であるとか，チェッカーやチェスの動きを図示するのにより便利であるとかいったことだけではまったくない．それは，チェス盤上の多くの種類の問題を解析するための，強力な道具立てを提供してくれているのだ．

　同じ色の2つのマスを取り除く代わりに，異なる色のマスを2つ取り除くとしよう．盤面上のどの2つでもよい．このとき，残った62個のマスを31個のドミノでつねに覆えるだろうか．答えはイエスである．では，それを証明する単純な方法はあるだろうか．もちろん，取り除くマスすべての組合せについて試せばよいのかもしれないが，それは面倒であるし，エレガントではない．カリフォルニア大学の数学者ダナ・スコットは，友人の数学研究者ラルフ・ゴモリーが発見した見事な証明を教えてくれた．まず盤面上に図89のように太線を引き，それに沿った経路を作る．このとき経路上には，交互に色の違うネックレスのビーズのようにマスが並ぶ．色の違う2つのマスを好きな2箇所から取り除くということは，このひとつながりの経路を，両端のつながっていない2つの経路に切り分けるということに相当する（経路上の隣り合った2つのマスを取り除いたときは1つの経路になる）．それぞれの経路には必ず偶数個のマスがあるため，各経路（ひいては盤面全体）はドミノで完全に覆うことができる．

　一部を取り除いたチェス盤をドミノで覆おうとするのではなく，ドミノがその上にまったく置けなくなるように一部のマスを取り除

16 エイトクイーンとチェス盤の分割問題　265

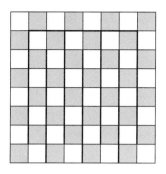

図 89　ドミノとチェス盤定理のゴモリーの証明.

くことを考えよう．残った盤面にドミノを1つも置けなくするために取り除かなければならないマスの個数の最少値はいくつだろうか．これは32個であり，どちらか一方の色をすべて取り除かなければならないことは簡単にわかる．しかし，ドミノをより大きな「ポリオミノ」の1つで置き換えると，問題を解くのはそれほど簡単ではない．（ポリオミノとは，単位正方形を辺でつないで作った図形である[*3]．）南カリフォルニア大学の数学者で，『ポリオミノ』[*4]の著者であるソロモン・W・ゴロムは，最近この手の問題を考案し，小さいポリオミノから12種類のペントミノ（正方形5つからなる図形）まで，すべてに解答を与えた．十字の形のペントミノは，見事な問題を与えてくれる．8×8のチェス盤が紙でできているとしよう．16個のマスが図90で示すようにグレーに塗られていたとすると，白いマスだけから十字が切り出せないのは明らかである．しかし16は最少値ではない．最少値はいくつか．　　　　　〔解答 p.276〕

チェス盤の魅力的な分割問題で，まだ解かれていないものとして，8×8の盤面を，格子線に沿った線で半分に切る異なる方法が何通りあるかを決定する問題がある．切ってできる2つの図形は，

---

*3　〔訳注〕本全集第1巻13章参照.
*4　*Polyominoes*, Solomon W. Golomb, Scribner's, 1965.〔邦訳：『箱詰めパズル ポリオミノの宇宙』ソロモン・ゴロム著，川辺治之訳．日本評論社，2014年．〕

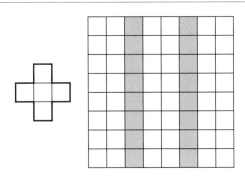

図 90 　ゴロムの十字問題.

同じ大きさ・同じ形で，一方を他方の上に，裏返すことなくぴったりと重ねられるものでなければならない．イギリスのパズリストであるヘンリー・アーネスト・デュードニーは，最初にこの問題を考案し，「困難に満ちている」ことがわかったと記している．彼には，全パターンの一覧表を作ることができなかった．2×2 の盤面を切って半分にする方法は 1 通りしかないことは明らかである．3×3 の盤面は（奇数個のマスからなるため）同一の 2 つに分けることはできないが，中央のマスが穴であると考えれば，2 つに分ける方法が 1 通りある．

4×4 の盤面では少し考える必要があるが，ちょうど 6 種類の解があることを見つけるのは難しくない（図 91）．これらは，さまざまな方法で回転したり裏返したりできるが，このようにして得られるパターンは「異なる」とは考えない．デュードニーは 5×5 の盤面（から中央を除いたもの）が 15 種類の解をもつことを示し，さらに 6×6 は 255 種類であることを示した．彼はそこで行き詰まってしまった．7×7 や 8×8 の問題は，昨今のコンピュータを使えば簡単に解けるはずだが，私が知る限り，これらの問題にコンピュータを投入したという話は聞かない．

ニューヨークの数学教師ハワード・グロスマンが最初に考案した，これと深く関係する問題は，正方形のチェス盤を 4 つの合同な図形

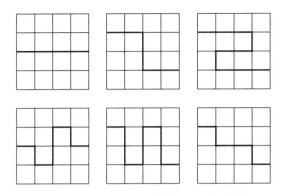

図91　4×4 の盤面を 2 分割する 6 通りの方法.

に分割せよというものだ．前問と同様，4 つの図形は同じ大きさ，同じ形で，同じ「手型」でなければならない．盤面の色は無視する．2×2 の盤面を 4 分割する方法は明らかに 1 通りだ．3×3 の盤面の中央に穴をあけたものも同様である．4×4 はどうだろう．4 分割する方法で，本質的に異なるもの（つまり，回転や裏返しによって同じ形になるものを除く）は，全部で何通りあるだろう．すべての方法を書き下しても，それほど難しくはないはずだ．もっとやってみたいという熱心な読者は，中央に穴のある 5×5 の盤面に進みたいと思うかもしれない．これは解が 7 つある．〔解答 p. 276〕（1 辺が偶数の盤面も，1 辺が奇数の盤面（中央に穴をあけたもの）も，どれも 4 分割できるが，それは，どんな偶数でも 2 乗はちょうど 4 で割り切れることと，どんな奇数でも 2 乗を 4 で割ると余りが 1 になるという事実による．）6×6 でも，コンピュータの助けなしに簡単に解けるが，分割方法の総数は 37 にまで上昇する．前の問題と同様，7×7 と 8×8 の解は不明である．ただし，どこかのコンピュータの空いている計算時間が，数分ばかりこの問題に費やされていなければの話だが．

　正方形のチェス盤を 2 分割や 4 分割する問題は，どちらも 3 次元版を考えることができるが，その解析は，かなり複雑なものになる．非常に小さい $2 \times 2 \times 2$ の場合ですら油断できない．この立方

体を2分割する方法は（立方体の面に平行な平面で分割する）ただ1通りしかないだろうと多くの人は予想するが，実のところ3通りある．（読者は思い浮かべられるだろうか．）4分割する方法は2通りある．$4 \times 4 \times 4$に対しては，私の知る限り，2分割にせよ4分割にせよ，異なる方法が何通りあるのか，誰にもまったく見当がつかない．

さまざまな種類の駒を盤面上に置けば，パズルの可能性や多様性がいくらでも広がる．たとえば，次数がn（1辺に並んだマスの数のことを次数とよぶ）であるチェス盤にクイーンを置いて，互いに取り合わないようにすると，最大で何個置けるだろうか．クイーンは上下左右と斜めにいくらでも動けるので，この問題は，できるだけ多くの駒を盤面上に置いて，同じ行や列，または斜め方向に2つ以上並ばないようにせよというのと同じだ．最大値が盤面の次数を超えないということは簡単にわかる．そしてnが3より大きければ，次数nのどんな盤面でも，問題の条件を満たすようにn個のクイーンを置けるということがすでに示されている．

回転や裏返しで一致するものは同じと考えると，4×4の盤面にクイーンを置く方法は1通りしかなく，5×5は2通り，6×6は1通りである．（読者には，こうした配置を自力で見つけて楽しんでもらいたい．6×6の問題は，ペグと盤を使うパズルとして，たびたび販売されている．）7×7の盤面は6通りの解をもち，8×8は12通り，9×9は46通り，10×10は92通りである．（次数nの盤面に対して解の総数を与えてくれる公式はわかっていない．）盤面の次数が2や3で割り切れないなら，n個の解を重ね合わせて，すべてのマスを完全に埋めることが可能だ．たとえば5×5の盤面に，5色のクイーンを5つずつ，25個のクイーンを置いて，同じ色のクイーンどうしが互いに取り合わないようにできる．

標準的な8×8のチェス盤の12通りの基本配置を図92に示す．この問題は通常「エイトクイーン問題」とよばれている．1848年9月にベルリンのチェス雑誌でマックス・ベッツェルが最初に紹介し，

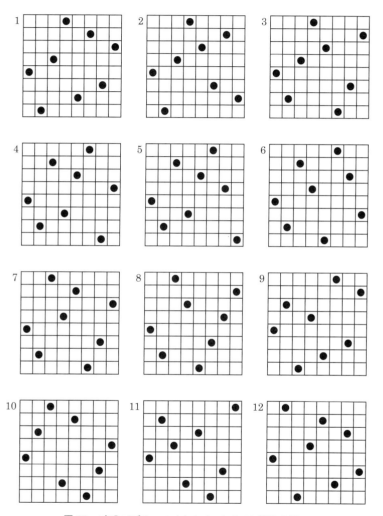

図 92 古典パズル，エイトクイーンの 12 通りの解．

フランツ・ナウクが 1850 年，12 個の解をライプツィヒの雑誌[*5] に発表して以来，この問題にまつわる膨大な文献が生み出されてきた．12 通りですべての可能な場合を尽くしていることを証明するのは簡単にはいかない．こうした証明を，行列式を用いて成し遂げたのは，イギリスの数学者 J・W・L・グライシャーであり，その結果は 1874 年 12 月に雑誌[*6] に掲載された．

12 種類の基本解のそれぞれに回転や裏返しを組み合わせれば 7 つの別の配置が得られるが，10 番めの解だけは例外で，この解は対称形なので，別の配置は 3 つしか得られない．したがって，全部で 92 個の解がある．10 番めの解は，中央のマス 16 個ぶんの正方形にクイーンが 1 つもないという点でユニークだ．また，これと 1 番めの解は，2 つの対角線上にもクイーンがない．7 番めの解は，ほかのどの解よりも興味深い．これは，どの 3 つのクイーンを見ても，同一直線上に乗っていないという性質をもつ唯一の解である（各クイーンをそれぞれのマスの中心点と見なす）．この性質を確認するため，これ以外のそれぞれの配置で，3 つないし 4 つのクイーンが乗っている直線を見つけ出す作業は，読者に楽しんでもらえるだろう．（ここで言っているのは，盤面上のマスの斜め方向ではなく，任意の向きの直線のことである．）ときおり，パズル愛好家が，3 つが同一直線上に並ばない 2 つめの配置を見つけたと言い出すことがあるが，丁寧に調べてみると，それは見落としがあるか，あるいはその配置が，たんに 7 番めの解の回転や裏返しにすぎないことがわかる．ちなみに，エイトクイーン問題には，角にクイーンを置いた解はないと主張されることもあるが，図が示すとおり，実際にはこうした解は 2 つある．また，どの解でも，外周部の角から 4 つめのマスに置かれるクイーンが必ずあるという点にも注意してほしい．

[*5] *Illustrierte Zeitung*
[*6] *Philosophical Magazine*

もちろん，クイーンをほかのチェスの駒で置き換えることもできる．縦横にいくらでも動けるが，斜めには進めないルークの場合，クイーンと同様，最大 n 個のルークを次数 n の盤面に置くことができるのは明らかである．それ以上置くと，どこかの列に少なくとも 2 つのルークが並んでしまう．どんな大きさの盤面にでも使える手として，ルークを単純に主対角線上に並べるという方法がある．この問題に対する置き方の総数は $n!$（つまり $n \times (n-1) \times \cdots \times 2 \times 1$）であるが，回転や裏返しによる重複を取り除くのは非常に難しく，8×8 といった小さい次数の盤面ですら，本質的に異なる解が何通り存在するのか知られていない．

　斜めにいくらでも動けるが，縦横には動けないビショップは，最大 $2n-2$ 個置ける．これを証明するため，まず，対角線は 1 つの方向に限れば $2n-1$ 本あることに注意しよう．しかし，このうち 2 つの対角線は，それぞれ 1 つのマスしか含んでおらず，この 2 つのマスは別の方向の主対角線の上に乗っているため，両方にビショップを置くことはできない．ここから最大値は $2n-2$ に減ってしまう．つまり，標準のチェス盤上で互いに取り合わないようにすると，ビショップは 14 個しか置くことができない．デュードニーは，この問題には本質的に異なる配置が 36 通りあることを示した．次数 n の盤面に置く方法の総数は 2^n 通りであるが，（ルークと同様）回転や裏返しによる重複を取り除くのは容易ではない．どんな大きさの盤面にでも使える，最大数のビショップを配置する方法の 1 つは，盤面の外周上のある 1 辺の n マスすべてと，反対側の辺の両端を除いた $n-2$ マスにビショップを並べるというものだ．

　縦横斜めに 1 マスだけ動けるキングの場合の最大値は，盤面の次数が偶数なら $n^2/4$，奇数なら $(n+1)^2/4$ だ．1 つの解としては，キングを正方格子状に並べて，どのキングも隣のキングと 1 つずつ隙間を空けておけばよい．大きさ $n \times m$ の盤面に，互いに取り合わないように最大数のキングを置くとき，異なる置き方が何通りあるかを決定する問題はとても難しい．これはカール・ファベルと

C・E・ケンプが，最近になってようやく解決した問題だ*7. 大きさ 8×8 の盤面だと，回転や裏返しで一致するものを除いて 281571 通りの解がある．

ナイトは，その変わった動き*8 のため，デュードニーは「チェス盤上の無責任な低俗喜劇役者」とよんでいるが，ほかの駒と比較しても，解析は容易ではなさそうに見える．互いに取り合わないようにしながら， 8×8 の盤面上に置けるナイトの個数の最大値はいくつだろうか．そして，それを実現する異なる配置は全部で何通りあるだろうか． 〔解答 p. 276〕

---

*7 Eero Bonsdorff, Karl Fabel, and Olavi Riihimaa, *Schach und Zahl* [Düsseldorf: Walter Rau Verlag, 1966], pp. 51-54.
*8 〔訳注〕将棋の桂馬は,「1 つ前の斜め右前」と「1 つ前の斜め左前」に動けるが，ナイトはこれと同じ動きを 4 つの方向すべてに向けてできる．

追記
(1969)

　正方形のチェス盤を 2 分割や 4 分割する問題は，多くの読者に気に入ってもらえた．カリフォルニア州シャーマンオークスの R・B・タスカーとバージニア州サウスボストンのウィリアム・E・パッタンは，それぞれ別々に，コンピュータを使わずに，次数 6 の盤面を分割する異なる方法が 255 通りあるというデュードニーの数値を検証した．スタンフォードコンピュータセンターのジョン・マッカーシーは，自分の学生に，次数 7 と 8 の場合のコンピュータプログラムを書かせる問題を与えた．その結果を 1962 年 11 月に送ってくれたのだが，次数 7 のときは 1897 通りのパターンがあり，次数 8 のときは 92263 通りあった．私の知る限りでは，この数が求められたのは，これが初めてだ．これらの数値は後に，ニュージャージー州パインブルックのブルース・フォウラーやワシントン DC のノーウッド・ゴーヴとルース・ゴーヴのプログラムによって確認された．アムステルダムのジョー・クラーアイエンホフは 1963 年に次数 9 の盤面に対する数値 1972653 を送ってくれた．1966 年にはサンタクララ大学のロバート・マースが次数 10 の盤面に対する数値 213207210 を知らせてくれた．次数 9 の結果は 1968 年にメリーランド州ベテスダのジェネラル・エレクトリック社のマイケル・コーネリソンが確認してくれたが，このとき GE 635 GECOS システムでの実行時間は 22 分であった．

　私自身はスタンフォードのプログラムの詳細をまだ精査していない．フォウラーの報告によれば，彼のプログラムは，盤面を 2 分割する線は必ず盤面の中心を通らなければならず，その線で分割された 2 つの図形は中心に対して対称でなければならないという事実に基づいているそうだ．彼の言葉を借りれば，「このプログラムは，どこか迷路の中のマウスのような動きをします．マウスは中心を出発して，1 度に 1 マスぶんだけ移動して，可能な右回りの方向転換をすべて行います．もしそこですでに通った経路にぶつかったら，1 つ戻り，左回りに 90 度の方向転換をして，処理を続けます．もし盤面の端に到達したら，解を 1 つ見つけたのでそれを勘定に入れ，1 つ戻り，左

に曲がり，以下同様です．このようにして，すべての解が得られます．合計が出力されるのは，出だしの方向と同じ向きで，辺にまっすぐ向かう経路が見つかったときです」．

ここで説明した「バックトラック」プログラムは，次数が偶数の盤面にしか通用しない．次数が奇数の盤面で中央に穴があいたものは，もっと複雑だ．

4分割する問題では，ハリー・ラングマンが次数6の盤面に対する37通りのパターンを与えた[*9]が，これはL・A・グレアムが与えた[*10]95通りのパターン（こちらは回転や裏返しを別物としている）から抽出することができる．ニュージャージー州プレインフィールドのロッキード・エレクトロニクス社のジョン・F・ムーアは，次数7の盤面を4分割する104通りの方法すべてを（コンピュータを使わずに）初めて見つけ出し，さらに，次数8の盤面の4分割する方法766通りを見つけた，ただ1人の読者である．次数7に関する結果は，イギリスのスタッフォードシアのW・H・グリンドレイもコンピュータを用いずに独立に算出し，マサチューセッツ州レキシントンのジョン・リードは，チャールズ・ペックと彼自身が書いたプログラムを用いて同様の結果を得た．

エイトクイーン問題の歴史や一般化，好奇心をそそる逸話などに興味がある読者のために，私が知る最良の文献を文献欄に並べておいた．アーレンスの著作が最も充実している．次数13までのすべての解の数とすべての基本解がアーレンスによって与えられている．解の総数は，より大きな盤面についても知られているが，基本解に関して言えば，次数14の基本解がいくつあるか知られているのかどうか，私は知らない．

ロサンゼルスのワレン・ラッシュボウは，次数8の盤面の12個の解から8つを選んで重ね合わせて，64個のマスを覆うことはできないという事実の，エレガントで単純な証明を知らせ

[*9] Harry Langman, *Play Mathematics* (Hafner, 1962), pp. 127-128.
[*10] L. A. Graham, *Ingenious Mathematical Problems and Methods* (Dover, 1959), pp. 164-165.

てくれた．これはソロルド・ゴセットが与えた証明だ[*11]．大きさ 8×8 の盤面を描いて，それぞれの外周辺の中央の4つのマスと，中央の 6×6 の盤面の4つの角のマスに色を塗っておく．12通りのクイーンの置き方を調べると，どのパターンも，この色つきのマス20個のうち，少なくとも3箇所にクイーンが置かれるということが確認できる．よって，7つ以上の解を重ね合わせると，20個の色つきのマスの上に少なくとも21個のクイーンが置かれてしまい，1つのマスに1つのクイーンとすることができないため，不可能であることが一目瞭然である．

クイーン問題の面白い変種は，各クイーンにさらにナイトの動きを与えるというものだ．この「スーパークイーン」を n 個，互いに取り合わないように次数 n の盤面上に置けるだろうか．盤面の次数が8以下では解がないことを証明するのは簡単だ．次数9の盤面にも解はない．ブエノスアイレスのヒラリオ・フェルナンデス・ロングは，次数10の盤面のクイーン問題の92通りの配置を調べて，ただ1つだけ，すべてのクイーンがスーパークイーンであったとしても，互いに取り合わない配置があることを見出した．読者には，この唯一解を自分で見つけて楽しんでもらえるだろう．

通常のチェス盤上でルークを互いに取り合わないように配置する問題は，2人の読者が1962年に別々に解決した．フロリダ州ココアビーチのディビッド・F・スミスとロサンゼルスのドナルド・B・チャーンリーは，それぞれコンピュータを使わずに，次数8の盤面に対しては5282個，次数9の盤面に対しては46066個の基本解を見つけた．チャーンリーは，次数10の盤面に対して456454であると知らせてくれたが，私の知る限り，これはまだ確認されていない．興味のある読者のために，参考文献でルーク問題の文献を挙げておいた．次数2から7までの基本解の個数はそれぞれ，1, 2, 7, 23, 115, 694 である．

[*11] Thorold Gosset, *Messenger of Mathematics*, Vol. 44, July 1914, p. 48.

| **解答** | ●最少で 10 個のマスを 8×8 の盤面から取り除けば，残った部分から正方形 5 つの十字を切り出せなくなる．これには多くの解がある．図 93 に示した解答は，ニューヨーク市の L・ヴォスバーグ・ライオンズによるものだ．

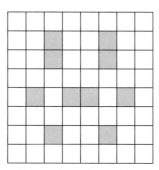

図 93　十字問題の解答例．

●大きさ 4×4 の盤面を 4 分割する方法は 5 通りしかなく，図 94 の上部に示したとおりだ．2 つめのパターンは，半分だけ鏡像反転できるが，そうすると 2 つの図形はほかの 2 つと同じ「手型」ではなくなってしまう．大きさ 5×5 の盤面の中央を穴にしたものを 4 分割する 7 通りの方法は図 94 の下部に示した．

●最大で 32 個のナイトを標準的なチェス盤に置いて，互いに取り合わないようにできる．たんに，ナイトを一方の色のすべてのマスの上に置けばよい．ニューヨーク市のジェイ・トンプソンが書き寄越してくれたのだが，あるチェスプレーヤーのグループが，アメリカ中西部のホテルで，この問題をめぐってあまりにも激しい口論になり，ホテルの夜勤スタッフが，ホテルのロビーからチェス馬鹿どもを追い払うために警察を呼ぶはめになったということだ．

後記
(1991〜)

互いに取り合わないクイーン問題のほかの変種が本全集の次の箇所にもある：8 巻 15 章，10 巻 17 章，14 巻 15 章，15 巻 17 章．興味のある読者は参照してほしい．

16 エイトクイーンとチェス盤の分割問題 277

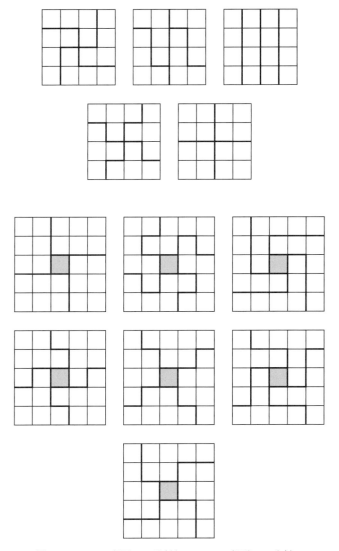

図 94 4×4 の盤面の 4 分割と，5×5 の盤面の 4 分割．

| 文献 | ●互いに取り合わないクイーンの問題

Mathematische Unterhaltungen und Spiele. A. Ahrens. Teubner, 1910. Vol. 1, Chapter 9.

Mathematical Recreations, rev. ed. Maurice Kraitchik. Dover, 1953. Chapter 10. 〔邦訳:『100万人のパズル(上・下)』モリス・クライチック著,金沢養訳.白揚社.1968年.〕

Récréations Mathématiques. Édouard Lucas, ed. Blanchard, 1960. Chapter 4. 1882年版を原本とする重版.

Mathematical Recreations and Essays, rev. ed. W. W. Rouse Ball. Macmillan, 1960. Chapter 6.

"Constructions for the Solution of the n Queens Problem." E. J. Hoffman, J. C. Loessi, and R. C. Moore in *Mathematics Magazine* 42 (1969): 66-72.

Structured Programming. O.-J. Dahl, E. W. Dijkstra, C. A. R. Hoare. Academic Press. エイトクイーン問題に対してバックトラックを用いたダイクストラの解答については,pp. 72-82を見よ.

"Proof Without Words: Inductive Construction of an Infinite Chessboard with Maximal Placement of Nonattacking Queens." Dean S. Clark and Oved Shisha in *Mathematics Magazine* 61 (April 1988): 98.

"Generating Solutions to the n-Queens Problem Using 2-circulants." Cengiz Erbas and Murat M. Tanik in *Mathematics Magazine* 68 (1995): 343-356.

"Nonattacking Queens on a Triangle." Gabriel Nivasch and Eyal Lev in *Mathematics Magazine* 78 (December 2005): 399-403.

"A survey of known results and research areas for n-queens." Jordan Bell and Brett Stevens in *Discrete Mathematics*, 2009, Vol. 309, pp. 1-31.

●互いに取り合わないルークの問題

Amusements in Mathematics. Henry Ernest Dudeney. London: Thomas Nelson and Sons, 1917. Dover, 1958. Pages 76, 88 (problem 296), and 96. 〔邦訳:『パズルの王様(1)〜(4)』H・E・デュードニー著, (1),(2)は藤村幸三郎, 林一訳. (3),(4)は藤村幸三郎, 高木茂男訳. ダイヤモンド社, 1974 年. また『パズルの王様傑作集』H・E・デュードニー著, 高木茂男編訳, ダイヤモンド社, 1986 年もある.〕

Challenging Mathematical Problems with Elementary Solutions. A. M. Yaglom and I. M. Yaglom. Holden-Day, 1964. Section III.

Mathematics on Vacation. Joseph S. Madachy. Scribner's, 1966. Chapter 2.

17

ひもの輪

「ジェーン・エリン・ジョイスがうきうきしながら，新しくできた大きなドラッグストアに入ってきた．……軽食カウンターの椅子にひょいと座り，ゆったりとした黒いショールを肘で後ろにのけると襟ぐりの深い白いワンピースが露わになった．……両手を胸の前に伸ばす．長いひもの輪が両手の間にあった」

こうはじまるのは『ヤマネコのゆりかご[*1]』というジェローム・バリー著の異色ミステリー小説である．コロンビア大学のある人類学者の手ほどきで，ジェーンはすでに原始文化に伝わるあやとりの秘伝の技を学んでいた．いま練習しているのは，ナイトクラブで演じる独特の一人芝居で，自分で語っていく面白い物語に合わせて，めくるめくあやとりのパターンを，指の間の金色のひもで素早く作り出していくものである．

日本に伝わる折り紙という技芸の魅力が，信じられないほど多様なものがたった 1 枚の紙から繰り出されうることにあるのと同様に，あやとりの魅力も，信じられないほど多様な，愉快であって美さえ感じるものがたった 1 本のひもの輪から繰り出されうることにある．使うひものちょうどよい長さは 6 フィート（約 180 センチ）ほどで，両端どうしは結んでおく．その輪はもちろん，数学的には，

[*1] 〔訳注〕*Leopard Cat's Cradle*.「ネコのゆりかご（cat's cradle）」とはあやとりのことであり，複雑で入り組んだもののことも指す．

3次元空間内の単一閉曲線と見なされる．このとき，ひもの長さとトポロジー上の諸性質だけが不変となるので，緩くいえば，あやとりはトポロジーの遊びだと考えることができる．

あやとりひもを使って遊ぶ方法は大きく分けて2つある．取り外したり取り込んだりすることと，種々のパターンを作ることである．前者に属す高度な技を使うと，何かにリンクしているなり複雑に絡んでいるなりしているように見えるひもが，びっくりするほどあっという間にほどけたり，あるいは，ひもの輪が予期せぬ仕方で何かをつかみとったりする．たとえば，ひもをボタン穴から突然取り外せたり，ひもの輪を首や腕や足——ときには鼻さえ——に巻いてから引くとひもがなぜか通り抜けたりする．よくある取り外しの技は，誰かが指を立てたところにひもを1回以上巻いたあと，演者が手で一連の奇妙な操作をするとなぜかひもが外れるというものである．ほかの技としては，ひもをひねりながら左手の指の周りに巻いていって途方もなく入り組んだ状態にしてから，ひもを強く引っ張るとそのまますり抜けるというものもある．祭りのときの露店などで昔からあるイカサマに，その名が「靴下吊りトリック」（男たちが絹の靴下を履いていた時代にはよく靴下吊りのひもを使って行われていた）というものがあって，いろいろな変種がある．いずれの変種でも，ひもが何らかのパターンになるようにテーブル上に据えられる．観客は，その中で輪になっているうちの1箇所に指を置いてから，イカサマ師が一方にひもを引いたときにひもが観客の指をつかまえるかすり抜けるかのどちらかに賭ける．もちろん詐欺師は，巧妙な仕方で結果を自由に変えられる．

取り外しを行う愉快なトリックで，見る者誰をも引き付けるものがある．使う輪は手のひらサイズなので，あやとりひもを半分の半分の半分に巻いていって8重にして，直径3インチほどの小さな輪にする．図95で番号1を付した図にあるように，演者は両手の人差し指を輪に入れ，その2本の指で輪をくるくると回す．しばらく

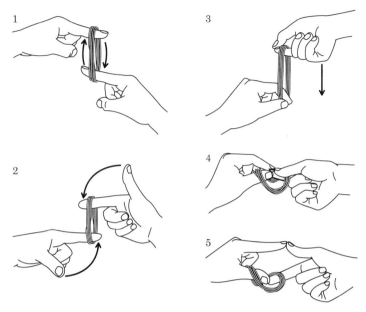

図 95　輪を取り外すマジック.

回したのちに，番号 2 の図で示した位置で止めてから，左右の手それぞれで，親指の先端を人差し指の先端にくっつけ，3 の図に示したとおりとする．右手の位置を下げてから，親指と人差し指の先端どうしをつけ，4 の図に示したとおりとする．このとき，右の親指は左の人差し指にくっついており，左の親指は右の人差し指にくっついていることに注意されたい（見ている人たちにはこのことに注意を向けさせてはならない．そこがこのマジックの秘密なのだ）．それぞれの親指を人差し指に押し付けたまま，右の親指と左の人差し指を引き上げて，5 の図に示したとおりとする．輪はこのとき，下側にある親指と人差し指の上に載っている．ここで（指で作った円はまったく崩さないまま）軽く前方へ放り出す仕草をすると，輪が投げ出されて手から離れていく．

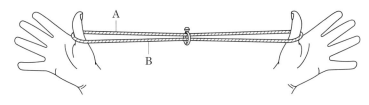

図 96　指輪を取り外すマジック.

　誰かにひもを渡し，演者がいまやったことをやってみるように促す．すると，驚くほど難しいことがわかる．たいていの人は，親指は親指に，人差し指は人差し指にくっついていると思い込む．その前提で行うと，輪を外すには，人差し指と親指で作った円を壊さざるをえない——が，ここでは円は壊してはいけない決まりである．演技が滑らかに素早く実行できるまで練習してみてほしい．そうすれば，繰り返し繰り返し演じても，誰もその動作をうまく真似できないであろう．

　まったく別の種類の取り外しトリックで，ひもから指輪を外すものがある．観客が立てた2本の親指であやとりひもを保持してもらい，その際，図 96 のようにして，指輪の中を2本のひもが通っているようにする．以下で紹介するのは，指輪を取り外す多数の技法の中で最も単純なものである．演者は，左の人差し指を伸ばして，同図で A と記した箇所で，2本のひもを上から押さえる．右手で，手前のひもの B の部分をもつ．そのひもをそのまま少し持ち上げて左のほうにもっていき，観客の右の親指（演者から見ると左側にある親指）に，手前から時計回りにひっかける（ひっかけるだけで，巻いたりはしない）．演者は左の人差し指を折り曲げて，触れていたひも2本を固く保持する．右手で，指輪を動かせるだけ左のほうにずらす．指輪の右に出ているひものうち上のほうのひもをもち，それをそのまま少し持ち上げて左のほうにもっていき，観客の右の親指に（今度は奥から反時計回りに）ひっかける．

　ここで一呼吸置き，観客に指示して，観客の左右の親指の先端を

それぞれ同じ手の人差し指にくっつけてもらう．その際，説明を添え，そうしてもらうのは，ひもの輪の一部がどちらの親指からも抜けてしまうことが決してないようにするためだと伝える．演者は右手の指で指輪をつかむ．そして，観客への指示として，演者が3まで数えたら，両手を離す方向に動かして，その時点でひもにできる緩みを伸ばすよう伝える．演者は「3」と唱えると同時に，左の人差し指をあやとりひもから外す．観客が両手を離す方向に動かしてひもを伸ばすと，指輪はひもから自由になる．このときのひもは，観客の左右の親指で保持されており，ひも自体の状態は最初とまったく同じであり，何のねじれさえ生じていない．（指輪がまさに解放されようとするときに，演者がひもに沿って指輪の位置を右のほうにずらしておけば，指輪が自由になる場所が観客の左の親指近くであるように見せることもできる．左の親指あたりは，観客からすれば，ひもの輪が抜けようもない場所である．）子供たちはこのマジックをいつも喜んでくれるが，とりわけそれは，習得が簡単で，友達に見せることができるからである．

この取り外しトリックを習得したあとにおそらくやってみたくなる，もっと洗練された変種がある．ひもに指輪を3つつけておいて，真ん中のものだけ取り外すトリックである．途中までは先ほどと一緒で，観客の右の親指に最初のひもをひっかけるところまで行う[*2]．左から数えて1つめと2つめの指輪を左にずらし，3つめは観客の左の親指近くに置いておく．左の2つの指輪の右に出ているひものうち上のほうのひもをもつところは先ほどと同じだが，今度の場合は，そのひもを観客の親指にひっかける前に一番左のリングに通してからとする．演者は右手で真ん中の指輪をもち，最後は先ほどと同じである．本書の読者なら，似たような一連の手順で，指輪をひもの真ん中に戻す方法を編み出すこともできるだろうか．

図97は，一種の知恵の輪パズルを示している．はさみにひもの片方の端を図のように結びつける．ひもの他方の端は，椅子の背な

[*2]〔訳注〕原文には書いていなかったが，先と同じように，さらに「左の人差し指を折り曲げて，触れていたひも2本を固く保持する」ところまで行うべきだと思われる．

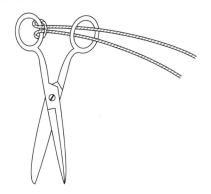

図 97　はさみを取り外すパズル．

どにくくりつけておく．問題は，ひもを切ったり結び目をほどいたりせずに，はさみをひもから取り外すことである．このパズルは易しすぎて本章の終わりに答えを載せる必要はない．ただし，見た目よりも難しいと感じる読者はおそらくたくさんいるであろう．

次に紹介する，取り込みと取り外しに関連するゲームは，私がたまたま思いついたばかりのものなので読者は知っているはずもないものなのだが，輪にしたひも1本と硬貨1枚を使ってできるゲームである．コインをテーブルの上に平らにして置く．ゲームの一方のプレーヤーは，ひもを結び目のところでもってコインの上方で保持し，輪をまっすぐ垂らして，硬貨に触れるようにする．それからひもを落としてもつれた状態にする．プレーヤーは次に，鉛筆の先を硬貨の面の好きな場所に置くが，鉛筆の先をもつれたひもの隙間を通して硬貨に到達するようにし，通すとき，ひもの形に実質的な変更は加えないようにする．鉛筆の先を硬貨に押し付けている手はそのままにしておいて，プレーヤーは他方の手でひもの結び目をつかみ，そのままひもを一方向に引く．すると，高い確率で，ひもは鉛筆を捕まえる．このとき，ひもの輪が鉛筆を1回だけ巻いている場合には，プレーヤーは1点を獲得し，それよりも巻いている回数が

多ければ，そのぶんだけ点が加算される．たとえば，ひもが鉛筆の周りを3回取り巻いているなら，3点獲得する．ひもが鉛筆をまったく巻いていない場合には，プレーヤーは5点減点される．プレーヤーたちは交互にこれを行い，先に30点とったほうを勝ちとする．

あやとりひもを使って遊ぶ方法を大きく2つに分けたときの2つめでは，種々のパターンや姿や形を両手の間に作り出す．この技芸は，ひもが生活の中で重要な役割を果たしているどの原始文化にも伝わる民間の習俗である．実際，数えきれないほどの世代にわたってこれは，イヌイット族にとって主たる余暇の1つであり，彼らが遊ぶときに使うのは，トナカイの腱やアザラシの革ひもである．ひもで作る姿や形が高度な域に発達したほかの文化をもつ民族としては，北アメリカ，オーストラリア，ニュージーランド，カロリン諸島，ハワイ諸島，マーシャル諸島，フィリピン，ニューギニア，トレス海峡諸島の先住部族が挙げられる．何世紀にもわたってこれらの民族では——特にイヌイットでは——この技芸を発達させてきており，その複雑さの度合いは，アジアやスペインにおける折り紙の複雑さに匹敵する．何千ものパターンが考案され，一部はあまりに複雑すぎて，そのパターンを作るための指の動かし方を（昔の人類学者が描いた完成図から）誰も解明していないものもある．先住民の達人たちは，ものすごい速さでパターンを作ることができる．たいていは手だけを使うが，作るものによっては，歯や爪先を駆使することもある．物語を唱えながらひもを操ることも多い．

ひもで作られるたいていのパターンは，それと似ていると想定される動物その他の自然物を反映した名前がついており，そのように「写実的」に表現されたものは何らかの仕方で動く仕掛けになっている場合も多い．ジグザグの稲妻の形が突然両手の間に現れ，太陽がゆっくり沈んでいき，子供が木を登り，口が開閉し，首狩り族の2人が決闘し，馬が疾駆し，蛇がのたうちながら手から手へと渡り，槍が行ったり来たりし，芋虫が節を使いながら進み，ハエを両手の

間で潰そうとすると突然消え去り，……といった具合である．動かないパターンの中にさえ，すぐれて写実的な表現が見られることがよくある．たとえば，あやとりで表現されたある蝶には，ひもが渦巻き状になっている部分があり，それによって，蝶が蜜を吸う螺旋形の吻(ふん)が表されている．本章冒頭で言及したミステリー小説では，殺された被害者たちが発見されたときには必ず，あやとりで作られたパターンが，手にはめられていたり厚紙片につけられたりして遺体に添えられており，どの場合もそのパターンは，被害者の特徴を何らかの仕方で象徴している．

伝統的あやとりゲーム，すなわち，イギリスとアメリカの子供たちの間で広く知られている唯一のあやとり遊びが属すのは，ある興味深いクラスであって，2人の間の協力を必要とするパターンから成り立っている．あやとりひもは2人の間を行ったり来たりし，その移動のたびに新たなパターンが作られるのである．この遊びは世界中で広く共通しているため，デイヴィド・リースマンは（著書『個人主義の再検討』*3 の中で）次のように述べている．「我が国の陸軍では，兵士やパイロットに対する助言として，つねにあやとりひもを携帯せよ，そして，太平洋岸のジャングルに降りたとき，怪しむ現地人が近づいてきたらあやとりをはじめよ，と伝えている．往々にして現地人もあやとりをはじめるものなのである」

パターンを作るあやとりに関する文献の多さは，折り紙に関する文献とほとんど変わらない．最初期の文献では，余暇の遊びとして軽く触れられるだけであり，18世紀と19世紀の何人かの著者たちによるものが知られている．ウィリアム・ブライ船長は，バウンティ号の（有名な反乱のあった）1787年から1790年の間の航海日誌の中で，タヒチの現地民がひもで遊んでいるところを見たと語っている．チャールズ・ラムは学校時代にやったあやとりの思い出を語っている．1879年には，文化人類学の父ともよばれるイギリス

---

*3 *Individualism Reconsidered*, p. 216.

人エドワード・タイラー・バーネットが，文化の手がかりとしてパターン作りのあやとりは重要だと指摘し，1888年にはフランツ・ボアズが，現地人によるパターンの作り方の詳細な人類学的記述をはじめて行った．あやとりパターンの作り方を記述するときの用語法や記述法がW・H・R・リヴァーズとアルフレッド・C・ハッドンによって提示されたのは1902年のことであった．それ以来，あやとり遊びに関する多数の重要な論文が人類学の学術雑誌に載り，多数の本がこの主題に捧げられた．一時期（1910年前後）などは，出会った人がもしポケットにひもの輪を入れていたなら，その人はおそらく人類学者であった．残念ながら，あやとり遊びの文化人類学上の重要性は，当初考えられていたよりは小さかった．こんにち，誰かがひもの輪をもっていたら，その人はアマチュアマジシャンである可能性のほうが高い．

あやとり遊びに関するたいていの本は長らく絶版状態が続いているが，その一方で，ドーヴァー社が1962年に再版した本は，最も包括的な部類に属す．キャロライン・ファーネス・ジェインが書いた1906年初版の本[*4]であった．豊富な挿絵のある400ページを超すこの解説本は，100種ほどの形の作り方の詳細な説明が載っており，魅力的な趣味へのすぐれた入門書になっている．この技芸が現在さほど普及していないのは惜しいことであり，特に，もっと普及していてほしいのは，子供を教える先生たち，寝たきりの人を世話している看護師たち，療法として手を使うことを勧めている精神科医たちの間である．

読者の意欲をそそるために次に説明するのは，最も単純で最も広く知られているダイヤモンド形のパターンである．ジェイン夫人はこれをオーセージ・ダイヤモンドとよぶが，それは，夫人にこれを最初に見せてくれたのがオクラホマ州パフスカ出身のオーセージ

[*4] *String Figures and How to Make Them.*

族の人だったからである．その一方，アメリカでもっとふつうに使われている呼び名はヤコブのはしご[*5] である．読者はぜひとも 6 フィート（約 1.8 メートル）の柔らかいひもを用意し，両端を結び合わせて輪にし，自分でもこの形が作れるようになるか試してみてほしい．ちょっと練習を積めば，このパターンは 10 秒以内に作れるようになる．

最初は，たいていのあやとりパターンと同様に，ひもを両手の親指と小指にかけて，図 98 の中で番号 1 をつけた図に示してあるとおりにする．右の人差し指の先端で左の手のひらのひもを下からひっかけ，右手を戻しながら，ひもを右のほうに引っ張る．同様のことを左の人差し指で行うが，その際，右の人差し指に引っかかっているひもの間に指を通すようにして行う．ひもの状態は，番号 2 の図のようになるはずである．両方の親指のひもを外し，ひもを引っ張ってぴんと張る（3 の図）．

手のひらを少し外側に向けるとやりやすいが，親指の先端を使い，一番遠いひもを，3 の図で A と印をつけたところの下からひっかける．そのまま親指で，ひっかけたひもを引っ張り，ほかのすべてのひもの下を通して，4 の図に示してある状態にする．親指の関節を曲げてすぐ隣のひもを超え，その 1 つ向こうのひもを，4 の図の印 A のところの下から，親指の背を使ってとる．小指に巻かれているひもを外す．ひもの状態は，5 の図のようになるはずである．

小指を曲げてすぐ隣のひもを超え，その先のひもを，5 の図の印 A のところの下から，小指の背を使ってとる．親指にかかっているすべてのひもを外す．これでひもは，6 の図に示されている状態になる．それぞれの親指を曲げて隣の 2 本のひもを超え，その先のひもを，6 の図の印 A のところの下から，親指の背を使ってとる．親指をもとの位置に戻す．あやとりひものパターンは，この時点で 7 の図のようになっているはずである．

[*5]〔訳注〕日本では「4 段ばしご」．

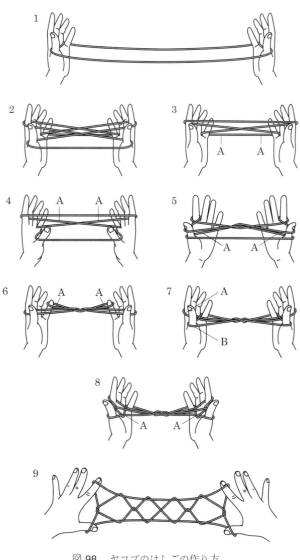

図 98　ヤコブのはしごの作り方.

右の親指と人差し指を使ってひもの A のところ (7 の図) をつか
み，手前に引いて左の親指にかけてから，左の親指にもとからか
かっていたひもを，印 B のところをつかんでとり，左の親指の上方
に持ち上げてそのまま外す．かかっているひものこの方法での交換
は，あやとりの形を作るときによく出てくる．左手を使って，右の
親指にかかっているひもに対しても同様の交換を行う (熟練者がこれ
を行うときは，両方の親指を同時に，他方の手の助けを借りずに行うことがで
きるが，初心者は，ここで記述した方法で行うのが最善である)．あやとりひ
もはこの時点で 8 の図のようになっている．

　これで最後の動作を行う準備が整った．人差し指を曲げてその先
端を，8 の図で A と印をつけた小さな 3 角形に入れる．小指にか
かっているひもを外すと同時に，両手の手のひらを向こう側に向
け，人差し指をできる限り大きく伸ばす (この最後の一連の操作の最中
は，ひもに十分なたるみを残しておかないと，できあがるパターンが十分に開
いた形にならない)．ひもをぴんと張る．最後の操作が的確であれば，
ダイヤモンド形のパターンが 9 の図に示してあるように作られる．
見事なデザインが，それまで混沌としていたところからこのように
突然現れるというのは，多くのあやとりパターンに共通する大いな
る魅力の 1 つである．

　この形が作れるようになった 2 人がやると面白いのが，協力し
合って作ることである．ひもを，一方のプレーヤーの左手と他方の
プレーヤーの右手で保持しながらこの形を作るのだ．同様の趣向
で，何らかの同一の形を，2 人のプレーヤーの両手それぞれで相手
と組みながら作るのは，難しくない．2 人のプレーヤーの器用さを
試す最高度の技は，素早く左右同時に，それぞれ相手と組みなが
ら，2 つの異なったパターンを作り出すことであるが，これを行う
には，非常にすぐれた技術と共同作業が要求される．

隠れたメッセージを探すパズルが図 99 に示してある[*6]．これはもともとは「自殺」という題名の詩で，フランスの作家ルイ・アラゴンの作であり，シュルレアリスム運動に関わっていた若い時代に書かれたものである．私の解釈ではこれは，気落ちした人の目から見た人生を象徴している．すなわち，人生がもつ豊かな多様性はすべてどこかへ行ってしまい，無意味な記号のばかばかしい順序づけだけがあとに残っているのである．沈んだ気持ちでこの詩について考えているうちに私が見つけたのは，アラゴンが図らずもこの詩の中に隠した，2 語からなる励ましの言葉であって，目の前の核兵器開発競争を見ていると，いまの時代にこそふさわしいメッセージであるように思えるものである．その暗号を解くには，鉛筆の先をある文字の上に置いたところからはじめて，文字から文字へと，上でも下でも，左でも右でも斜めでもよいので隣接しているところに（言い換えれば，チェスのキングの動きで）次々と移っていき，メッセージを綴る．1 つの文字を 2 度続けて，たとえば "stunning" や "no onions" のような綴りにしてもよい．母音がまばらにしか存在しな

a	b	c	d	e	f	
	g	h	i	j	k	l
	m	n	o	p	q	r
		s	t	u	v	w
			x	y	z	

図 99　ルイ・アラゴンの詩「自殺」．

[*6]〔訳注〕本章にこのパズルがあるのは，もとのコラムが載った雑誌が 12 月号（1962 年）であってクリスマスを意識しているからであり，ここまでの本文の内容とはまったく関係ない．さらに，このパズルのモチーフは，当時真っ只中にあったいわゆる「キューバ危機」の状況を色濃く映したものであり，本訳書の大方の読者にとっては大変わかりにくい．しかし，細かい訳注はつけず，一通りの訳を示しておくのみとする．

いことから課される厳しい制限があるにもかかわらず，かなり長い句を得ることができる．たとえば，"No point to hide" や "Put UN on top" といった具合である．これに対し私が思い浮かべている 2 語の句は，自分ののどをかき切るような自滅の縁に立つ世界へ向けたときにはまさに的確な表現でありつつ，別の意味も見事に兼ね備えている．

> **追記**
> (1969)

あやとりに関するミステリー小説を書いたジェローム・バリーは，かつてマンハッタンの広告会社で働いていて，私が話を聞きに伺った1962年もそうであった．そのときバリーが私に語ったところでは，最初はあやとり遊びに大変興味をそそられるようになり，ひもの輪をいつも携帯し，空いた時間にいろいろな形を作るようになった．その後，あまりに多くの人に，自分が執筆中の推理小説はあやとりと大いに関係があるのだと吹聴しているうちに，ついに本当に1つ書かなければならなくなった．バリーは，1950年ごろにふたたび，あやとりを取り入れたミステリーを「灯りを消して」というテレビドラマシリーズのために書いた．バリーの話によれば，ドラマの主演男優はあやとりの技を習得することができず，そのため，必要な完成形はあらかじめのりで固めてひもの形が変わらないものが用意された．カメラは，たとえば，俳優が最初のひもをとるあたりまで映してから，画面を切り替えてバリーの手元を映し，形が完成したらふたたび俳優に戻り，そのときにはのりづけされたパターンを指にかけている，という具合に撮影された．

1962年当時，カナダのユーコン準州カークロスで小学4年生のクラス担任をやっていたA・リチャード・キングから以下の手紙をもらった．

> ガードナー様
> オーセージ・ダイヤモンドと "charge" という単語と謙虚さの3つは，私にとって永遠に結びつくものとなりました．すべてのはじまりは，あなたの書かれたあやとり遊びに関する記事でした．……
> 私は当地で，インディアン寄宿舎学校の4年生の担任をやっております．このあやとり遊びなら，子供たちの興味を引く自然な題材になるように思えました．それまで私は，子供たちがあやとり遊びのたぐいをしているのを一度も見たことがありませんでした．あるときなどは，低学年

の子たちにあやとりを見せたところ，多少は喜んでくれたものの，その後真似する姿も見られませんでした．（子供たちは，出身地はユーコン準州の中に散らばっており，部族への帰属意識はなく，英語以外の言葉は何も話せず，先祖は主にアサバスカン語族の遊牧民のクチン族やハン族やカスカ族です．）

オーセージ・ダイヤモンドを作るための私自身の奮闘たるや大変で，大いに挫折感を味わうものでした．間違った形としてありうべきものをことごとく作ったあとに，ようやく正しい手順には行き着いたものの，最後に手を開くところがどうしてもぎこちないものにしかなりませんでした．私はこれを子供たちに教えようという考えを捨てました．子供たちが習得するには複雑すぎることが目に見えていたからです．

それから 1 か月ほどのちのある暖かな午後に，かなり単調な授業をしていたときのことです．授業ではそのとき，書き取り練習の中から取り上げた "charge" という単語に時間をかけていました．この語がもつ意味のうち「突撃」や「責任」という概念についてはまったく問題はなく，「クレジット」という意味がある点さえ問題ありませんでした．ですが，「クレジット」と "being charged for something" と即時支払義務ではどう違うかのところでひっかかっていました．

よくできる女子児童で，みなが困ってしまう概念もたいていはきちんと把握している子がそのとき，背をもたれるようにしながら，何気なく毛糸のひもで遊んでいました．そしてその手をぱっと広げたとき，そこには，何とオーセージ・ダイヤモンドがあったのです．その瞬間のことは忘れられません．自分が何と口にしたかは覚えていませんが，そのときに口をぽかんと開けた感触はいまでも残っています．穏やかな口調で声をかけ，罰を与えるつもりがないことをその子に悟らせながら，その技を誰から学んだかを詳しく聞き出しました．

私が驚いたのとは比べものにならないほど驚いたのは，そのような愚にもつかないものに私が興味を示したことを見た子供たちのほうでした．何ということでしょう，クラスの誰もがこのあやとりを知っていたのです．もちろん，この日の授業はこれ以上進みませんでした．教師が常軌を逸して，授業中にあやとり遊びを許す——ばかりか，興味を示している——のを知ったら，児童たちには，教師に見せたくなるものがたくさんあるに決まっています．その結果私は，「ほうき」や「ティーカップ」や「ブランコに乗る赤ん坊」やオーセージ・ダイヤモンドのあらゆる変種などを，その日の残りの時間中，何度も何度も見ることになりました．この期に及んでは，"charge" という単語についてまだ理解すべき概念がいくつか残っているとは私は思っていません．

　子供たちがあやとりを学んだのは，少し年上の子供たちからでした．大人たちも子供のころにはやり方を覚えていたそうですが，私が話を聞いた大人たちは誰も，実際の技はもう覚えていませんでした．彼らがいうには，「ちょっと練習を積めば」また簡単にできるようになるそうです．また，特段の意味をあやとり遊びがもっているわけではありません．「ただたんに子供たちがいつもやるもの」だそうです．

　あなたの記事に図と説明のあったオーセージ・ダイヤモンドは，子供たちがたんに「ツーズ」「スリーズ」「フォーズ」等々とよぶ一連のダイヤモンドのうちの1つです．子供たちは「シックスィーズ」まで作ることができますが，名前に含まれる数詞は，完成したときにできあがるダイヤモンドの数を表しています．

　同封してあるのは，子供たちの1人が作った「ツーズ」と「フォーズ」と「ほうき」の写真[*7]です．記事の中に，

[*7] 〔訳注〕この写真は，原書にも載っていない．

これらが 10 秒以下で簡単に作れるとありましたが，まさしくそのとおりです．記事で提案されていた，2 人で片手ずつ使って一緒にダイヤモンドを作るという変種は，子供たちにも新しいものでした．子供たちはすぐにその技を習得して，それ以来楽しんでいます．……

　こうした最高に面白い体験ができたことに感謝いたします．

解答　2 語からなる句で，アラゴンの詩の中に隠れていると私が考えていたのは，"Chin up" である．もちろんこれは 2 つの仕方で解釈できる[*8]．

5 人の読者[*9] が提案したのは，"Stop, idiots!"（ないし "Idiots, stop!"）であった．"Stupid idiots" も 3 人の読者[*10] から提案された．ほかには "Hide idiots"[*11] や "Join up!"[*12] や "Hoping not"[*13] や "Feint not"[*14] や "No hoping"[*15] といったものがあった．

ジュディス・M・ホーバートが綴り出したのは，ウタント国連事務総長からケネディ大統領とフルシチョフ（Khrushchev）首相あての次の電報である．HINT TO J. F. K., K.: JOIN

[*8]〔訳注〕出題の箇所にも訳注を付したが，このパズルの解答は，「キューバ危機」の時代状況を色濃く映したものであり，本訳書の大方の読者にとっては大変わかりにくい．たとえばこの "Chin up" に 2 つの解釈があると書かれているが，その第一の意味は，核戦争になりかねない状況を "cut our own throat"（文字どおりには「自分の喉を切る」の意で，「自滅を招く」という意味の慣用句）と捉えたうえで，その状況を文字どおりに描写する「あごを上に向けている」のことであり，第 2 の意味は，慣用句としての「がんばれ」「元気を出せ」であり，この危機的状況においてこそ必要な「励ましの言葉」のことであると考えられる．しかし，そうした訳注をいちいちつけていくことは，煩わしいばかりか，実のところ訳者の能力も超えているので，以下は，もとの英単語を適宜残しつつ，地の文に対する一通りの訳を示しておくのみとする．

[*9] J. R. Bruman, Richard Jenney, Alex Schapira, Jane Sichak, Robert Smyth.
[*10] Jack Westfall, Herman Arthur, Richard Jenney.
[*11] Ron Edwards.
[*12] Marvin Aronson.
[*13] David Harper.
[*14] Richard De Long.
[*15] Harmon Goldstone.

TO PUT UN ON TOP. IN HOPING, NO POINT; TO HIDING, NO OUT. STUPID IDIOTS, STOP!

ライナス・ポーリングは，2語からなる句の両義性が同音異義語に基づくものを提案した．いわく「妻と私は "No hiding" が答えであろうと考えました．核戦争から目をそむける（hide）すべがないだけでなく，もはや1つの大国が別の大国をひっぱたく（hide）ことはできません」．

どちらもトロント在住の2人の読者は，アラゴンの詩から別の詩を抽出してくれた．2人のうちのデニス・バートンが送ってきた詩は次のものである．

> Zut!
> Chin up John,
> You pout?
> Gab!
> Yup!
> Hop not on pont,
> JOHN HIP?
> No, idiot, no dice.
> Nuts!
> fed up. fed up Id,
> Ide to hide,
> chide bag,
> ion, pion, pin.
> To die?
> no point,
> top too hot.

トロント大学の学生新聞[*16] は1963年2月8日付で読者に，アラゴンの詩から何を綴り出すことができるかを問いかけた．

[*16] *Varsity*.

2月15日付で同紙は,同大学のバンティング研究所のエレオナー・アンダーソンによる次の詩を載せた.

> To the Leaders Who
> "put out no opinion."
> Snide idiots!
> Snide feints, not stopping,
> hiding,
> chopping.
> No point to hide in,
> I chide: "Idiots, stop!
> Join in stopping, not
> to join in hiding."
> Hoping not to, I die.

この詩は,各行だけでなく,詩全体が途切れのないキングの動きで綴れる点に注目してほしい.

後記
(1991〜)

サイエンティフィック・アメリカン誌1985年5月号に載ったジャール・ウォーカーの連載コラム[*17]の記事では,本章で扱ったのと同種のあやとりパターンが専ら取り上げられている.たまたま私の目にとまった興味深い絵が2つある.アメリカの画家ロバート・ヴィクリーが制作した「あやとり」という題の絵では,ひもを手にした少年が描かれている[*18].もう1つは,画面の中にあやとりをしている2人の少女が描かれているものであり,作者はアメリカの画家ウィンスロー・ホーマーで,1874年の雑誌[*19]に載ったものである.

[*17] "Amateur Scientist."
[*18] 複製版をニューヨークの印刷会社 Oestreicher's が販売している.
[*19] *Harper's Weekly* (September 12, 1874).

文献

String Figures. Caroline Furness Jayne. Scribner's, 1906; Dover, 1962.

An Introduction to String Figures. W. W. Rouse Ball. Cambridge University Press, 1920. 次の文献に採録されている. *String Figures and Other Monographs.* Chelsea, 1960.

Artists in String. Kathleen Haddon. Methuen, 1930; New York: Dutton, 1930.

String Games for Beginners. Kathleen Haddon. Cambridge University Press, 1934.

Fun with String. Joseph Leeming. Stokes, 1940.

Leopard Cat's Cradle. Jerome Barry. Doubleday, 1942.

Kamut: Pictures in String. Eric Franklin. Arcas, 1945.

Games of the World. Frederic V. Grunfeld. Holt, Rinehart and Winston, 1975, pp. 254-259.

Cat's Cradle and Other String Figures. Joost Elffers and Michael Schuyt. Penguin, 1979.

"The Amateur Scientist." Jearl Walker in *Scientific American* (May 1985): 138-143.

Cat's Cradle and Other String Games. C. Gryski. Angus and Robertson, 1985.

●日本語文献

『あやとり大全集 完全版』野口廣監修. 主婦の友社, 2014 年.

『あやとり学——起源から世界のあやとり・とり方まで』野口廣著, こどもくらぶ編. 今人舎, 2016 年.

| 18 |

定幅曲線

　ひどく重たいものをある場所から別の場所へ動かさなければならないとき，それを車輪に載せて動かすのは現実的でない場合がある．車軸が重みで曲がったり折れたりするかもしれないからである．そうする代わりに，運びたいものは平らな台に載せ，その台の下にいくつもの円筒形の転がし棒を並べる．そして，台を前方に押しながら，うしろに残った棒を取り上げてはふたたび前方に並べていく．

　この方法で動かしていく場合，平らで水平な面上であれば，進んでいく最中に目立った上下運動をすることがないのは明らかである．その理由は，円筒形の転がし棒の断面が円であり，円は数学用語でいう「定幅」な閉曲線だからにほかならない．凸な閉曲線を 2 本の平行線の間に置いてから，2 本の平行線を同時に近づけていって，2 本ともが閉曲線に接する位置までもっていく．そのときの 2 本の平行線間の距離が，ある 1 つの方向での閉曲線の「幅」である．楕円は明らかに，あらゆる方向で同じ幅になっているわけではない．台が載っているのが，楕円を断面とする転がし棒の上だとすると，転がっていく最中に台は上下に揺れ動く．円の場合にはあらゆる方向で同じ幅であるので，2 本の平行線の間で回転するときに，平行線間の距離が変わらずに済むのである．

　円が唯一の定幅閉曲線であろうか．たいていの人はそうだと述べるであろうから，これは，人の数学的直観がいかに見当外れになり

うるかを示す格好の例である．実のところ，定幅曲線は無数にある．どれをとっても，それを転がし棒の断面の形にすれば，その上に載せた台は滑らかに転がっていき，その滑らかさは，円筒形の棒の場合と変わりはしないのだ．そうした曲線が存在することに気づかなかったとしたら，これまでもこれからも，製造業の現場では悲惨なことになっていたかもしれない．ほんの一例だが，建造途中の潜水艦の円筒形の船体がきちんと円形になっているかを検査するのに，すべての方向についてそれぞれの最大幅を計測していくだけでよいと考えてしまうかもしれない．だが，すぐあとで明らかにするように，船体が異様にいびつであってもその検査には合格する，ということがありうる．まさしくそれゆえに，潜水艦の船体が円形であるかは，曲線状の型板をあてて検査するのが常道である．

円以外の定幅曲線で最も単純なのは，ルーロー3角形であり，名前の由来であるフランツ・ルーロー (1829-1905) は，工学者・数学者で，ベルリンの王立工科大学で教鞭をとっていた．この曲線自体は，それより前の数学者たちにも知られていたが，ルーローは，この曲線が定幅であることに関わる諸性質をはじめて明らかにした．この曲線を作図するのは簡単である．最初に正3角形 ABC を描く（図 100a 参照）．コンパスの針を点 A に置いて，弧 BC を描く．同様にあと2つの弧も描く．すると明らかに，この（ルーローのいう）「曲線3角形」は，内接する正3角形の1辺の長さと等しい定幅をもつことになる．

定幅曲線を挟む平行線の対が2組あって，互いに直角をなすとき，4本の直線は必ず正方形を作る．円その他のあらゆる定幅曲線と同様，ルーロー3角形は，ぴったりと正方形内で回転し，その間ずっと，正方形のどの4辺とも接し続けている（図 100b 参照）．読者も，ルーロー3角形を厚紙から切り出し，それに合う寸法の正方形の穴をあけたものを別の厚紙から切り出して，その中でルーロー3角形を回転させてみれば，いま述べたことが本当だと目で確かめ

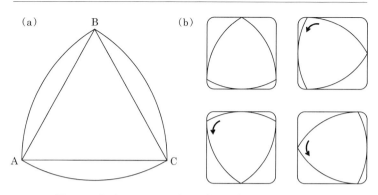

図 100 （a）ルーロー3角形の作図；（b）正方形の中を回転するルーロー3角形.

られるであろう．

　ルーロー3角形が正方形内で回転する際，3つの角それぞれの軌道はどれも，ほぼ正方形である．ずれが生じるのは正方形の隅だけであり，わずかに丸みを帯びる．ルーロー3角形は機械の中でいろいろな使われ方をするが，最も風変わりなのが，いま述べた性質を利用するものである．1914年のこと，ハリー・ジェイムズ・ワッツという，当時はペンシルベニア州タートルクリークに住んでいたイギリス人技術者が，ルーロー3角形に基づいた回転ドリルを発明した．何と正方形の穴があけられるのだ．1916年以来，この奇妙なドリルは，ワッツの会社[*1]で製造されている．彼らの商品案内書の1つにはこう書いてある．「左利き用のモンキーレンチ，毛皮付きのバスタブ，鋳型で作った鉄製バナナといったものなら聞いたことがあります．こうしたものをばかげたものだと見なしてきましたし，同様のものがこれ以上出てくるとは思いもしなかったそんないま，正方形の穴をあけるドリルが登場いたしました」

---

*1　Watts Brothers Tool Works.（所在地はペンシルベニア州ウィルマーディング.）

ワッツの正方形穴あけドリルは図 101[*2] に示したものである．右図は，掘り進む穴の中でドリルが回転しているところの断面図である．最初に，正方形の穴をもった金属製のガイドプレートを，穴あけをしたい部材の上に据える．ドリルは，ガイドプレートの中で回転を制御されながら，その先端部で部材に正方形の穴を切りあけていく．図からわかるとおり，ドリルの形状は，ルーロー3角形を3箇所だけ凹ませて，切っ先部分と切りくずの排出口とを作ったものにほかならない．ドリルの中心が回転中に揺れ動くので，ドリルを保持するチャックは，この偏心運動を受け止める必要がある．特許をとった「完全浮動チャック」と同社がよぶ機構がこれを見事

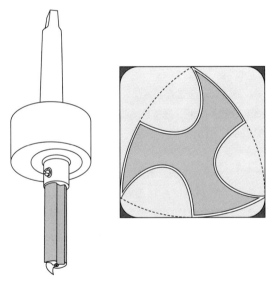

図 101 （a）ワッツのチャックとドリル；（b）ドリルが穴の中にあるときの断面図．

---

*2 〔訳注〕原書の図は，このドリルに関する特許を得た際の図の一部を転載したものだったが，そのままでは本文の説明と合わないので，本訳書では，原書の旧版で用いられていた図をもとに本図を再作成した．

に解決する.(このドリルとチャックについてもっと詳しい情報を得たい読者は,どれも 1917 年 9 月 25 日付の以下の番号の米国特許を見てみるとよい.1,241,175; 1,241,176; 1,241,177.)

1954 年にドイツ人技術者フェリクス・ヴァンケル(1902-1988)が開発しはじめたエンジンは,ルーロー 3 角形のような形をしたローターが外トロコイド形の室内を回転する仕組みのものであった(図 102 にある写真参照).ヴァンケルエンジン[*3]は,軽量かつ最小限の振動のもとで高出力が得られるため,用途として,レーシングカー,航空機とりわけ超軽量飛行機をはじめ,その他いろいろなものへの応用があり,いま述べた特性が活かされている.この 3 角形やほかの定幅曲線にはまだ発見されていない利用法もたくさんあるにちがいないが,難しいのは,そうした曲線を思いつき,それがうまく

図 102 ヴァンケルエンジンの外トロコイド形の室内に収まるルーロー 3 角形のローター.

---

*3 〔訳注〕日本では「ロータリーエンジン」という呼称のほうがなじみがあると思われる.

機能する方法を見つけ出すことである．

ルーロー3角形は，与えられた幅に対する面積が最小の定幅曲線である（W を幅とすると，面積は $\frac{1}{2}(\pi - \sqrt{3})W^2$ である）．角になっているところの角度は120度であり，それは，定幅曲線に現れうる最も鋭い角度である．これらの角には丸みをつけることもできる．それにはまず，用意した正3角形の3つの辺の両端を同じ距離ずつ延長する（図103参照）．コンパスの針を点 A に置いて円弧 DI を描いたら，針の位置をそのままにして円弧 GF を対辺の側に描き，それから，ほかの2頂点に対しても同様の作図を行う．こうしてできあがる曲線の定幅は，もとの正3角形の辺の長さに，両端を延長したぶんの長さを足したものとなる．別の見方をすると，その幅は，反対向きの2つの半径——その対はどこをとっても同一である——の長さの和となる．対称性の高い定幅曲線で別の形のものもできる．それには，正3角形の代わりに正5角形（をはじめとする辺数が奇数の任意の正多角形）を出発点として同様の手順で作図すればよい．

対称的でない定幅曲線を描く方法もいくつかある．1つの方法は，対称的でない星形多角形（頂点の数は必ず奇数になる）を出発点とす

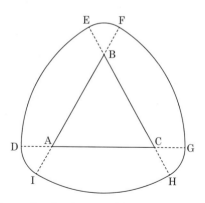

図103　角に丸みをつけた対称性の高い定幅曲線．

るもので,たとえば図104に示したような7頂点の星形を用いる.星形を構成する線分は,すべて同じ長さでなければならない.コンパスの針を星形のそれぞれの角に置いては,反対側にある2つの角の間を円弧でつなげる.それらの円弧はみな同じ半径なので,できあがる曲線(灰色で示してある)は定幅になる.こうした図形の角には,上で用いた手法で丸みをつけることもできる.星形の各辺をどの端点も同じ距離ずつ延長(図中の破線)し,そうして延長した辺の端点どうしを,星形のそれぞれの角にコンパスの針を置いて描く円弧でつなげる.こうして得られるのが,図中に黒い線で外側に描いた角の丸い曲線である.この曲線のどの直径も,もとの星形多角形のいずれかの頂点を通る.それぞれの直径を構成する2つの半径は,一方は,星形の各辺の端点を延長した長さ(lとよぶ)であり,もう一方の長さは $L+l$ (L は出発点とした星形多角形の1辺の長さ)である.このことから,この黒い線で描いた曲線は $L+2l$ という定幅であることが見てとれる.

図105は別の方法を示している.好きなだけたくさんの直線を,互いが交差するように引く.そのうちの1本の直線を選んで基準線

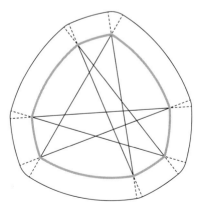

図104　星形多角形を利用した定幅曲線の描き方.

とし,適当に視野を広げれば,その範囲で基準線の上端から時計回りに見ていくとすべての直線に順々に出あっていけるようになる.そこで,基準線上の交点のうち最も高い位置にある点を最初の中心にして,時計回りの円弧を次々と描いていく.そのときのそれぞれの円弧は,時計回りに見て隣り合う直線どうしの交点にコンパスの針を置いて,それら2本の直線にはさまれる範囲に描く.曲線を描き進める際は,それぞれの円弧を直前の円弧につなげるようにする.ていねいに作図していけば,曲線は閉じた定幅曲線となる(その曲線が閉じた定幅曲線に必ずなることを証明するのは,難しくはない面白い練習問題である).これより前に見てきたどの定幅曲線も,それを構成している円弧の半径の長さはせいぜい2通りしかなかったが,この方法で描く定幅曲線の円弧の半径の長さは,何通りにでも好きなだけ増やすことができる.

定幅曲線を構成する弧が円弧である必要もない.実のところ,適当な凸曲線を,正方形の中に上から下へ向けて描いて,途中で左側の辺に接するようにすれば(図105の弧ABC),その曲線は,一意に定まる定幅曲線の左側を構成することになる.この定幅曲線の残りの部分は,定規で多数の直線を引くことにより描くが,それらの直

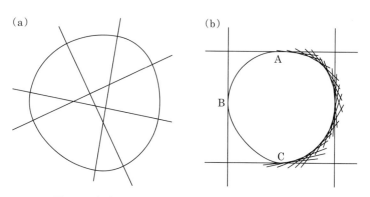

図 105 (a) 交差線を用いる方法;(b) 自由に描いた曲線と無数の接線.

線1本いっぽんは，弧 ABC の接線と平行で，対応する接線から正方形1辺ぶんの距離だけ離れているものである．この作図を手早く行うには，直線定規の両側を使えばよい．基準にする正方形の1辺の長さは，定規の幅と等しくなければならない．定規の片側が，弧 ABC 上の点の接線の1つに一致するように置き，定規の反対側を使って平行線を引く．これを，弧 ABC の端から端まで多数の点で行う．定幅曲線の残りの部分は，これらの直線の包絡線である．この方法により，無数の種類のいびつな定幅曲線を得ることができる．

弧 ABC がどのようなものであれば，この作図に使えるであろうか．大雑把にいえば，曲率が，正方形の1辺の長さを半径とする円よりも小さい点は，1つもあってはならない．たとえば，線分になっている部分を含むことはできない．このあたりのことについてのより正確な表現や，定幅曲線に関わる多数の基本定理の詳しい証明については，ハンス・ラーデマッヘルとオットー・テープリッツ著『数と図形』*4 の中に，この種の曲線を扱っている見事な章があるので，読者は参照されたい．

木工の道具と技術をもっている人なら，木製の転がし棒で，互いに同じ幅のさまざまな定幅曲線を断面とするものを，何本も作って楽しむことができるかもしれない．大型本をそうやって作ったいびつな転がし棒の上で水平に転がして，上下動せずに進んでいくようすを見せたら，たいていの人は唖然とする．もっと簡単な方法でこの種の曲線を人に見せるには，厚紙から定幅曲線を2つ切り出し，6インチくらい（約15センチ）の長さの木の棒の両端に鋲で固定する．2つの曲線は同じ形である必要はないし，鋲で固定する位置が正確にどこであるかも大した問題ではなく，定幅曲線の「真ん中」と思われるところからさほど離れていなければそれでよい．大きくて軽い空の箱の端をもち，水平に保ちながら，棒につけた定幅曲線

---

*4 *The Enjoyment of Mathematics*, by Hans Rademacher and Otto Toeplitz. 1990年以降はドーヴァー版で入手可能．〔訳注：文献欄参照．邦訳もあり．〕

にしっかり載せて，箱を前後に転がす．木の棒は両端で上下にぐらつくにもかかわらず，箱自体の進み方の滑らかさは，円筒形の転がし棒の上を転がしているのとまったく変わらないので驚きである．

定幅曲線がもつ性質は，幅広く調べられてきた．驚くべき性質で，簡単には証明できないものを1つ挙げれば，定幅が n の曲線の周囲はどれも同じ長さである，というものがある．本章の後記の中で私は，この事実を直感的に捉える方法を紹介している[*5]．円も定幅曲線であるから，定幅が n の曲線の周囲の長さはもちろんどれも必ず πn，すなわち，直径が n の円の円周の長さと同じである．

定幅曲線に対する3次元の類比物は，定幅立体である．球面以外にも，立方体の中で回転する際につねに立方体の6面と接し続ける立体はある．定幅立体はすべてこの性質を共有する．この種の立体で球面以外のもののうち最も単純な例は，ルーロー3角形をその対称軸のうちの1つの周りで回転させることで生み出される（図106参照）．定幅立体はほかにも無数に存在する．定幅立体のうちで体積が最小だと考えられているものは，正3角形からルーロー3角形が派生したのとかなり似た仕方で，正4面体から派生する立体である．最初に正4面体の各面に球面の一部をかぶせた形を作るが，そのあとで，できあがる縁のうちの3つを少し変形する必要がある．エルンスト・マイスナー により，どういう変形が必要かが1911年に解き明かされ，そのことから，その条件を満たす形は「マイスナー4面体」と名づけられている．図107に示している立体はどれもマイスナー4面体である．2014年時点[*6] でも，これらの定幅立体の体積が最小であることの証明は知られていない．

同じ幅の定幅曲線はどれも周囲の長さが同じであったので，同じ

[*5] 〔訳注〕さらに，後記の末尾近くでは，シャーマン・スタインによる驚くべき証明方法も紹介されていて必見である．
[*6] 〔訳注〕「2014年」とは本書の原書の出版年であり，原著者のガードナーは2010年にすでに亡くなっているので，この表現自体は本人のものではないはずだが，そのまま訳出した．

図 106 ルーロー3角形を回転して生み出される球面でない定幅立体.

図 107 複数のマイスナー4面体によって支えられ,どの方向にも進んでいける板.

幅の定幅立体はどれも表面積が同じと思われるかもしれない.だが,事実はそうでない.その一方で,ヘルマン・ミンコフスキー(相対性理論に多大な貢献をしたポーランドの数学者)の証明によれば,定幅立体の影は(投射するのが平行光線であり,影を映すのが光線に垂直な平面である場合には)すべてもとと同じ幅の定幅曲線になる.そうした影の周囲の長さはすべて等しい(幅のπ倍となる).

ワシントンの海軍兵器局の技術者マイケル・ゴールドバーグは,定幅曲線および定幅立体に関する論文を多数書いており,この主題に関するアメリカの第一人者と目されている.ゴールドバーグが導入した「ローター」という用語は,多角形や多面体の中で,そのすべての辺ないし面につねに接しながら回転することができる任意の凸図形のことを指す.

ルーロー3角形は,すでに見たように,正方形に収まる最小面積

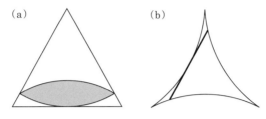

図 108 （a）正 3 角形に収まる最小面積のローター；（b）デルトイド曲線内を回転する線分．

のローターである．正 3 角形に対する最小面積のローターは，図 108 の左側に示してある．この凸レンズ形の図形（もちろんこれは定幅曲線ではない）を構成しているのは，中心角が 60 度の円弧 2 つであり，それらの半径は，正 3 角形の高さと等しい．1 つ指摘しておくと，この図形が回転する際は，2 つの角がともに正 3 角形の境界線をすべてたどっていき，正 3 角形の角のところで丸みを帯びることもない．機構上の理由から，この図形に基づいたドリルを回転させるのは困難であるが，その一方で，ワッツの会社は，辺数がもっと多い正多角形用のドリルで，角の鋭い穴をあけられるものを作っており，その種類は，5 角形，6 角形，そして 8 角形にまで及んでいる．3 次元空間については，ゴールドバーグがこれまでいろいろなことを示しており，それによれば，正 4 面体と正 8 面体に対しては，立方体の場合と同様に球面以外のローターが存在するが，正 12 面体と正 20 面体に対しては存在しない．3 次元より高い次元におけるローターの研究はほとんど何もなされていない．

ローターの理論に密接に関係する有名な問題に掛谷問題ないし掛谷の針問題とよばれるものがあるが，その名は日本の数学者掛谷宗一に因んだものであり，掛谷がこの問題を提出したのは 1917 年のことである．問題は「内部で長さ 1 の線分を 360 度回転させることができる最小面積の平面図形は何か」というものである．長さ 1 の

線分を回転させるのは直径1の円内なら可能なことは明らかであるが，それは最小面積からはほど遠い．

長年の間，数学者たちが答えだと考えていたのは，図108の右側に示してあるデルトイド曲線であり，その面積は，直径1の円のきっかり半分である（デルトイド曲線，すなわち尖点を3つもつ内サイクロイド曲線は，転がっていくある円の周上の1点が描く軌跡の一種であり，具体的には，その円がそれより大きい円の内側を転がっていくときのもので，小さい円の直径が大きい円の3分の1または3分の2のときに得られる軌跡のことである）．爪楊枝を折って図にある線分の長さにすれば，実際に試してみることで，線分がデルトイド曲線の内側を，一種の1次元ローターとして回転していけることがわかるはずである．その際，線分の両端がつねにデルトイド曲線の外縁上に留まっているようすに注目してもらいたい．

掛谷が問いを投げかけてから10年後の1927年，ロシアの数学者アブラム・サモイロビッチ・ベシコビッチ（当時はコペンハーゲン在住）が，あっと驚くことをした．この問題には答えがないことを証明したのである．もっと正確にいえば，その証明によれば，掛谷問題に対する答えは，最小面積は存在しない，というものである．回転させるための領域の面積は，好きなだけ小さくできる．線分の長さが地球から月までの距離だとしよう．その線分を360度回転させることは，1枚の切手ほどの面積をもつ領域内で可能である．それでもまだ面積が大きいなら，切手に描かれたリンカンの鼻が占める部分の面積に縮めることもできる．

ベシコビッチの証明の詳細はやっかいではあるが，発想は単純である．329ページに載せた「ベシコビッチによる正方形の圧縮」という枠内の記述とペロンの木についての枠内の記述を参照してほしい．詳細や関連する研究に関することがらは，文献欄に掲げた文献に載っている．

ベシコビッチが作る回転領域は，平面内に広がっていて，穴がたくさんある．その領域は，面積は小さいが広域に広がっていて，数

学的にいえば，単連結でもない，ということである．もっとずっと簡単な問題に取り組みたい読者には，次の問題がある．長さ1の線分が360度回転できる凸な領域で面積が最小のものは何か（凸な図形とは，その図形上の任意の2点を結ぶ線分がその図形内に収まるもののことである．正方形や円は凸であるが，ギリシャ十字や三日月形は凸ではない）．有界な範囲で考えた場合や単連結なものに限った場合に掛谷問題にきちんとした解答があるかどうかという問題も未解決だった時期が続き，1971年にフレデリック・カニンガム・ジュニアによってようやく解決された． 〔解答 p.315〕

|追記
(1969)

ルーロー3角形のドリルを使って正方形の穴をあける工法に関して最初に特許をとったのはワッツだが，どうやらその手法は以前から知られていたようである．ロンドンにいるデレク・ベックからの手紙によると，以前会った男が述べていた記憶では，その種のドリルを使って正方形の穴をあけていたことがあり，それはその男が機械工の見習いだった1902年のことだったということであり，ベックの得た印象からすると，そうした訓練は当時としては標準的なものだったらしい．ただし，私に調べることができた範囲では，ワッツの1917年の特許以前の技術の歴史については何もわからなかった．正方形の穴に関するほかの話については，本章の後記も参照されたい．

|解答

● 長さ1の線分が360度回転できる凸な領域で面積が最小のものは何か．答えは，高さが1の正3角形（面積は $\frac{1}{3}\sqrt{3}$）．

長さ1の線分が回転できる図形は明らかに，幅が1以上でなければならない．幅が1以上のあらゆる凸図形の中で，高さが1の正3角形の面積が最小である[*7]．長さ1の線分が実際にそのような3角形内で回転できることは容易に見てとれる（図109参照）．

単連結な領域[*8]に限定した場合に掛谷問題に対する最小面積を与えるのはデルトイド曲線だと長らく考えられてきたが，1963年になって，もっと小さい面積をもつものが，メルヴィン・ブルームとI・J・ショーンバーグによって独立に発見された[*9]．掛谷問題に関しては，一度ならず人々は，すでに見つかっている最小面積のものが今度こそ可能な最小解であろうという考えに導かれたのだが，結局は，そもそも最小面積が存在しないことが判明した．同じことがふたたび起きた．1971年

[*7] このことの証明については，読者は次を参照されたい．*Convex Figures*, by I. M. Yaglom and V. G. Boltyanskii, pp. 221-222.
[*8] 〔訳注〕本箇所を理解する限りでは，単連結な（2次元）領域とは，閉曲線で囲まれていて，中に穴のない領域のことだと理解しておけばよいであろう．
[*9] 次を参照．H. S. M. Coxeter, *Twelve Geometric Essays* (Southern Illinois University Press, 1968), p. 231.

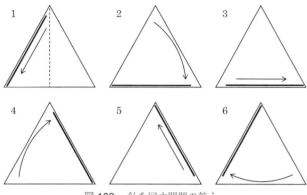

図 109　針を回す問題の答え．

にフレデリック・カニンガム・ジュニアが示したことによれば，針を完全に回転させることのできる単連結な領域は，半径 1 の円内に収めることができ，しかもその領域は，好きなだけ小さくすることができるのである．カニンガムの画期的な発想を理解するのは難しくないが，詳細は込み入っている．具体的な内容については，文献欄に挙げた本人の論文を参照されたい．

後記[*10]
(1991～)　本章の本文で言及したが，断面が定幅曲線の転がし棒を板の下に置けば台車にすることができ，その台車は滑らかに進む．それでは，定幅曲線を四輪にしたらどうであろうか．その場合には，車軸から車輪の縁までの距離は一定ではないので，台車は上下に揺れ動いてしまう．しかしながら，車軸の断面もちょうどよい定幅曲線になっている場合には，台車は水平を維持することになる．

　このことは，数学雑誌に載った「車輪を再発明する」と題す

[*10]　〔訳注〕本章の後記は，1991 年版ではたった 1 段落（本書のものの 4 段落めの前半の内容）だったのが，本書では邦訳で 9 ページ強（原書では 7 ページ強）にまで膨れ上がっている．1991 年版との差異を本書ではいちいち記さない方針だが，この違いは極端に大きいのであえて注記する次第である．

る記事*11 で説明されている．その記事では，定幅でない車輪で水平に進ませることができる方法も説明されている．

ルイス・キャロルの小説『シルヴィーとブルーノ』*12 に出てくるドイツ人教授は，車体を洋上の船のように揺れ動かすために，楕円形の車輪を使うことを考えている．

1969年にイギリスが導入した50ペンス硬貨は，少し丸みを帯びた7辺が定幅曲線をなすものとなっており，間違いなく史上初の7辺コインである．幅が不変であるので，コインは自動販売機の中にも滑らかに入っていく．最初に発行された図柄のコインが図110の右側のものであり，左側のものは，1982年に加わった20ペンス硬貨である．これらの硬貨の特別版もこれまでにたくさん鋳造されており，インターネットで見ることができる．

私が本全集版の作業に取り組んでいる最中も，掛谷問題は，従来とは別の形ではあるが，まだ大きな関心がもたれていた．読者もインターネットで最新情報を探ってみるとよい．近

図110　7辺の定幅コイン．

---

*11 "Reinventing the Wheel" by Claudia Masferrer León and Sebastian von Wuthenau Mayer in *The Mathematical Intelligencer*, vol. 27, May 2005, pp. 7-13.
*12 〔訳注〕正確には，その続編の『シルヴィーとブルーノ：完結編』．

年の関心は，すべての方向に単位線分をもつ集合に向いており，「サイズ」の小さいものがいろいろ調べられている．そのような集合は掛谷集合（ないしベシコビッチ集合）とよばれるが，針を回すもともとの問題では，すべての方向に単位線分をもつだけでなく，連続的な移動ですべての方向を一巡りできる必要があった点が異なる．

1920年にベシコビッチは，いまでいう掛谷集合であって，平面上で面積が0となるものを構成する方法を提示した．この方法を使ってベシコビッチが示したのは，平面上の領域の面積を求めるという課題は，何らかの直交座標に関する重積分にいつでも還元できるわけではない——どの座標を選んでもよいとしてもその点は変わらない——ということであった．ベシコビッチは，コペンハーゲンに来たときに掛谷問題について聞き，面積0の特別な集合を構成する自分の手法を使うことで，針の回転問題に対する最小の領域が存在しないと証明できることに気づいた．1928年の論文では，平面上の掛谷問題を解決するとともに，一般に，ユークリッド空間には体積0の掛谷集合が存在することを証明した．

2008年の論文集に載った，掛谷集合と乱数生成法に関するゼーブ・ドヴィルとアヴィ・ウィグダーソンの論文[13]で著者たちは次のように書いている．

> ユークリッド空間における掛谷問題は，レクリエーション数学的な面をもちつつも，幾何学的測度論における主要な未解決問題であり，調和解析（たとえば，高次元おけるフーリエ級数の収束に関してフェファーマンが示したこと）その他の重要な解析の諸問題とも深いつながりがある．ユークリッド空間の場合の掛谷予想を証明することは（大方の見方によれば）札つきの難しさをもっているようであり，進

---

[13] "Kakeya Sets, New Mergers and Old Extractors" by Zeev Dvir and Avi Wigderson, in *The 49th IEEE Symposium on the Foundations of Computer Science* (2008).

展している部分の大半は組合せ論的な「近似」によるものである．

　ユークリッド空間における掛谷問題とは，n 次元空間における掛谷集合のフラクタル次元がつねに n と等しいかどうかを問うものである．ベシコビッチによる証明によれば，掛谷集合は「小さく」できるが，それは n 次元での体積が 0 に等しいという意味においてである．だが，そうした集合のフラクタル次元は必ず n であろうか．その答えは，$n < 4$[*14] については「そのとおり」であるが，それより高い次元については，断片的なことしかわかっていない．非整数の次元という考えがかなり広く使われはじめたのは，ベノワ・マンデルブロが「フラクタル」という語を造り出し，自然研究にフラクタルという考えを適用してからである．本全集第 13 巻の「マンデルブロのフラクタル」の章を参照されたい．

　ドヴィルとウィグダーソンはコンピュータ科学者であり，関心があるのは，有限体上の有限次元ベクトル空間内において，すべての方向の線分を含む小さな点集合を見つける問題である．そのような集合は，データ処理において有用である．掛谷問題のさまざまな変種に関するその他の話題については，文献欄に載せたマルクス・フルトナーの 2008 年の学位論文およびテレンス・タオやイザベラ・ラバによる論文を参照されたい．

　ワッツのドリルが作る正方形の穴は，角が少し丸みを帯びていた．1939 年に技術雑誌[*15] に載った署名のない記事をもとにして，ジョン・ブライアントとクリス・サングウィンは，完全な正方形の穴が掘れるローターを作り出した．このローターほかのすばらしい作品は，彼らの本[*16] に載っている．ジョン・ブライアントは実際の装置を作り，それが動くようすの映像も

---

*14　〔訳注〕（原書が執筆された時点および本書の訳出時点では）正しくは「$n < 3$」．
*15　*Mechanical World.*
*16　*How Round Is Your Circle?*, Princeton University Press, 2008.

インターネット上で公開[*17]している.

バリー・コックスとスタン・ワゴンは，正方形穴のドリルについて論じるとともに，完全な正6角形の穴を掘るドリルもこしらえた．彼らが書いた2009年の論文[*18]を参照されたい．コックスとワゴンは，それらの特別ドリルが作動しているようすを見せるMathematica（マセマティカ）の動画を公開している．彼らが主張した予想によれば，4以上のすべての偶数 n について，正 n 角形の穴をあけるローターが作成可能である． n が奇数の場合はどうなのかも未解決だったが，これはコックスとワゴンの2012年の論文[*19]によって解決された[*20]．

1963年に本章のもととなる定幅曲線に関するコラムが雑誌に載ったときの図は，定規とコンパスを使った手書きであった．全集版である本書が出版される時点では，コンピュータの描画ソフトを当たり前に使う読者は多数いるであろうし，そうしたソフトを使って本章で紹介した作図も実行できるであろう．いまや一般人が自分でできることは，コンピュータ支援のもとで設計と製造をしている人々が行う描画の域を超えている．思い描けるものであれば，自分のマシン上で作って印刷することが——おそらく3Dプリンターで——できる．図 **106** や図 **107** で紹介したさまざまな立体[*21]も，いまでは印刷したり，試しにいろいろいじったりすることができる．そのようす

[*17]〔訳注〕本書訳出時点では，ブライアントが登録している動画は見つけられず，サングウィン（Chris Sangwin）が登録しているものは簡単に見つかった．一例は，次の動画．https://www.youtube.com/watch?v=S1JH19-JwzA
[*18] "Mechanical Circle-Squaring" in the September 2009 issue of the *College Mathematics Journal*.
[*19] "Drilling for Polygons" in the April 2012 issue of *The American Mathematical Monthly*.
[*20]〔訳注〕著者のガードナーは2010年に没しており，2012年の論文に言及しているこの箇所は，著者没後の編集過程で手を加えられたものである．
[*21]〔訳注〕原書のこの箇所では，アレン・ビーチェルが本章のために描いた複数の「立体」なるものが言及されていた．しかし，該当するものは実際には載っていない（おそらく著者没後の編集過程で何らかの予定変更があった）ので，ここで事実上言及されている立体は図106や図107のものであろうと憶測して訳した．

は，ジョン・ブライアントとクリス・サングウィンの本[*22]を見てもらいたい．

コンピュータを使って定幅曲線や定幅立体の可視化が可能になったことで，明示的な表現に関心が向き，ハンス・ラーデマッヘルとオットー・テープリッツ著の『数と図形』で展開された一般的解析は見過ごされている．図 105 の右側に記した一般的な作図方法が示すように，定幅曲線を構成するのが，円弧を各部分でつなげたものである必要はない．しかしながら，どのような定幅曲線に対しても，それにいくらでも近い曲線を，円弧だけから構成されるもので作ることができる．それには十分に多くの直径を引いてから図 105 の左側に示してある種類の作図を行えばよい．その作図がどのように機能しているかをよく見るとわかるように，定幅曲線のどの直径も，いずれかの一対の扇形を結合した図形内に収まっており，その 2 つの扇形の半径の和は定幅曲線の幅 W になっている．2 つの半径の一方の大きさが 0 の場合は，その部分に「角」，すなわち直径どうしが作るくさび形の頂点ができる．そのくさびの頂点の反対側は，半径 W の円弧をなす．以上を念頭に置きながら物理的な類比を用いると，幅が W の定幅曲線の周囲の長さが πW になることが示される．

一例を用いて，何が起きているかを示そう．ルーロー 3 角形に丸みをつけて幅を W にしたもの[*23]に着目する．それを 2 つの板の間にはさんでから，両方の板を反対方向に等しい速さで動かし，その角速度がどうなるかを考えてみる．垂直に立っている直径の上下の両端は，その瞬間においては，等しい速さで反対方向に動かされているので，その直径はその中点を中心に回転している．回転運動は時計回りで，角速度は，同じ直径の円板の角速度と同じはずであり，その値は毎秒 $\omega = 2v/W$ ラジアンである．形全体が回転していくので，すべての直径が

[*22] 脚注 16 と同じ本．
[*23] 〔訳注〕こうして丸みをつけたものも，以下ではたんに「ルーロー 3 角形」とよんでいる．

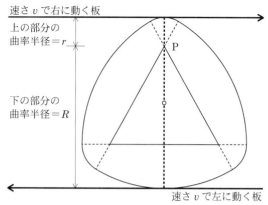

図 111 動く板の間にあるルーロー 3 角形.
幅が $W = R + r$ である転がし棒が,図のように,左右それぞれに速さ v で動く 2 枚の板の間で回っている.この転がし棒は,時計回りに毎秒 $\omega = 2v/W$ ラジアンで回る.破線の垂直線は,この瞬間に上下両方の板に接している直径である.それは,○印のところを軸として旋回している.点 P を上の板が右に動かす速さは,下の板がそれを左に動かす速さよりも大きい.

この角速度 ω で回転する.もちろん,図 111 で○印をつけたところを各瞬間に実際に通過しているのは 3 本だけである.

　幅が W の定幅曲線の具体的な形がどのようなものであっても,同様の設定にすれば,定幅曲線は角速度 $\omega = 2v/W$ で回転する.角速度は一定であるが,回転軸の位置は本体の中で移り変わっていく.時間 T 経過後に転がし棒はもとの向きに戻るが,そのとき,上下の板は距離 Tv だけ右と左にそれぞれ動いている.Tv は転がし棒の周囲の長さであり,$T\omega = 1$ 回転 $= 2\pi$ ラジアンであるので,少し計算すれば,周囲の長さは πW だと示される.この等式は,図 105 の左側で描いたように円弧を各部分でつなげた定幅曲線については成立する.そして,曲線近似の極限をとれば,その等式は,幅が W の定幅曲線一般について成立する.図 112 では,こうした

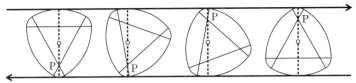

図 112 ルーロー 3 角形の転がし棒と曲率半径の和.
等しい速さで左右それぞれに動く板の間にあるルーロー 3 角形. 回転軸は ○ 印のところにある. この図では，大きいほうの曲率半径 R が現れるのは，左側の 2 つの転がし棒では灰色で示した直径の上側であり，右側の 2 つの転がし棒では直径の下側である. 直径の両側における曲率半径の和は，直径が一定の曲線では，その直径の長さとなる.

定幅曲線について，直径の両端の曲率半径を足すと W になるようすを示している.

　定幅曲線の「角」で直径どうしがくさび形をなしているとき，その角度が 60 度[*24] を超えることはありえない. というのは，もし超えていたとしたら，その角の反対側にある円弧の両端点の距離が W より大きくなり，幅 W の定幅曲線の一部とはなりえないからである. この「角」におけるくさびの角度は，曲線の姿に関して多くのことを語りうる. たとえば，どこかの角で直径のなす角度が 60 度にまで到達している場合には，試行すればすぐわかるが，その条件だけで曲線全体の形が 1 つに決まることになる.

　直径が一定の形を新たに創るのは比較的容易であり，驚くような応用をいろいろと試してみることもいまはできる. ヨッヘン・ブルンホルンとオリヴァー・テンヒオとラウル・ロハスが提案するのは，事務机用の椅子の脚につける新式の車輪であり，彼らの 2006 年の論文[*25] に載っている. 3 人はコンピュー

[*24] 〔訳注〕原文では「1 回転の 3 分の 1」となっていたが，内容が合わないので，何らかの誤記（たとえば「平角（straight angle）の 3 分の 1」と書くつもりだった）と判断し「60 度」とした. 本段落のもう 1 つの「60 度」も同じ.

[*25] "A Novel Omnidirectional Wheel Based on Reuleaux Triangles," in *RoboCup Soccer 2006*.

タ科学者で、ベルリン自由大学でロボット工学の研究をしている。彼らの論文や、彼らが創案した車輪の画像は、インターネット上で見つけることができる。こうした発展が示すように、この分野では、コンピュータと 3D プリントの役割が非常に大きくなってきている。

　ひねりの利いたことをもう 1 つだけ紹介しておく。シャーマン・スタインの指摘によれば、幅が W の定幅曲線はどれも、直径 W の円と周囲の長さが同じであるという事実は、本人のいう(「ビュフォンの針」ならぬ)「ビュフォンのヌードル」定理から出てくる[*26]。ビュフォンの針の問題とは、幅 W の間隔で平行線が目盛りのように並んでいる平面上に長さ W の針をランダムに落としたときに、その針がいずれかの線上にのる確率を求めるものである。スタインはこの問題を一般化して、同じ目盛り付き平面上に長さ L の曲線をランダムに落としたときにできる交点の個数の期待値を問うている。その期待値は、目盛り付き平面上に曲線を落とすときに生じうるあらゆる可能性について平均をとったものであり、その際、目盛り付き平面上で互いに対称な事象どうしはすべて同様に確からしいと見なす。スタインが示していることによれば、この期待値は、ある定数 k を用いて kL と表される。スタインが次に着目するのは、直径 W の円を目盛り付き平面上にランダムに落としたときにできる円と目盛り線の交点は 2 個だということである。その円の周囲の長さは $L = \pi W$ であるから、$k\pi W = 2$ であり、$k = 2/(\pi W)$ である。$L = W$ だったもとの針の問題に戻れば、針が目盛り線のどれかと交わる確率は $Lk = 2/\pi$ である。

　スタインの指摘によれば、幅が W の定幅曲線も、上述のような目盛り付き平面上にランダムに落としたときには目盛り線とつねにきっかり 2 箇所で交点をもつので、その長さは、同じ直径の円と同じであるにちがいなく、したがって、その周囲の

[*26] 次を参照。Chapter 1, "The Noodle and the Needle" in *How the Other Half Thinks*.〔訳注：邦訳は、文献欄参照。〕

長さは πW である.幾何における確率と定幅曲線の周囲の長さとの間にこのような連関があるとは,実に愉快で数学らしい意外な事実である.

最後は少しお堅い話で閉じよう.リチャード・ファインマンがチャレンジャー号爆発事故の原因を調べていたときに,空恐ろしかった問題の1つは,スペースシャトルを打ち上げるためのロケットの接合部分の丸みを検査する方法であった.その検査では,結局のところ,いくつかの直径を測って,それらが互いに等しく,かつ所定の範囲内に収まっているということしか確認していなかったのである.ファインマン著『「困ります,ファインマンさん」』の「密偵ケネディへ飛ぶ」の箇所[*27]を参照されたい.同書のファインマンの図 14[*28] が示しているとおり,丸い形からかけ離れてもなお,与えられた1つの内点を通る「直径」はどれも同じ長さになりうるのである.ファインマンの描いた曲線は凸ではなく,また,本章の意味での定幅曲線でもないが,ファインマンの主旨はまったくそのとおりである.潜水艦が丸い形でなかったとしたら,断面で見たときの「角」のところに圧力が集中し,潜水したり攻撃されたりしたときに,本来よりも危険な状態になる.ロケットの胴体を組み立てるときの接合部分どうしが,ともに同じ幅の曲線であっても,断面がともに円でなければ,適切な連結にはならないかもしれない.定幅曲線や定幅立体の用途は多いが,それらを円や球だと取り違えるとやっかいなことになるのだ.

本章に関して,コメントをくれたり種々の協力をしたりしてくれたリチャード・ボーギン,ピーター・レンズ,クリス・サングウィン,シャーマン・スタインの各氏に感謝する.

| 文献 | *The Kinematics of Machinery.* Franz Reuleaux. Macmillan, 1876; Dover, 1964. See pp. 129-146. |

[*27] "Gumshoes" in *"What Do You Care What Other People Think?"* 〔訳注:書誌情報は文献欄参照.邦訳もある.〕
[*28] 〔訳注〕邦訳では,219 ページの「図 16」.

Kreis und Kugel. Wilhelm Blaschke. Leipzig, 1916; W. de Gruyter, 1956.

The Enjoyment of Mathematics. Hans Rademacher and Otto Toeplitz. Princeton University Press, 1957; Dover, 1990. See pp. 163-177, 203. 〔ドイツ語原書からの邦訳：『数と図形』H・ラーデマッヘル，O・テープリッツ著，山崎三郎，鹿野健訳．ちくま学芸文庫，2010 年．〕

"Trammel Rotors in Regular Polygons." Michael Goldberg in *American Mathematical Monthly* 64 (February 1957): 71-78.

"Rotors in Polygons and Polyhedra." Michael Goldberg in *Mathematical Tables and Other Aids to Computation* 14 (July 1960): 229-239.

Convex Figures. I. M. Yaglom and V. G. Boltyanskii. Holt, Rinehart and Winston, 1961. Chapters 7 and 8.

"N-Gon Rotors Making $N+1$ Contacts with Fixed Simple Curves." Michael Goldberg in *American Mathematical Monthly* 69 (June-July 1962): 486-491.

Topics in Recreational Mathematics. J. H. Cadwell. Cambridge University Press, 1966. Chapter 15.

"Two-lobed Rotors with Three-Lobed Stators." Michael Goldberg in *Journal of Mechanisms* 3 (1968): 55-60.

"What? - A Roller with Corners?" John A. Dossey in *Mathematics Teacher* (December 1972): 720-724.

"Solids of Constant Breadth." Cecil G. Gray in *Mathematical Gazette* (December 1972): 289-292.

Mathematical Gems. Ross Honsberger. Mathematical Association of America, 1974. Chapter 5.

"Convex Bodies of Constant Width." G. D. Chakerian and H. Groemer in *Convexity and Its Applications*, Peter M. Gruber and Jörg M. Wills, eds. Birkhauser, 1983.

"Curves of Constant Width from a Linear Viewpoint." J. Chen Fisher in *Mathematics Magazine* 60 (June 1987): 131-140.

"What Do You Care What Other People Think?": Further Adventures of a Curious Character, Richard P. Feynman, as told to Ralph Leighton. Gweneth Feynman and Ralph Leighton. W. W. Norton & Company, 1988. "Gumshoes," 159-176.〔邦訳:『「困ります,ファインマンさん」』R・P・ファインマン著,大貫昌子訳.岩波書店,1988 年の「密偵ケネディへ飛ぶ」,206-234.〕

"Perfect and Not-So-Perfect Rollers." J. Casey in *Mathematics Teacher* 91 (January 1998): 12-20.

"Curves of Constant Width." J. A. Flaten in *Physics Teacher* 37 (October 1999): 418-419.

"A Novel Omnidirectional Wheel Based on Reuleaux Triangles." Jochen Brunhorn , Oliver Tenchio, and Raúl Rojas in *RoboCup 2006: Robot Soccer World Cup X*, Springer-Verlag, 2007: 516-522.

How The Other Half Thinks: Adventures in Mathematical Reasoning. Sherman Stein. McGraw-Hill, New York, 2001, Chapter 1, "The Needle and the Noodle."〔邦訳:『数学ができる人はこう考える——実践=数学的思考法』シャーマン・スタイン著,冨永星訳.白揚社,2003 年,第 1 章「針を投げたり,麺を投げたり」.〕

How Round Is Your Circle?. John Bryant and Chris Sangwin, Princeton University Press, 2008. 定幅曲線,リンク機構,正方形穴あけドリルを扱っている.

"Mechanical Circle-Squaring." Barry Cox and Stan Wagon, *College Mathematics Journal* 40 (September 2009): 238-247. 正方形と正 6 角形の穴あけに関するもの.

"Drilling for Polyhedra." Barry Cox and Stan Wagon, *American Mathematical Monthly* 119 (April 2012): 300-312.

●掛谷の針問題

Convex Figures. I. M. Yaglom and V. G. Boltyanskii. Holt, Rinehart & Winston, 1961. See pp. 61-62, 226-227.

"The Kakeya Problem." A. S. Besicovitch in *American Mathematical Monthly* 70 (August-September 1963): 697-706.

"A Remark on the Kakeya Problem." A. A. Blank in *American Mathematical Monthly* 70 (August-September 1963): 706-711.

Topics in Recreational Mathematics. J. H. Cadwell. Cambridge University Press, 1966. See pp. 96-99.

"The Kakeya Problem for Simply Connected and Star-shaped Sets." F. Cunningham, Jr. in *American Mathematical Monthly* 78 (February 1971): 114-129.

"From Rotating Needles to Stability of Waves: Emerging Connections between Combinatorics, Analysis, and PDE." Terence Tao in *Notices of the American Mathematical Society* (March 2001): 294-303.

"From Harmonic Analysis to Arithmetic Combinatorics." Izabella Laba in B*ulletin of the American Mathematical Society*, 45 (2008): 77-115. A・S・ベシコビッチの業績をうまくまとめた節が含まれている．著者のウェブサイトも参照せよ．

"The Spin of a Needle." Julian Havil in *Impossible?*. Princeton University Press, 2008, Chapter 13.〔邦訳：『世界でもっとも奇妙な数学パズル』ジュリアン・ハヴィル著，松浦俊輔訳．青土社，2009年，13章「針の回転」．〕

The Kakeya Problem. Markus Furtner, 学位論文 (Ludwig-Maximilians-Universität München, 2008). インターネット上でも見られる．

"Birds and Frogs." Freeman Dyson in *Notices of the American Mathematical Society* (February 2009): 212-223. 数学上のいろいろな見方を比較対照したもの．アブラム・ベシコビッチとヘルマン・ワイルを比較している節を参照せよ．

ベシコビッチによる正方形の圧縮

太線で示した線分は，正方形の中心の周りを 360 度回転することができる．ベシコビッチが示した方法に従えば，この正方形を切り分けて並べ直していくことにより，途中で面積を追加しなくてはならない局面もあるものの，最終的には線分は，好きなだけ面積の小さい領域の中で回転させることができるようになる．最初は，4×4 の正方形と長さ 2 の線分とする．

まず，2 本の対角線のところで切り分ける．線分は，それぞれの 3 角形の中で 4 分の 1 回転ずつすることができる．これが第 0 段階である．

次が第 1 段階である．第 0 段階の 3 角形を 2 つの 3 角形に切り分け，両者をスライドさせて面積を縮める．ベシコビッチが代数的に示した結果によれば，段階を積み重ねていけば，この面積を任意に小さくすることができる．いまでは「ペロンの木」がそのことを幾何的に示してくれる．ペロンの木に関する欄を参照．

各段階では，3 角形をどれも中線で分割してからスライドさせて重ねる．第 0 段階での 3 角形の面積は 4 単位である．第 1 段階では，重なりが 4/3 なので，そのぶんで面積は 8/3 になるが，それに加えて右のほうに，線分をひねるための領域が必要である．線分を 90 度回すには，一方の 3 角形の中で 45 度回し，それをそのまま右のほうにスライドさせていき，ひねってから，スライドさせて戻してきて，再度ひねると，スライドによって線分は他方の 3 角形に収まり，その中でもう一度 45 度回すことができる．このスライドの動きは，ジュリアス・パルが考えたものである．線分を右に移動させる距離を大きくしていくことで，ひねるのに要する領域は任意に小さくできる．

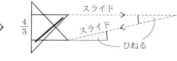

第 0 段階　　　　　　第 1 段階

ペロンの木と無数の3角形と掛谷問題

長さ2の線分を90度回すことが可能な図形として,右図のような斜辺が2で高さが1の直角2等辺3角形を考える.この3角形を $2^3 = 8$ 個の小3角形に分解してから,互いが重なるように適当にスライドさせると,下図のうち,第3段階のペロンの木の図を縮小したものに一致させることができる.この配置にすることで面積は圧縮されて 8/3 となる.パルの考えたスライドをここで使えば,この図形にほんの小さな領域を足した領域の中で,線分を90度回すことができる.

ペロンの木の第 s 段階では,2^s 個の小3角形をどのように重ねて面積を圧縮するかが指定される.このとき,下図のように,木を順次拡張していくようにしてグラフ用紙に描いていけば,高さが $h = s+2$ のペロンの木の面積は $2h$ だとわかる.

その図形を $2/h$ 倍に縮めれば,できあがる木はもとの縮尺に戻って 4×2 の長方形に収まり,木の面積は $8/h = 8/(s+2)$ となる.この面積の値は,s を大きくすることによって好きなだけ小さくすることができる.

ここで,ペロンの木の面積の計算に戻れば,第 s 段階において高さ s のところに現れる水平な線分の長さの合計は2である.このことを足掛かりに取り組めば,各段階で新たに伸びてくる枝の部分の合計面積が単位正方形2個ぶんだとわかる.

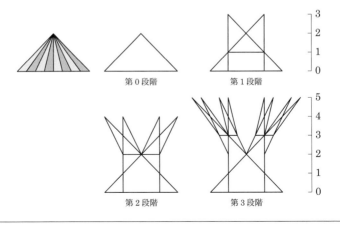

第0段階　　第1段階

第2段階　　第3段階

| 19 |

レプタイル
——平面図形の自己複製

　わずか 3 つの正多角形，つまり，正 3 角形と正方形と正 6 角形だけが，床のタイル張り（タイリング）に使うことができる．これらは，同一の形を無限に繰り返すことで平面を埋めつくせる．しかし正多角形に限らなければ，この種のタイル張りが可能な多角形は無数にある．たとえば 3 角形は，どんな形でもうまくタイル張りができる．4 角形も同様である．読者には次を試してもらいたい．まず不規則な 4 角形（これは凸である必要すらない．つまり内角が 180 度未満である必要はないということだ）を描き，これと同じ形を厚紙で 20 枚くらい作る．これをジグソーパズルのように全部ぴったりと組み合わせて平面を埋めつくすのは楽しい作業だ．

　風変わりで，それほど知られていないタイルの敷き方も存在する．図 113 の上に描かれた台形はどれも，それぞれがもとの図形と相似になるように 4 つに分割できる．この 4 つの相似な図形は，もちろん同じ方法でさらに小さな相似図形に分割でき，これは無限に続けられる．こうした図形をタイリングに使うには，上の操作をたんに逆方向に無限に繰り返せばよい．つまり 4 つの図形を組み合わせてひと回り大きな図形を作り，それを 4 つ作って同様に組み合わせて，さらに大きな図形を作る，といった具合だ．イギリスの数学者オーガスタス・ド・モルガンは，こうした状況を見事に次のような戯歌（ジングル）にまとめあげた．最初の 4 行はジョナサン・スウィフトによ

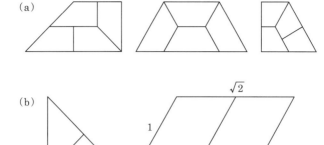

図 113 (a) 次数 4 の複製をもつ台形 3 種．(b) 知られているただ 2 つのレプ 2 多角形．

る詩の言い換えだ．

Great fleas have little fleas	大きな蚤に小さな蚤が
Upon their backs to bite 'em,	背中に乗ってかじりつき
And little fleas have lesser fleas,	小さな蚤にはもっと小さな蚤が
And so ad infinitum.	それが無限に続いてる
The great fleas themselves, in turn,	大きな蚤も次つぎに
Have greater fleas to go on;	もっと大きな蚤にかじりつき，
While these again have greater still,	こいつらもまたもっと大きな蚤に
And greater still, and so on.	こちらもずっと続いてく

 最近まで，それ自身のコピーで大きさの違うものを生み出すというこの興味深い性質をもつ多角形について，あまり多くのことは知られていなかった．1962 年当時カリフォルニア工科大学のジェット推進研究所のスタッフであり，いまは南カリフォルニア大学の電機工学科の教授であるソロモン・W・ゴロムは，この「自己複製する図形」に着眼した．ゴロムが「レプタイル」とよぶものである[*1]．

[*1] 〔訳注〕英単語 reptile（爬虫類）にかけている．

そして自身の結果を3編の私家版の論文にまとめた．これは多角形の「自己複製構造」に関する一般理論の基礎を与えるものだ．以下に紹介する結果は，ほとんどすべてがこれらの論文から拝借したものであり，レクリエーション数学者にとって，魅力溢れる題材ばかりである．

ゴロムの用語で，自己複製多角形の次数が k であるとは，その多角形が互いに合同な k 個に分割でき，しかもそれがもとの図形と相似であるときをいう．たとえば図113に示した3つの台形は，どれも次数4の自己複製多角形であるので，これを略してレプ4図形と言おう．どんな k に対してもレプ k の多角形が存在するが，どうやら k が素数のときのものは種類が少なく，k が平方数のときのものは種類が豊富なようだ．

レプ2の多角形は2つしか知られていない．直角2等辺3角形と，辺の長さの比が1対 $\sqrt{2}$ である平行4辺形だ（図113の下を参照）．ゴロムは，レプ2の3角形と4角形で可能なのは，これのみであることと，これ以外のレプ2の凸多角形は存在しないことを示す簡単な証明を見つけた．凸でないレプ2の多角形が存在するようには思えないが，しかしいまのところ存在しないことは証明されていない．

この平行4辺形の内角は，レプ2という性質に影響を与えずに変えることができる．これを長方形にしたレプ2平行4辺形は，本全集第2巻で取り上げたあの「黄金長方形」と同じくらい美術史の中で有名である．中世やルネサンス期の芸術家（たとえばアルブレヒト・デューラー）の多くが，長方形の絵を描くときに意識的にこの寸法を使っていた．街の大道商人が売っているカード手品のタネに活用されていることもあり，これは，この原理を使ってダイヤのエースを3回小さくするというものである（図114）．手で巧みに隠しながらカードをこっそり半分に折って観客に見せると，それは1つ前に見せたカードのちょうど半分の大きさになっているというわけだ．3

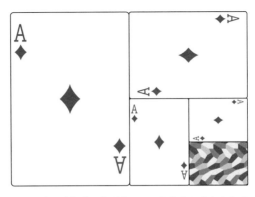

図 114　レプ 2 長方形に基づく，カードを小さくするトリック．

つの小さなエースがそれぞれもとの長方形と相似になるのは，カードのサイズとして $1 \times \sqrt{2}$ の長方形を使ったときに限ることを示すのは易しい．レプ 2 長方形には，もう少し真面目な使い道もある．さまざまな大きさの本に使う紙の形を規格化したい印刷業者は，この長方形が，2 つ折りでも 4 つ折りでも 8 つ折りでも，すべて相似な長方形になることを知っている．

レプ 2 長方形は，図 115a に示した平行 4 辺形の仲間に属する．辺の長さの比が 1 対 $\sqrt{k}$ であるような平行 4 辺形はいつでもレプ k であるという事実は，どんな k に対してもレプ k の多角形が存在するということの証明となる．ゴロムの主張によれば，どんな次数に対しても図形の一群を構成できる例は，知られている限りこれだけだ．次数 k が 7（あるいは $4n-1$ の形で表現できる 3 より大きい任意の素数）のときは，この平行 4 辺形の一群が知られている唯一の例である．レプ 3 やレプ 5 の 3 角形は存在する．読者はこれを見つけられるだろうか．

〔解答 p. 342〕

レプ 4 の図形は非常に数多く知られている．どんな 3 角形もレプ 4 で，図 115b に描かれた方法で分割できる．4 角形の中では，平行 4 辺形はどれもレプ 4 で，分割の方法は同じ図の中に示したと

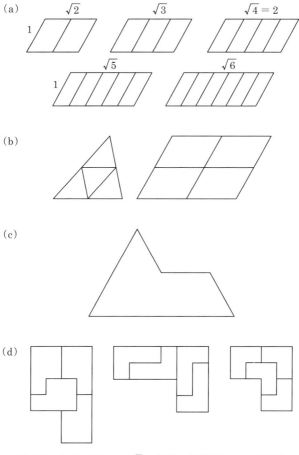

図115 (a) 比率 $1 \times \sqrt{k}$ の平行4辺形はレプ k 多角形である. (b) 任意の3角形と平行4辺形はレプ4多角形である. (c) スフィンクスは知られている唯一のレプ4の5角形である. (d) レプ4の6角形で知られているものは3種類ある.

おりだ．これまでに見つかっているその他のレプ4の4角形は，図113の上に示した3つの台形しかない．

レプ4の5角形は1つしか知られていない．図115cに示したスフィンクス型の図形である．この図形がレプ4であることを最初に見つけたのはゴロムである．図ではスフィンクスの外形しか与えていないので，これをどのくらい早く4つのより小さいスフィンクスに分割できるか，読者に楽しんでいただこう．(この図形に「スフィンクス」と名付けたのはグラスゴーのT・H・オバーンである．) 〔解答 p. 342〕

レプ4の6角形は，知られているものが3種類ある．どんな長方形でも，4つの長方形に分割して，そのうちの1つを捨てれば，残った図形はレプ4の6角形になる．この6角形の分割方法を図115dの右に示した（パズル好きにはおなじみであろう）が，これは長方形が正方形である場合だ．このほかに知られているレプ4の6角形の2種は，同じ図の中央と左に示した（どちらも分割の方法は1通りではない）．

レプ4という性質をもつ普通の多角形の例は，ほかには知られていない．しかし，「点連結」な（いくつかの多角形が点でつながっている）レプ4の多角形は知られている．ゴロムが見出した例を2つ図116aに示す．最初の1対の正方形の例は，1対の合同な長方形で置き換えることもできる．さらにゴロムは3つのレプ4の図形を見つけているが，図形としては多角形ではなく，有限のステップ数では構成することができない．この3つの図形は，図116bの左側に示したが，1つの正3角形に，ひと回りずつ小さい正3角形を無限に続けてつなげていくものであり，各正3角形の面積は直前のものの1/4である．どの図形も，これを4つ組み合わせれば，ひと回り大きい複製を作ることができる．そのようすをそれぞれの図の右側に示した．（どの図も小さい隙間ができているが，これはもとの図形が無限個の3角形でなければ描けないからである．）

面白いことに，点連結でない普通のレプ4の多角形で既知のものは，どれもレプ9でもある．たとえば図117に挙げたネバダ州型

19 レプタイル：平面図形の自己複製 337

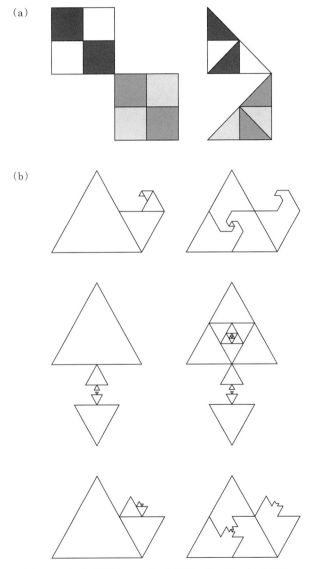

図 116 （a）点連結のレプ 4 多角形の例 2 種；（b）多角形でないレプ 4 図形の例 3 種．

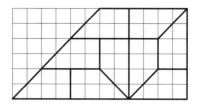

図 117 レプ 4 多角形は,どれもレプ 9 多角形である.

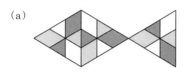

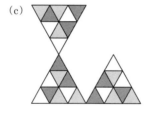

図 118 点連結のレプ 9 多角形の例:(a) 魚 (b) 鳥 (c) &.

のレプ 4 の台形には,9 つの合同な複製に分割する方法が数多くあるが,そのうち 1 つだけを図に示そう.(読者は,点連結でなく無限の繰り返しでもないそれぞれのレプ 4 多角形を 9 つに分割することができるだろうか.) 逆もまた真である.既知の普通のレプ 9 多角形は,どれもやはりレプ 4 多角形である.ゴロムが発見して名前をつけた,3 つの興味深い点連結型レプ 9 多角形を図 118 に示す.これらはどれもレプ 4 多角形ではない.

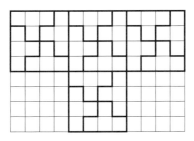

図 119　レプ 16 の 8 角形.

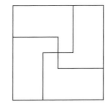 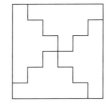 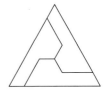

図 120　3 つのレプ 36 多角形.

　大きさ 4×4 のチェス盤を（16 章で述べたとおり）マス目に沿って 4 つの合同な図形に分割すると，それがどんな分け方であってもレプ 16 の図形になる．これは，もとの正方形を 4 つ集めて，図 119 に示したように，合同な図形の拡大図を作ればよい．同様の発想で 6×6 のチェス盤をさまざまな方法で 4 つに分割すれば，それを使ってレプ 36 の図形を作ることができるし，正 3 角形を 3 角格子に沿って分割してもレプ 36 の多角形を作ることができる（図 120）．こうした例は，すべて 1 つの単純な定理の例示になっている．この定理をゴロムは次のように説明している：

　図形 P が，2 つ以上の合同な図形 Q に分割できたとしよう．この小さい図形 Q は，必ずしももとの P と相似でなくてもよい．この図形 Q の個数を，P を Q で割ったときの「多重度」とする．たとえば図 120 の右では，3 つの 6 角形が正 3 角形を多重度 3 で分割している．小さな正 3 角形を使えばそれぞれの 6 角形は多重度 12

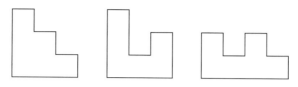

図 121　レプ 144 多角形の例 3 つ.

で分割できる.これらの多重度の積 (3 × 12) は,この 6 角形と正 3 角形の両方の次数を与えてくれる.つまりこの 6 角形を 36 個使えば,大きな自己相似図形を作ることができ,36 個の正 3 角形を使えば大きな正 3 角形ができる.より形式的に言えば,図形 P と Q に対して,P が Q を多重度 s で分割し,Q が P を多重度 t で分割するとき,P と Q はどちらも次数 $s \times t$ をもつ.もちろん,それぞれの図形は,より小さい次数をもつこともある.具体例を示せば,正 3 角形はレプ 36 であることに加えて,レプ 4 でもレプ 9 でもレプ 16 でもレプ 25 でもある.

P と Q が相似な図形の場合は,上記の定理によって,その次数が k であるときには,レプ k^2,レプ k^3,レプ k^4 など,k の任意のベキ乗を次数にもつ.同様に,ある図形がレプ s で,かつレプ t であったとき,これはレプ st でもある.

こうした定理の背後にある原理は,次のように拡張できる.多角形 P が Q を多重度 s で分割し,Q が R を多重度 t で分割し,さらに R が P を多重度 u で分割するなら,P も Q も R もすべてレプ stu 図形である.たとえば図 121 のヘキソミノ (6 つの正方形がつながった図形) はどれも大きさ 3 × 4 の長方形を多重度 2 で分割する.一方,3 × 4 の長方形は正方形を多重度 12 で分割し,正方形は図のもとの形をどれも多重度 6 で分割する.したがって,3 つのヘキソミノはどれも,次数 $2 \times 12 \times 6 = 144$ であることがわかる.この 3 つについては,どれもこれより小さい次数はもたないと予想されている.

ゴロムの指摘によると,既知のレプ 4 の多角形はどれも,点連結な多角形も含めて,平行 4 辺形を多重度 2 で分割できる.言い換え

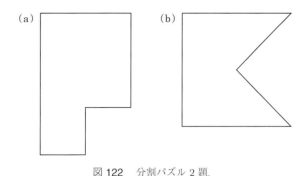

図 122　分割パズル 2 題.

ると，既知のレプ 4 の多角形とその複製 1 つを組み合わせれば，いつでも平行 4 辺形にできるということだ．いまだ証明されていないが，これはすべてのレプ 4 多角形について成り立つだろうと予想されている．

　ゴロムの自己複製理論における先駆的な研究（ここでは最も基本的な側面にしか触れていないが）のごく自然な拡張は，3 次元，さらには高次元への拡張だろう．自己複製立体の自明な例は立方体である．明らかに立方体はレプ 8，レプ 27 であり，同様に，どんな立方数も立方体の次数になる．また，平面上の自己複製図形に厚みをもたせて，もとの図形の大きな複製を層にして積み重ねれば，自明な例がもう 1 つ得られる．これほど自明でない例もやはり存在する．こうしたものを研究すると，大きな成果につながるかもしれない．

　すでに示した問題に加えて，これまで考えてきたことと関係の深い，珍しい分割パズルを 2 つ紹介しよう（図 122）．1 問めは簡単だ．読者は (a) の 6 角形を 2 つの合同な点連結多角形に分割できるだろうか．2 問めは難しい．(b) の 5 角形を 4 つの合同な点連結多角形に分割してもらいたい．どちらも，もとの図形と相似ではない．

〔解答 p. 342〕

追記
(1969)

図 121 に示した 3 つの多角形は，144 よりも少ない数の複製に分けられないだろうという予想は，中央のものについては覆された．ニューヨーク市のマーク・A・マンデルは，当時 14 歳だったが，中央の図形が 36 個の合同な図形に分割できることを示した[*2]．この分割を自分で探してみるのも面白そうだ．

ペンシルベニア州フェニックスビルのラルフ・H・ヒンリヒスは，図 115(d) の中央の 6 角形に対して，これを少し違った方法（それぞれの長方形を鏡像にする）で分割すれば，図全体をアフィン変換する（90 度の外角を鋭角でも鈍角でも好きな角度にする）ことで，無限に多くの種類のレプ 4 の 6 角形を生み出せることに気づいた．この図形は，角度が 90 度のときにのみレプ 9 でもある．このことからこの図形は，すべてのレプ 4 多角形はレプ 9 多角形でもあり，その逆も成立するという，初期の予想に対する反例にもなっている．

この分野のより最近の結果は，本章の文献リストの最後の 3 つの文献で与えられている．

解答

● スフィンクスの分割問題の解答は図 123(a) のとおり．その次の 2 つの図 123(b) と (c) は，レプ 3 とレプ 5 の 3 角形の構成方法（どちらも唯一解）である．一番下の図 123(d) は，点連結多角形に関する 2 つの分割問題の解答である．このうちの 1 つめは，無限に多くの分割方法があるが，ここで与えた解は最も単純なものの 1 つだ．

2 つめの解はとても古いものだ．サム・ロイドが 1905 年にパズルのコラム[*3]で指摘したのは，この図形は，正方形の 1/4 が欠けているという点で，本章の図 115 の右下にある図形に似ているということだ．また彼は，1 年もかけて，この頭巾型

[*2] 〔訳注〕Polyomino Reptiles というウェブページ (http://www.recmath.org/PolyPages/index.htm?Rep06.htm) によれば，2017 年現在，中央のもの以外も，左側の階段型については次数 121 の分割が，右側の F 型のものについては次数 64 の分割が知られている．

[*3] Woman's Home Companion, Sam Loyd, October 1905.

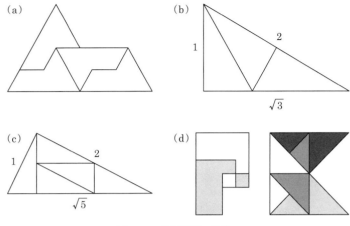

図 123　分割問題の解答.

を4つの合同な普通の多角形に分割しようと試みたが，ここに再掲した解答よりも優れた解は見つけられなかったとのことだ．これは，ロイドの時代よりさらに古い時代のパズルの本にも載っている．

後記
(1991〜)

ゴロムが「無限タイル[*4]」とよんでいる，辺が無限に存在するレプタイルの最も驚くべき構成法が文献欄のジャック・ジャイルズ・ジュニアの論文に載っている．ジャイルズはこれを「超図形」とよんでいる．ゴロムの無限タイルや，ジャイルズの超図形の多くは，フラクタル図形の初期の例だ．ゴロムが教えてくれたところによると，ジャイルズがゴロムに論文を送ってきたのは，フロリダで駐車場の係員をやっていたときで，ゴロムがその論文を次つぎと組合せ論の論文誌に投稿したということだ．

[*4]　〔訳注〕原語は "infintile" で，"infantile"（子供じみた）にかけている．

文献

"Uses of a Geometrical Puzzle." C. Dudley Langford in *Mathematical Gazette* 24 (July 1940): 209-211.

"Comments on Note 1464." R. Sibson in *Mathematical Gazette* 24 (December 1940): 343.

"Fun with Lattice Points." Howard D. Grossman in *Scripta Mathematica* 14 (June 1948): 157-159.

"Replicating Figures in the Plane." Solomon W. Golomb in *Mathematical Gazette* 48 (December 1964): 403-412.

"A Dissection Problem for Sets of Polygons." M. Goldberg and B. M. Stewart in *American Mathematical Monthly* 71 (December 1964): 1077-1095.

"Replicating Boots." Roy O. Davies in *Mathematical Gazette* 50 (May 1966): 157.

"Les Partages d'un Polygone Convexe en 4 Polygones Semblables au Premier." G. Valette and T. Zamfirescu in *Journal of Combinatorial Theory* 16 (1974): 1-16.

"Infinite-level Replication Dissections of Plane Figures," "Construction of Replicating Superfigures," and "Superfigures Replicating with Polar Symmetry." Jack Giles, Jr. in *Journal of Combinatorial Theory* 26A (1979): 319-327, 328-334, 335-337.

"The Gypsy Method of Superfigure Construction." Jack Giles, Jr. in *Journal of Recreational Mathematics* 13 (1980/1981): 97-101.

"Replicating Superfigures and Endomorphisms of Free Groups." F. M. Dekking in *Journal of Combinatorial Theory* 32A (1982): 315-320.

"Dissection of Polygons." J. Doyen and M. Lenduyt in *Annals of Discrete Mathematics* 18 (1983): 315-318.

20

なぞかけ36題

　本章では，短い問題を36問集めて，できるだけ多くの読者を「引っかける」よう目指そう．どの問題にも，ちょっとしたジョークが隠れている．数学的に意味のある問題は，ほんの少ししかない．でもどうか解答を覗かずに，まずは少なくとも，なかば本気でなるべく多くの問題に答えようと努力してもらいたい．

問題1

　くたびれた物理学者が，目覚し時計を次の日の正午に鳴るようにセットしたあと，夜10時に床についた．アラームに起こされるまでに，その物理学者は何時間眠れるだろうか． 〔解答 p.355〕

問題2

　ジョーが普通のサイコロを投げたあと，モーが同じサイコロを投げた．ジョーのサイコロの目がモーのサイコロの目よりも大きい確率はどのくらいだろうか． 〔解答 p.355〕

問題3

「中にない」の正反対は「外にある」でよいだろうか. もし違うなら正解は何か. 〔解答 p.355〕

問題4

地面に高さ10フィートの棒が立っていて, そこから離れたところに高さ15フィートの棒が立っている (図124). それぞれの棒のてっぺんから, 他方の棒の根元まで図のように線を引くと, 線が交わった点の高さは地上から6フィートだった. 2本の棒の間の距離はいくらか. 〔解答 p.355〕

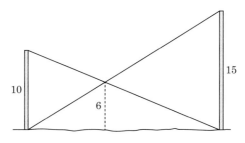

図124 2本の棒の間の距離はいくらか.

問題5

ホームセンターにて. 1だと20セント, 12だと40セント, 912だと60セントである. さて何を買おうとしているのだろう.

〔解答 p.355〕

問題6

3角形の辺の長さがそれぞれ13, 18, 31インチだった. 3角形の面積はいくらか. 〔解答 p.355〕

問題 7

誰でも使うような日本語の形容詞である一方，一流大学の数学者の誰もが口を揃えておかしいと言っている言葉は何か[*1].

〔解答 p. 355〕

問題 8

ジョン・ケネディは 1917 年に生まれた．大統領になったのは 1960 年だ．1963 年現在，46 歳で，在職 3 年である．これらの 4 つの数を足すと 1917 + 1960 + 46 + 3 = 3926 である．シャルル・ド・ゴールは 1890 年に生まれた．フランスの大統領になったのは 1958 年だ．1963 年現在，73 歳で，在職 5 年である．この 4 つの数字の和は，やはり 1890 + 1958 + 73 + 5 = 3926 だ．この驚くべき偶然の一致をあなたは説明できるだろうか．

〔解答 p. 355〕

問題 9

図 125 の立方体上の 2 本の破線で作られる角度はいくらか．

〔解答 p. 355〕

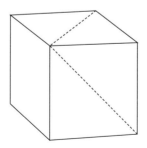

図 125　2 本の破線で作られる角度はいくらか．

[*1]〔訳注〕もとは英単語に関する問いであるが，まったく同じ問題を抱える日本語の単語に関する問いに改変した．

問題10

「new door」(新しいドア)の文字を並べ替えて，1つの単語にしてもらいたい． 〔解答 p.355〕

問題11

ある貯水池の縁は，完全な円である．魚が池の周上のある点を出発して，600フィート真北に泳いだら，別の周上に着いた．そこから真東に泳いだら，800フィート進んでまた周上に着いた．貯水池の直径はどのくらいか． 〔解答 p.356〕

問題12

ある統計学者が，人口6000人の村のすべての住民に数学のテストを課し，同時に彼らの足の大きさも測った．統計学者は数学の能力と足の大きさに強い相関があることを見出した．その理由を説明してもらいたい． 〔解答 p.356〕

問題13

オレゴン州レインボー市のロイ・G・ビヴ (Roy G. Biv) は，次の語で表されるおなじみの連続したものは何かを知りたがっている：紅潮 (flushed)，ニュージャージー州の町 (New Jersey town)，臆病 (cowardly)，初 (naïve)，落ち込み (depressed)，染料 (dye-stuff)，引っ込み思案 (shrinker)．それは何か． 〔解答 p.356〕

問題14

単純な数式で，変数を1つ (x としよう) 含んでおり，どんな正整

数を x に代入しても，式の値が素数を与えるものを書いてもらいたい． 〔解答 p.356〕

問題 15

ある人が大きな 3 角形の区画の土地のどこかに家を建てることにした．敷地内に 3 本の直線道路を敷設し，それぞれが家から 3 角形の各辺につながる道で，どれも辺と垂直にしたいと考えた．3 角形は正 3 角形としよう．3 本の道路の長さの合計を最小にするには，この人は家をどこに建てればよいだろうか． 〔解答 p.356〕

問題 16

50 を 1/2 で割って 3 を足す．結果はいくつか． 〔解答 p.357〕

問題 17

次の文字の列から 6 文字を消すと，残った文字は順序を入れ替えなくてもおなじみの英単語になる．それは何か．

BSAINXLEATNTEARS

〔解答 p.357〕

問題 18

トポロジー研究者が 7 つのドーナツを買い，3 つ以外をすべて食べてしまった．ドーナツはいくつ残っているか． 〔解答 p.357〕

問題 19

ある日，帳簿を調べていた玩具会社の簿記係は，「balloon（風船）」という語には，2 重文字が続けて 2 組入っていることに気づい

た．彼は「英単語で，2重文字が3組続いて入っているものはあるだろうか」と独り言を言った．こうした英単語は，この問題文の中に含まれている．あなたには見つけられるだろうか[*2]．〔解答 p. 357〕

問題 20

図 126 の 2 本の破線は，3 角形の 2 つの底角をそれぞれ 2 等分している．2 本の破線は直角に交わっている．アルバータ大学のレオ・モーザーが出題した問題はこうだ：3 角形の底辺が 10 インチだったとき，高さはいくつか．　　　　　　　　　〔解答 p. 357〕

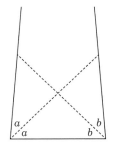

図 126　3 角形の高さはいくつか．

問題 21

30 日ある月はいくつあるか．　　　　　　　　　　〔解答 p. 357〕

問題 22

スミス夫人は，最後に残った 9 本の紙巻タバコを終えたら禁煙をしようと思った．彼女は 3 本ぶんの吸殻をタバコ紙で巻けば新しい

[*2]〔訳注〕原文では「このページの中で該当する単語を見つけよ」という内容だったが，実際の英単語が与えられていない日本の読者にはハンディをつけて，本問の問題文に範囲を限定した．どの単語のことかわかるだろうか．

紙巻タバコを作ることができる．彼女がもし，この手法をできる限り多く使ったとしたら，最後に禁煙するまでに何本のタバコを吸うことができるだろうか． 〔解答 p.358〕

問題23

次の5行戯詩(リメリック)は，ロンドンのリー・マーサーによるものだ．あなたには正しく読めるだろうか*3．

1264853971.2758463

〔解答 p.358〕

問題24

「ここに薬が3錠あります」と医者があなたに言った．「30分ごとに飲んで下さい」と言われ，あなたはそれに従った．薬は，飲み始めてからどのくらいもつだろうか． 〔解答 p.358〕

問題25

トーナメント方式のテニスの大会に137人の選手が参加した．第1ラウンド，すべての選手を誰かと戦わせたいところだが，137は奇数なので，選手のうちの1人だけ，不戦勝で次のラウンドに進んだ．以降のラウンドでも同じように各選手は誰かしらと戦うが，余った選手がいれば不戦勝で勝ち進む．試合のスケジュールは，チャンピオンが決まるまでに必要な，最少の回数の試合になるように組むとすると，何試合行われるだろうか． 〔解答 p.358〕

---

*3 〔訳注〕リメリックとは AABBA という形式の5行詩である．その細かいルールはともかく，1, 2, 5 行目が脚韻を踏み，3, 4 行目も脚韻を踏むように，この数字をうまく5つの部分に切って英語で読む方法を考えてほしい．

問題26

タイプライターの一番上の列の文字*⁴ だけで打てる 10 文字の英単語を見つけてもらいたい. 〔解答 p. 358〕

問題27

箱の中にアメリカの硬貨が 2 枚入っていて，合計は 55 セントである．そのうちの 1 枚は 5 セント硬貨ではない．硬貨の内訳はなんだろう． 〔解答 p. 358〕

問題28

ある魚の重さが，20 ポンドとそれ自身の重さの半分を加えたものであった．魚の重さは何ポンドだろうか． 〔解答 p. 358〕

問題29

次の電報は，ザ・ニューヨーカー紙のスタッフであるロジャー・エーンジェルが作ったものだ：

"marge, let dam dogs in. am on satire; vow i am cain, am on spot, am a jap sniper. red, raw murder on gi! ignore drum ... warder repins pajama tops ... no maniac, ma! iwo veritas i no man is god. - mad telegram."

このメッセージの驚くべき点とはなんだろうか*⁵． 〔解答 p. 359〕

---

*4 〔訳注〕タイプライターの一番上の列に並ぶ文字は，qwertyuiop である．
*5 〔訳注〕何やらいわくありげな文面であるが，この電報は何かがすごい．この電報の秘密を解き明かしてほしい．

問題30

D・G・プリンツはイギリスのマンチェスターにあるフェランティ社に勤める数学者だが，次のような対称的な式を発見した：

$$x = \frac{|||}{|||} = ||| \; |||$$

さて x の値はなんだろうか．（ヒント：それぞれの "|||" は，どれも違う，合計3通りの方法で解釈される．） 〔解答 p.359〕

問題31

6つのグラスを図127に示したとおりに並べる．最初の3つのグラスには，水が満たされていて，残りの3つのグラスは空っぽだ．ただ1つのグラスだけを動かして，空のグラスと満杯のグラスが交互に並ぶようにしてもらいたい． 〔解答 p.359〕

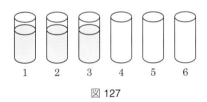

図 127

問題32

とある車輪には10本のスポークがある．スポークの間の空間はいくつあるだろうか． 〔解答 p.359〕

問題33

「この文は十一文字である」．この「　」で囲まれた文は明らかに正しい．正しい言明の逆は普通は正しくない．これとちょうど逆

の文を作って，それにもかかわらず正しくなるようにしてもらいたい．

〔解答 p. 359〕

問題 34

2人の少女は，同じ年・同じ月・同じ日に，同じ両親から生まれたが，双子ではないという．どういうことか説明してもらいたい．

〔解答 p. 359〕

問題 35

もしも誰かがあなたに，「1ドル賭けてもよいが，君が僕に5ドルくれるなら，僕は代わりに100ドルあげるよ」と言ったら，この賭けには乗るべきだろうか．

〔解答 p. 359〕

問題 36

O・ヘンリーの有名な短篇「賢者の贈り物」はこんな風に始まる．「1ドルと87セント．それで全部だ．しかもそのうちの60セントは1セント硬貨だった」 どこか数学的におかしなところはないだろうか．

〔解答 p. 359〕

解答

1. 2時間だ．物理学者の目覚し時計はアナログ時計だった．

2. 5/12だ．両方のサイコロの目が同じになる確率は1/6なので，一方が他方よりも大きな目になる確率は5/6，すなわち10/12だ．この値を半分にすれば，ジョーの目がモーの目よりも大きくなる確率が得られる．

3. 正解は（「外にある」でも「外にない」でもなくて）「中にある」．

4. どんな距離でもよい．交点の高さは，2本の棒の高さの積を高さの和で割ったものである．

5. 家の番地の数字プレートだ．

6. ゼロだ．

7. 「おかしい」．

8. どんな年号でも，その年から今年までの年数を足せば，合計は今年の年号になる．こうした合計を2つ足せば，今年の年号の2倍になるわけだ．

9. 60度だ．2本の破線の反対側の両端をつなぐと，正3角形ができる．

10. 「one word」（1つの単語）．

ニューヨーク州ロングアイランドのアップトンにあるブルックヘブン国立研究所のウィリアム・T・ウォルシュは，私のジョークなぞかけに取り掛かる前に，それが掲載されていたサイエンティフィック・アメリカン誌の問題解決の心理学の記事を読んだと書いてくれた．彼によると「そのため，出題された

どの問題を読むときにも，必ずはじめに，自分の態度を吟味し，どのような特定の「集合」をあらかじめ自分は心の中に想定しているのかを確かめようとした」ということだ．彼は「1つの単語」問題に取り掛かったとき，文字を並べ替えるときのそれぞれの向きについては何も言われていないので，w を上下逆さまにしてもよいと判断し，doormen というほかにない解にたどりついた．

11. 1000 フィートである．魚は直角に曲がっている．円の2つの弦が直角に交わるとき，それぞれの弦の反対側の交点を結ぶと円の直径になる．つまり直径は，直角を挟む2辺が600 フィートと 800 フィートであるような直角3角形の斜辺である．

12. 「すべての住民」に赤ん坊や子供も含まれていたから．

13. 虹の7色（赤 (red)，オレンジ (orange)，黄色 (yellow)，緑 (green)，青 (blue)，藍 (indigo)，紫 (violet)）である[*6]．ロイ・G・ビヴ（Roy G. Biv）という名前はスペクトルの先頭の文字をつないだもので，本名はニューヨーク州ウッドストックのスティーヴン・バーである．

14. そうした数式はいくらでもある：$2+1^x, 0^x+3, 2+x/x$ などなど．

15. どこに建ててもよい．この3本の道路の長さの合計は一定で，3角形の高さに等しい．

[*6]〔訳注〕虹の7色を表す英単語には，どれも問題中の英単語に対応する意味がある．たとえば yellow には「臆病」という意味，green には「初々しい」という意味があり，purple には「内気」という意味があるといった具合である．またニュージャージー州には Orange という名の町がある．

16. 103 である．

17. 6文字（six letters）を消すと，残った文字はバナナ（banana）となる．

驚くべき「よりよい」解答であって，より正当であるかはともかく同程度には正当な解答を，ミシガン州アン・アナーバーのコンダクトロン社の読者たちが見つけて，ロバート・E・マチョルが知らせてくれた．6つの文字「sainxl」をもとの文字列からすべて取り除けば，語「よりよい（better）」が残る．

18. 3つ．

19. 簿記係（bookkeeper）である．

オリン・ジェローム・ファーガソンとレオ・モーザーはそれぞれ，副簿記係（subbookkeeper）という，2重文字が4組続く語を教えてくれた．これはウェブスターの第2版[*7]には載っている．「この簿記係は，自分はなんとへま（boob）なんだと思うかもしれません」とピーター・F・アーバドソンは書いている．「なぜなら，気づいてみれば，2重文字が5組も続く語で，自分自身をさらに完璧に表しているものがあるからです．すなわち，へま簿記係（boobbookkeeper）です」スティーヴン・バーは，私がこの話をしたとき，6組めの2重文字を追加してくれた：副へま簿記係（subboobbookkeeper）．

20. 無限大だ．角 a と b の和は90度になる．この3角形の2つの底角（$2a$ と $2b$）は合計が180度となる．したがって，3角形の頂角は0度になり，3角形の両側の辺は平行になり，無限遠で交わる．

21. 2月以外，全部．

[*7] *Webster's New International Dictionary*, 2nd edition, 1942, p. 2507

22. 13本．ピエール・バセット，エッケハルド・クンツェル，メル・ストーヴァーの3人の読者がスミス夫人の手順の中で，どうしても無駄になる最後の吸殻について考えてくれた．3人とも指摘したのは，彼女が10本のタバコから始めれば，もっとよかったという点だ．14本のタバコを煙にしたあと，彼女の手元には吸殻が2つ残る．そこで，どこかの灰皿の中から3つめの吸殻を拾ってきて，15本めの最後のタバコを吸って，最後に残った吸殻をもとあった灰皿に戻せばよいのだ．

23.

One thousand two hundred and sixty-	一千二百六十
Four million eight hundred and fifty-	四百万八百と五十
Three thousand nine hun-	三千九ひゃ
Dred and seventy-one	くと七十一
Point two seven five eight four six three*8	点二七五八四六三

24. 1時間．

25. 136人の選手が負けて抜けるので，136試合である．

26. タイプライター（typewriter）である．こうした10文字の英単語はほかにもたくさんあるばかりか，もっと長いものもある．ドミトリ・ボーグマンの「タイプライター語」を参照のこと*9．

27. 50セント硬貨と5セント硬貨．50セント硬貨は5セント硬貨ではない．

28. 40ポンド．

---

*8 〔訳注〕英語のままこのように音読すると語尾がAABBAと脚韻を踏んでいる．
*9 "Typewriter Words," Dmitri Borgmann, *Language on Vacation* (Scribner's, 1965), pp. 171-173.

29. この電報は回文になっており，前から読んでも後ろから読んでも同じだ．

30. $x = \dfrac{111}{3} = 37$.
　この分数で，分母の ||| は 10 進数で，分母の ||| はローマ数字だ．次の ||| もローマ数字で，最後の ||| は 2 進数である．

　2 人の読者（フリーダ・ヘルマンとジョエル・ハスコヴィッチ）がそれぞれ，次のような別解を寄越してくれた．実数の両側に描かれた垂直な線は，その数の絶対値を表す．つまり，その値の符号を無視した値だ．したがって，この等式は次のような意味であると解釈できる：x が等しいのは，1 の絶対値を 1 の絶対値で割ったものであり，これはつまり，1 の絶対値に 1 の絶対値を掛けたものである．

31. 2 つめのグラスを持ち上げて，中身を 5 つめのグラスに移してから，ふたたび 2 つめの位置に置く．

32. 10．

33. 「この文は十一文字ではない」．

34. 彼女たちは 3 つ子なのだ．

35. 乗るべきではない．彼はあなたから 5 ドル受け取ると，「負けたよ」と言って 1 ドルくれるだろう．あなたは賭けには勝つが，その代わり 4 ドル失う．

36. ない．O・ヘンリーがこの話を書いたころには，アメリカにはまだ 3 セント硬貨が出回っていた．（この硬貨は 1889 年までは鋳造されていた．）2 セント硬貨は 1873 年に製造終了となったが，その後も長く流通し続けた．2 セント硬貨が 1 枚か，3 セント硬貨が 4 枚あれば，O・ヘンリーの言明を説明できる．

第 4 巻書誌情報

● 『サイエンティフィック・アメリカン』コラム

1 予期せぬ絞首刑のパラドックス

"A new paradox, and variations on it, about a man condemned to be hanged"（1963 年 3 月号）

2 結び目とボロミアン環

"Surfaces with edges linked in the same way as the three rings of a well-known design"（1961 年 9 月号）

3 超越数 e

"Diversions that involve the mathematical constant 'e' "（1961 年 10 月号）

4 図形の裁ち合わせ

"Wherein geometrical figures are dissected to make other figures"（1961 年 11 月号）

5 スカーニとギャンブル

"On the theory of probability and the practice of gambling"（1961 年 12 月号）

6 4 次元教会

"An adventure in hyperspace at the Church of the Fourth Dimension"（1962 年 1 月号）

7 パズル 8 題

"A clutch of diverting problems, and the answers to those of last month"（1962 年 2 月号）

8 マッチ箱式ゲーム学習機械

"How to build a game-learning machine and teach it to play and win"（1962 年 3 月号）

9 螺旋

"About three types of spirals and how to construct them"（1962 年 4 月号）

10 回転と鏡映

"Symmetry and asymmetry and the strange world of upside-down art"（1962 年 5 月号）

11 ペグソリテア

"The game of solitaire and some variations and transformations"（1962 年 6 月号）

12 フラットランド

"Fiction about life in two dimensions"（1962 年 7 月号）

13 シカゴマジック集会

"A variety of diverting tricks collected at a fictitious convention of magicians"（1962 年 8 月号）

14 割り切れるかどうかの判定法

"Tests that show whether a large number can be divided by a number from 2 to 12"（1962 年 9 月号）

15 パズル 9 題

"A collection of puzzles involving numbers, logic and probabilities"（1962 年 10 月号）

16 エイトクイーンとチェス盤の分割問題

"Some puzzles based on checkerboards, and answers to last month's problems"（1962 年 11 月号）

17 ひもの輪

"Some simple tricks and manipulations from the ancient lore of string play"（1962 年 12 月号）

18 定幅曲線

"Curves of constant width, one of which makes it possible to drill square holes"（1963 年 2 月号）

19 レプタイル——平面図形の自己複製

"On rep-tiles, polygons that can make larger and smaller copies of themselves"（1963 年 5 月号）

20 なぞかけ 36 題

"A bit of foolishness for April Fools' Day"（1963 年 4 月号）

●英語版単行本

The unexpected hanging and other mathematical diversions (Simon and Schuster, 1969).

The unexpected hanging and other mathematical diversions (University of Chicago press, 1991).

Knots and borromean rings, rep-tiles, and eight queens: Martin Gardner's unexpected hanging (Mathematical Association of America, 2014).（本書原著）

●過去の邦訳

『数学ゲーム 1——楽しい数学へのアプローチ』『数学ゲーム 2——楽しい数学的思考のすすめ』高木茂男訳．講談社，1974 年．

事項索引

アルファベット

e 39

HER（Hexapawn Educable Robot, ヘキサポーン教育可能ロボット）128

HIM（Hexapawn Instructable Matchboxes, ヘキサポーン教授可能マッチ箱）131

i 48

MENACE（Matchbox Educable Naughts And Crosses Engine, マッチ箱教育可能 3 目並べエンジン）126

NIMBLE（Nim Box Logic Engine, ニム箱論理エンジン）132

π 48

RAT（Relentless Auto-learning Tyrant, 無慈悲自動学習暴君）134

THEM（Twoway Hexapawn Educable Machines, 双方向ヘキサポーン教育可能機械）134

あ

アウト・オブ・ジス・ワールド（Out of this World）68

青なし彩色グラフ（blue-empty chromatic graph）245, 255

アストリア（Astria）197

あっちこっち（Jabberwocky）181

天の川（Milky Way）152

あやとり（string play）280–300

アルキメデスの螺旋（spiral of Archimedes）146

暗算の達人（lightning calculator）235

アンダー・ダウン（under-down）224

イカサマ（cheating）80, 81

位相同型（homeomorphic）107

一掃（sweep）176

一致点（congruent point）57

色つきのボーリングのピン（colored bowling pins）106

ヴァンケルエンジン（Wankel engine）305

渦巻銀河（spiral galaxy）151

エイトクイーン（eight-queen problem）268

円錐曲線（conic-section curve）42

オイラー数（Euler's number）43

オーセージ・ダイヤモンド（Osage Diamonds）288, 294

オクタポーン（octapawn）136

帯法（strip method）57

女か虎か（The Lady or the Tiger?）104

か

カードマジック（card trick）216, 217

階乗（factorial）43

回文（palindrome）359

カヴァリエリの定理（Cavalieri's theorem）260

学習機械（learning machine）124–143

角の 3 等分（trisection of an angle）147

掛谷集合（Kakeya set）318

掛谷の針問題（Kakeya needle problem）312

カテナン（catenane）33
ガブリエラ・コンピュータ・キット（Gabriella Computer Kit）140
完全浮動チャック（full floating chuck）304
キャロッシュの方法（Charosh's method）182
キャンセレーション法（cancellation system）75
ギャンブラーの誤謬（gambler's fallacy）74
ギャンブル（gambling）67–84
ギリシャ十字（Greek cross）56–58
靴下吊りトリック（garter trick）281
組み紙幣（braided bill）100
グレート・ディスカバリー（Great Discovery）221
クロスキャップ（cross cap）26
ゲーデルの第2不完全性定理（Gödel's second incompleteness theorem）18
懸垂曲線（catenary curve）41
碁（go）132, 141, 263
交差する円柱（crossed cylinders）252
交点数（結び目の, order of a knot）25
小町算（nine to one equals 100）251
転がし棒（cylindrical roller）316
コロコロリング（tumble rings）209, 220, 227

さ

サイコキネシス（psychokinesis）201
サイコロ（dice）69, 70, 81, 345
最少利き筋問題（minimum-attack problem）110
最大利き筋問題（maximum-attack problem）110

逆さ絵（upside-down picture）161
逆立ちゴマ（tippy top）214, 220
三葉結び（trefoil knot）31
シェファローの結び目（Chefalo knot）35
次数（order）333
指数関数（exponential function）41
自動ピッチングマシン（automatic baseball pitcher）197
死に玉（dead ball）176
射影平面（projective plane）26
縮閉線（evolute）146
伸開線（involute）145
シンランド（Thinland）204
数字根（digital root）229
数の配置問題（digit-placing problem）103
スーパークイーン（superqueen）275
数秘術（numerology）50, 231
スフィンクス（sphinx）336
スミス夫妻の旅程（How far did the Smiths travel?）112
3D プリンター（3D printer）320
スロットマシン（slot machine）71
正規性（normality）48
正方形分割（dissecting a square）247
セルフワーキングマジック（self-working trick）213, 223
相対性理論（relativity theory）99
素な結び目（prime knot）32
ソリテア（solitaire）173–193
ソリデア（solidaire）191

た

対称操作（symmetry operation）159
対数螺旋（logarithmic spiral）148
タイリング（tiling）331

多重度（multiplicity）339
裁ち合わせ（dissection）52–66
縦結び（granny）31
ダランベール法（d'Alembert system）74
単利（simple interest）39
暖炉（fireplace）180
チェス（chess）110, 124, 125, 128, 133, 136–138, 141, 263
チェス盤（chessboard）263–279
チェス問題2題（two chess problems）110
チェッカー（checker）132, 137–139, 190, 263
チック・タック・トー（tic-tac-toe）126
チヌック（Chinook）140
チャレンジャー号（Challenger）325
超越数（transcendental number）42
超感覚的知覚（extrasensory perception, ESP）68
超空間（hyperspace）87
超図形（superfigure）343
蝶番で留められた裁ち合わせ（hinged dissection）64
超ひも理論（theory of superstrings）99
超立方体（hypercube）86
「超立方体的人体」（Corpus Hypercubus）90
弦巻線（helix）152
ディープ・ブルー（Deep Blue）141
定幅曲線（curve of constant width）301–330
定幅立体（solid of constant width）310
「デジタルコンピュータはどのように動作するか」（How a Digital Computer Works）115

テニスの試合（tennis match）106
デルトイド曲線（deltoid）313
点連結（stellated）336
等角航路（loxodrome, rhumb line）149
等角螺旋（equiangular spiral）148
トーラス（torus）98
時計回り（clockwise）153
ドミノ（domino）264
ドリル（drill）303, 304, 315, 320

な

7枚のカード（seven file cards）244
二元論（dualism）90
2進法（binary system）216, 220
ニム（Nim）132
2連勝（two games in a row）246
ヌタウナギ（hagfish）34

は

パーレー法（parlay system）75
8の字結び（figure-of-eight knot）29
バックトラック（backtrack）274
パリティ保存則（law of parity）156
パロリ（paroli）75
反物質（antimatter）157
反粒子（antiparticle）89
微生物（microbe）34
ひとつ結び（overhand knot）31
ビュフォンのヌードル定理（Buffon noodle theorem）324
ビュフォンの針の問題（Buffon needle problem）324
ファローシャッフル（faro shuffle）218
覆面算2題（a pair of cryptarithms）246
複利（compound interest）39
『舟』（Le Bateau）160

フラクタル（fractal）319
ブラックジャック（blackjack）70
フラットランド（Flatland）87, 194–208
プラトンの洞窟（Plato's grotto）85
フロイズノブ町の交通網（traffic flow in Floyd's Knob）248
分子（molecule）34, 35
ヘキサポーン（hexapawn）128, 134, 138, 140
ヘキソミノ（hexomino）340
ペグソリテア（peg solitaire）173–193
ベシコビッチ集合（Besicovitch set）318
ペロンの木（Perron tree）330
ペントミノ（pentomino）265
ポリオミノ（polyomino）265
ボロミアン環（borromean ring）23–38
本結び（square knot）31

ま

マーチンゲール法（martingale system）74
マイスナー 4 面体（Meissner tetrahedron）310
混ざった帽子の問題（problem of the mixed-up hats）44
マセマジック（mathemagic）209
待ち構える玉（ball on the watch）176, 180
マッチ棒ゲーム（match game）71
マッチ棒 6 本（problem of the six matches）107
マルタ十字（Maltese cross）55
ミニチェス（minichess）133, 141, 142
ムーア文（Moorean sentence）18

無限タイル（infintile）343
結び目（knot）23–38
結び目多項式（knot polynomial）29
メビウスの帯（Möbius strip）26, 32
メンタルマジック（mental magic）68

や

ヤコブのはしご（Jacob's Ladder）289
有機的成長（organic growth）40
指折りの予測（predicting a finger count）113
予期せぬ絞首刑のパラドックス（paradox of the unexpected hanging）1–22
予期せぬスペードのパラドックス（paradox of the unexpected spade）6
予期せぬたまごのパラドックス（paradox of the unexpected egg）5
4 次元立方体（four-dimensional cube）86
ヨセフス問題（Josephus problem）224
弱い相互作用（weak interaction）157

ら

ラズルダズル（Razzle Dazzle）71
螺旋（spiral）144–158
ラテン十字（Latin cross）56, 61, 86
リズム法（rhythm method）71
立体異性体（stereoisomer）156
立方体の断面（cross-section of a cube）196
リトルウッドの脚注（Littlewood's footnotes）250

両手型（amphicheiral）31
両用店（two-way store）71
ルーレット（roulette）72
ルーロー3角形（Reuleaux triangle）302
ルバイヤート（Rubáiyát）95
レプ（rep）333
レプタイル（rep-tile）331–344

連分数（continued fraction）42
ローター（rotor）311
6回ジャンプの連鎖（six-jump chain）180

わ

割り切れるかどうかの判定法（tests of divisibility）229

文献名索引
(本文で日本語名でタイトルに言及しているもの)

あ
アラビアンナイト（Arabian Nights）239
痛みの謎（The Mystery of Pain）196
うるさい人（The Gadfly）205
女か虎か（The Lady or the Tiger?）104

か
神々のような人びと（Men Like Gods）85
考える機械（Thinking Machines）124
記憶よ，語れ（Speak, Memory）144
クモの生活（The Life of the Spider）42
賢者の贈り物（The Gift of the Magi）354
国家（Republic）87
今夜は何をしましょうか（What Shall We Do Tonight?）166

さ
サイエンス（Science）34, 35
サイエンス・ニュース（Science News）35
サイエンティフィック・アメリカン（Scientific American）1, 14, 60, 96, 116, 186, 209, 299, 355
最後の革命（The Last Revolution）137
3人の船乗りのギャンビット（The Three Sailors' Gambit）137
思考の新しい時代（A New Era of Thought）197
自殺（Suicide）292
シルヴィーとブルーノ（Sylvie and Bruno）317
数は魔術師（Puzzle-Math）4
スカーニのカルテット（Scarne's Quartette）221
スカーニのギャンブル完全ガイド（Scarne's Complete Guide to Gambling）69
存続の仕組みの一理論（A Theory of the Mechanism of Survival）91

た
代数の哲学と楽しみ（The Philosophy and Fun of Algebra）205
タイム（Time）69
超自然的物理学（Transcendental Physics）92
ディーラーをやっつけろ！（Beat the Dealer）80

な
ニューサイエンティスト（New Scientist）11
人間の仕事と富と幸福（The Work, Wealth and Happiness of Mankind）67

は
平たい世界（A Plane World）201
物理学者とキリスト教徒（Physicist and Christian）91
フラットランド（Flatland）194

フラットランドのエピソード（An Episode of Flatland）196
別世界（Another World）91
方法論（The Method）261
ボヘミア（Bohemia）77

ま

マインド（Mind）1, 3
マクスンの作品（Moxon's Master）124
マフィアという陰謀（Mafia Conspiracy）83

見えないものの世界（The World of the Unseen）91
紫色の牛（Purple Cow）196

や

4次元（The Fourth Dimension）197

ら

螺旋について（On Spirals）146
64駒の狂屋敷（The 64-Square Madhouse）137

ём
人名・社名索引

あ

アースキン・ジュニア（Robert S. Erskine, Jr.）227
アーバドソン（Peter F. Arvedson）357
アーマー（Paul Armer）137
アインシュタイン（Albert Einstein）88
アップダイク（John Updike）263
アディス（Peter M. Addis）116
アボット（Edwin Abbott Abbott）194
アボット（Robert Abbott）248, 262
アラゴン（Louis Aragon）292
アルキメデス（Archimedes of Syracuse）146, 252, 260
アンダーソン（Eleonor Anderson）299
ヴァリアン（George Varian）16
ヴァルデン（William Walden）141
ヴァンケル（Felix Wankel）305
ヴァンダープール（Donald Vanderpool）188, 253
ウィーナー（Norbert Wiener）124
ウィグダーソン（Avi Wigderson）318
ヴィクリー（Robert Vickrey）299
ウィズゾワティ（Kenneth W. Wiszowaty）134
ウィスラー（Rex Whistler）162
ウィリンク（Arthur Willink）91
ウィルサン（Lucius S. Wilsun）107
ウィンチェル（Paul Winchell）167
ウェイランド（Andrea Weiland）134
ウェルズ（H. G. Wells）67, 85
ヴォイニッチ（E. L. Voynich）205
ヴォイニッチ（Wilfrid Voynich）205
ウォーカー（Jearl Walker）299
ウォール（Harold Wall）200
ウォール（Ronald Wohl）223
ウォルシュ（William T. Walsh）355
ウスペンスキー（Peter D. Ouspensky）91
ウッド（Robert W. Wood）167
エイカーズ・ジュニア（Sheldon B. Akers, Jr.）189
エーンジェル（Roger Angell）352
エクボム（Lennart Ekbom）14
エッカード（Henry Eckhardt）118
エリアスバーグ（Jay Eliasberg）139
エリオット（Bruce Elliott）221
エリオット（George Eliot）196
エリス（Robert A. Ellis）136
オア（Oystein Ore）70
オイラー（Leonhard Euler）43
オーリン（Goran Ohlin）116
オギルヴィ（C. Stanley Ogilvy）206
オコナー（Donald John O'Connor）3
オバーン（Thomas H. O'Beirne）11, 81, 114, 336

か

カートライト（Laura Cartright）200
カーナハン（Paul Carnahan）116
カールソン（Noble D. Carlson）184
カヴァリエリ（Bonaventura Cavalieri）260

掛谷宗一 312
カズウェル (Robert L. Caswell) 139
カスナー (Edward Kasner) 43
カスパロフ (Garry Kasparov) 141
カニンガム・ジュニア (Frederic Cunningham, Jr.) 314, 316
ガブリエラ社 (Gabriella) 140
ガモフ (George Gamow) 3
カリー (Paul Curry) 68
ガリレオ (Galileo Galilei) 69
カルハマー (Allan B. Calhamer) 202
ガルビン (Fred Galvin) 256
カント (Immanuel Kant) 90
カントリル (Stuart Cantrill) 35
キム (Scott Kim) 171
キャリントン (Whately Carington) 91
キャロッシュ (Mannis Charosh) 181
キャロル (Lewis Carroll) 317
ギルソン (Bruce R. Gilson) 61
ギルバート (Jack Gilbert) 50
キング (A. Richard King) 294
クーラント (Richard Courant) 232
クック (Theodore Andrea Cook) 150
クラーアイエンホフ (Joh. Kraaijenhof) 273
クラール (A. R. Krall) 47
グライシャー (J. W. L. Glaisher) 270
クリスタル (George Chrystal) 50
グリッジマン (Norman Gridgeman) 205
クリッチマン (Shira Krichtman) 18
クリング (J. Kling) 119
グリンドレイ (W. H. Grindley) 274
グルエンバーガー (Fred Gruenberger) 115

グレアム (L. A. Graham) 274
グレイ・ジュニア (Thomas B. Gray, Jr.) 116
グレート・ジャスパー (the Great Jasper) 209
グロスマン (Howard Grossman) 266
クワイン (W. V. Quine) 1, 11
クンツェル (Ekkehard Künzell) 358
ゲイル (Gabriel Gale) 161
ゲーデル (Kurt Gödel) 14
ケネディ (John Kennedy) 347
ケンプ (C. E. Kemp) 272
ゴーヴ (Norwood Gove) 273
ゴーヴ (Ruth Gove) 273
ゴードン (Gary D. Gordon) 189
コーネリソン (Michael Cornelison) 273
ゴールドバーグ (Michael Goldberg) 311
コクセター (H. S. M. Coxeter) 96, 197
ゴセット (Thorold Gosset) 275
コックス (Barry Cox) 320
コプロヴィッツ (Herb Koplowitz) 115
ゴモリー (Ralph Gomory) 264
ゴロム (Solomon W. Golomb) 265, 332–343
コンウェイ (J. H. Conway) 189, 190
コンクリン (Edward Conklin) 46
コンクリン (Groff Conklin) 124
ゴンバーグ (Judy Gomberg) 136

さ
サイツ (Richard L. Sites) 135
サイラー (Milton R. Seiler) 17
サットン (Richard M. Sutton) 261

サミュエル（Arthur L. Samuel）125
サングウィン（Chris Sangwin）319, 325
サンディフォード（Peter J. Sandiford）134
ジェイムズ（William James）92
ジェイン（Caroline Furness Jayne）288
シェパード（G. C. Shepard）36
シェパード（J. A. H. Shepperd）96
シェファー（Jonathan Schaeffer）140
ジェンセン（David Jensen）34
ジャイルズ・ジュニア（Jack Giles, Jr.）343
シャンクス（Daniel Shanks）43
シュー（Frank Shu）152
シュウォーツ（Sam Schwartz）222
ジュールデン（P. E. B. Jourdain）9
ジョウン（Joan Hinton）205
ジョーンズ（S. I. Jones）261
ジョーンズ（Vaughan Jones）35
ショーンバーグ（I. J. Schoenberg）315
ジョンソン（W. Leo Johnson）186
シングマスター（David Singmaster）191
スウィフト（Jonathan Swift）331
スカーニ（John Scarne）69–83, 221
スカイデル（Akiva Skidell）256
スキエナ（Steven Skiena）122
スクリヴェン（Michael Scriven）1
スコット（Dana Scott）264
スコフィールド（A. T. Schofield）91
スターン（Marvin Stern）4
スタイン（Sherman Stein）324, 325
スタウト（John Stout）83
スチュワート（B. M. Stewart）190
スティックス・ジュニア（Ernest W. Stix, Jr.）256
ステインハウス（Hugo Steinhaus）81
ステーブルズ（Henry Stables）248
ストーヴァー（Mel Stover）98, 216, 358
ストダート（J. Fraser Stoddart）35
ストックトン（Frank Stockton）104
ズビコウスキー（A. Zbikovski）233
スペンス（D. S. Spence）233
スミス（David F. Smith）275
スミス（W. Whately Smith）91
スレード（Arthur Slade）85
スレード（Henry Slade）92, 96
ソープ（Edward O. Thorp）80, 141
ソバージュ（J. P. Sauvage）36
ソレンセン（Roy Sorensen）17
ソロー（Henry David Thoreau）161

た

ダウ（James Dow）180
タオ（Terence Tao）319
タスカー（R. B. Tasker）273
タナー（L. R. Tanner）134
ダリ（Salvador Dali）90
ダンセイニ（Lord Dunsany）137
チェイニー（Fitch Cheney）98, 211, 225, 247, 257
チェスタトン（G. K. Chesterton）161
チャーンリー（Donald B. Charnley）275
チャンバース（John Chambers）134
ツェルナー（Johann Karl Friedrich Zöllner）92
ディートリシュ＝ブシェカ（Christiane Dietrich-Buchecker）36

デイヴィス（Harry O. Davis）176, 186, 188, 191
ディクソン（L. E. Dickson）233
テイト（Peter Guthrie Tait）33
テイラー（Geoffrey Taylor）205
ディリンガム（G. W. Dillingham）165
ティルソン（Philip G. Tilson）62
テープリッツ（Otto Toeplitz）309, 321
テオバルド（Gavin Theobald）62
デカルト（René Descartes）150
デモクリトス（Democritus）261
デュードニー（A. K. Dewdney）207
デュードニー（Henry Ernest Dudeney）52, 55, 58, 62, 64, 179, 251, 266, 271, 272
デューラー（Albrecht Dürer）333
デュレル（Fletcher Durell）204
テンヒオ（Oliver Tenchio）323
ドヴィル（Zeev Dvir）318
トーマス（Paul D. Thomas）50
ド・ゴール（Charles de Gaulle）347
トムソン（J. J. Thomson）33
トムソン（William Thomson）33
ドメイン（Erik Demaine）64
ド・メレ（Antoine Chevalier de Méré）69
ド・モアブル（Abraham de Moivre）43
ド・モルガン（Augustus De Morgan）331
トライツ（Klaus Treitz）151
トラヴァーズ（James Travers）57, 63
トレヴァー（Joseph Ellis Trevor）247, 257
トンプソン（Hugh W. Thompson）186
トンプソン（Jay Thompson）276

な
ナウク（Franz Nauck）270
ナボコフ（Vladimir Vladimirovich Nabokov）144
ニール（Bob Neale）100
ニューウェル（Peter Newell）161
ニューマン（James R. Newman）43, 115

は
バー（Stephen Barr）253, 356, 357
パーキンズ（Granville Perkins）261
バークス（David S. Birkes）16
バーゴルト（Ernest Bergholt）176, 191
バージェス（Gelett Burgess）196
パース（Benjamin Peirce）44
パース（Charles Sanders Peirce）44
ハート（John B. Hart）220
バートン（Dennis Burton）298
バーネット（Edward Burnett）288
ハーマリー（M. H. Hermary）182
ハイト（Stuart C. Hight）132
ハイド（Alan R. Hyde）206
ハイム（Karl Heim）91
バウアーズ（J. F. Bowers）169
ハウス（John House）134
パスカル（Blaise Pascal）69, 233
ハスコヴィッチ（Joel Herskowitz）359
バセット（Pierre Basset）358
ハッケンバーグ（Chi Chi Hackenberg）141
パッタン（William E. Patten）273
ハッチングス（R. L. Hutchings）189
ハッドン（Alfred C. Haddon）288
ハフナー（Brian J. Hafner）122

ハフマン (David A. Huffman) 24
ハマー (Bob Hummer) 221
バリー (Jerome Barry) 280, 294
ハリス (John Harris) 188, 190
ハリバートン (Jack Halliburton) 244
ハル (L. W. H. Hull) 48
パル (Julius Pal) 329, 330
バルト (Karl Barth) 91
ハンセル (Mark Hansel) 68
バンチョフ (Thomas F. Banchoff) 100
ビアス (Ambrose Bierce) 124
ビースレイ (J. D. Beasley) 180, 189, 191
ビーチェル (Allen Beechel) 320
ビクトル・アイゲン (Victor Eigen) 217, 226
ヒューベック (George Heubeck) 224
ヒュネーケ (Phil Huneke) 48
ヒル (A. E. Hill) 55
ヒントン (Carmelita Chase Hinton) 197
ヒントン (Charles Howard Hinton) 91, 196
ヒントン (Howard Everest Hinton) 205
ヒントン (James Hinton) 196
ヒントン (William Hinton) 205
ヒンリヒス (Ralph H. Hinrichs) 342
ファーガソン (Olin Jerome Ferguson) 357
ファーブル (Jean Henri Fabre) 42, 149
ファインマン (Richard Feynman) 325
ファット・ザ・ブッチ (Fat the Butch) 70
ファベル (Karl Fabel) 271
フィルポット (Wade E. Philpott) 191
フーヴァー (Victoria N. Hoover) 118
フーヴァー (William G. Hoover) 118
ブール (Alicia Boole) 197
ブール (George Boole) 196
ブール (Mary Boole) 196
フェファーマン (Charles Louis Fefferman) 318
フェルベーク (C. C. Verbeek) 120
フェルベーク (Gustave Verbeek) 162
フォウラー (Bruce Fowler) 273
ブッチャート (J. H. Butchart) 261
ブラームス (C. M. Braams) 220
ブライ (William Bligh) 287
ブライアント (John Bryant) 319
ブラウン (John R. Brown) 138
プラトン (Plato) 90
フリーア (Winston Freer) 99
プリンツ (D. G. Prinz) 353
ブルーム (Melvin Bloom) 315
ブルック (Maxey Brooke) 46
フルトナー (Markus Furtner) 319
ブルンホルン (Jochen Brunhorn) 323
フレデリクソン (Greg Frederickson) 61
ブレヒト (E. A. Brecht) 220
ブロック (James A. Block) 253
ブロック (Thomas D. Brock) 34
プロフェッサー・ホフマン (Professor Hoffmann) 240
ベシコビッチ (Abram Samoilovitch Besicovitch) 313, 318, 329

ベック（Derek Beck）315
ペック（Charles Peck）274
ベッツェル（Max Bezzel）268
ペット（Martin T. Pett）116
ベット・ア・ニッケル（Bet a Nickel）213
ペトロシアン（Tigran Petrosian）138
ベネット（G. T. Bennett）63
ペリガル（Henri Perigal）63
ベルヌーイ（Jakob Bernoulli）150
ヘルマン（Frieda Herman）359
ベルマン（Richard Bellman）138
ヘンダーソン（Eric K. Henderson）122
ヘンリー（O. Henry）354, 359
ヘンリー・ホルト社（Henry Holt）150
ボアズ（Franz Boas）288
ホイーラー（D. J. Wheeler）43
ホーガン（W. B. Hogan）116
ボーギン（Richard Bourgin）325
ボーグマン（Dmitri Borgmann）358
ボードマン（J. M. Boardman）189
ホーバート（Judith M. Hobart）297
ポープ（Alexander Pope）85
ホーマー（Winslow Homer）299
ボーム（L. Frank Baum）158
ポーリング（Linus Pauling）298
ボール（W. W. Rouse Ball）225
ポチョック（R. L. Potyok）186
ボトヴィニク（Mikhail Botvinnik）125, 136
ホフスタッター（Douglas Hofstadter）17, 171
ポメロイ（John Pomeroy）168
ポラード（William G. Pollard）91
ボルト（A. B. Bolt）140
ボロバシュ（Béla Bollobás）250

ホワイト（Morton White）165

ま

マーサー（Leigh Mercer）79, 351
マース（Robert Maas）273
マーソン（Robin Merson）187
マイスナー（Ernst Miessner）310
マカダム（Moses MacAdam）248
マダチー（Joseph S. Madachy）254
マダックス（Roger Maddux）120
マチョル（Robert E. Machol）357
マッカーシー（John McCarthy）273
マッカイバー（Donald MacIver）256
マティス（Henri Matisse）160
マリオ（Ed Mario）218
マンデル（Mark A. Mandel）342
マンデルブロ（Benoit Mandelbrot）319
ミッキー（Donald Michie）126
ミラー（Hugh Miller）200
ミンコフスキー（Hermann Minkowski）311
ムーア（John F. Moore）274
メーリアン（Matthäus Merian）165
メンデルゾーン（Nathan Mendelsohn）221
モア（Henry More）90
モーザー（Leo Moser）246, 261, 350, 357
モンドリアン（Piet Mondrian）160

や

ヨスト（George P. Yost）257

ら

ラーデマッヘル（Hans Rademacher）309, 321
ライオンズ（L. Vosburgh Lyons）

103, 114, 234, 276
ライバー（Fritz Leiber）137
ライプニッツ（Gottfried Wilhelm von Leibniz）173
ラズ（Ran Raz）18
ラスカー（Edward Lasker）125
ラスダック（Rusduck）225
ラッシュボウ（Warren Lushbaugh）274
ラバ（Izabella Laba）319
ラブ（George T. Rab）97
ラプラス（Pierre Simon de Laplace）115
ラム（Charles Lamb）287
ラングマン（Harry Langman）190, 274
ランサム（Tom Ransom）225
リー（Oliver Lee）169
リー（Wallace Lee）225
リースマン（David Riesman）287
リード（John Reed）274
リード（Ronald Read）118
リヴァーズ（W. H. R. Rivers）288
リチャードソン（Josephine G. Richardson）180
リトルウッド（J. E. Littlewood）250, 258

リュカ（Edouard Lucas）182
リリアン（Ethel Lillian）205
リン（C. C. Lin）152
リンドグレン（Harry Lindgren）54–62
リンドン（J. A. Lindon）39
ルイス（Sebastian Martin Ruiz）49
ルーロー（Franz Reuleaux）302
レイズマン（Fremont Reizman）260
レンズ（Peter Renz）325
レンチ・ジュニア（John W. Wrench, Jr.）43
ロイド（Sam Loyd）342
ローエ（R. Robinson Rowe）254
ロールバウ（Lynn Rohrbrough）180
ロバート（Gregory Robert）204
ロハス（Raúl Rojas）323
ロビソン（Arch D. Robison）122
ロビンズ（Herbert Robbins）232
ロング（Hilario Fernandez Long）275

わ

ワゴン（Stan Wagon）320
ワッツ（Harry James Watts）303
ワファー（Abul Wefa）52

●著者

マーティン・ガードナー
Martin Gardner

1914年生まれ．アメリカの著述家．レクリエーション数学だけでなく，マジック，哲学，擬似科学批判，児童文学にも偉大な足跡を残す．
著書は，雑誌連載「数学ゲーム」をもとにした書籍をはじめ，『自然界における左と右』『aha! Gotcha』『奇妙な論理』『Annotated Alice（注釈付きアリス）』などのベストセラーを含む60冊以上．晩年も，疑似科学や超常現象を批判的に研究する団体の機関誌に定期的にコラムを書き続けた．2010年没．

●監訳

岩沢宏和（本巻訳者）
いわさわ・ひろかず

東京大学工学部卒業，東京都立大学大学院人文科学研究科博士課程単位取得．パズル・デザイナー．米NPO国際パズル収集家協会アジア地区プレジデント，パズル懇話会会員．国際パズルデザインコンペティションにて受賞多数．著書に『確率パズルの迷宮』（日本評論社，2014），『世界を変えた確率と統計のからくり134話』（SBクリエイティブ，2014）など．

上原隆平（本巻訳者）
うえはら・りゅうへい

電気通信大学大学院情報工学専攻博士前期課程修了．同大学院にて論文博士（理学）．北陸先端科学技術大学院大学情報科学系教授．芦ヶ原伸之氏のパズルコレクションを保有するJAISTギャラリーのギャラリー長．パズル懇話会会員．著訳書に『折り紙のすうり』（近代科学社，2012），『はじめてのアルゴリズム』（近代科学社，2013）など．

完全版 マーティン・ガードナー数学ゲーム全集 4
ガードナーの予期せぬ絞首刑
ペグソリテア・学習機械・レプタイル

2017年5月10日　第1版第1刷発行

著者 —— マーティン・ガードナー
監訳 —— 岩沢宏和・上原隆平
訳者 —— 岩沢宏和・上原隆平
発行者 —— 串崎 浩
発行所 —— 株式会社 日本評論社
　　　　〒170-8474 東京都豊島区南大塚3-12-4
　　　　電話　(03)3987-8621 [販売]
　　　　　　　(03)3987-8599 [編集]

印刷 —— 藤原印刷株式会社
製本 —— 井上製本所
装丁 —— 駒井佑二
図版 —— 関根惠子

© Hirokazu IWASAWA & Ryuhei UEHARA 2017
Printed in Japan
ISBN978-4-535-60424-7

JCOPY《(社)出版者著作権管理機構　委託出版物》

本書の無断複写は著作権法上での例外を除き禁じられています．複写される場合は，そのつど事前に，(社)出版者著作権管理機構（電話 03-3513-6969, FAX 03-3513-6979, e-mail: info@jcopy.or.jp）の許諾を得てください．
また，本書を代行業者等の第三者に依頼してスキャニング等の行為によりデジタル化することは，個人の家庭内の利用であっても，一切認められておりません．

完全版

マーティン・ガードナー数学ゲーム全集

岩沢宏和・上原隆平[監訳]

数学パズルの世界に決定的な影響を与え続ける名コラム「数学ゲーム」を、パズル界気鋭の二人が邦訳、25年以上にわたり綴られた内容を一堂に収め、近年の進展についても拡充した決定版シリーズ。レクリエーション数学はこの本抜きには語れない。

1 ガードナーの数学パズル・ゲーム
フレクサゴン・確率パラドックス・ポリオミノ　　◆本体2,200円＋税

2 ガードナーの数学娯楽
ソーマキューブ・エレウシス・正方形の正方分割　　◆本体2,400円＋税

3 ガードナーの新・数学娯楽
球を詰め込む・4色定理・差分法　　◆本体3,000円＋税

4 ガードナーの予期せぬ絞首刑 [新刊]
ペグソリテア・学習機械・レプタイル　　◆本体3,300円＋税

以下続刊予定

5 ガードナーの数学ゲームをもっと
6 ガードナーの数学カーニバル
7 ガードナーの数学マジックショー
8 ガードナーの数学サーカス
9 ガードナーのマトリックス博士追跡
10 ガードナーの数学アミューズメント
11 ガードナーの数学エンターテインメント
12 ガードナーの数学の惑わし
13 ガードナーの数学ツアー
14 ガードナーの数学レクリエーション
15 ガードナーの最後の数学レクリエーション

日本評論社
https://www.nippyo.co.jp/